線形システムの最適化

＜一目的から多目的へ＞

坂和正敏 著

森北出版株式会社

まえがき

従来，数理計画法は，与えられた制約条件のもとで，単一の目的関数を最小（あるいは最大）にするような解を求めるための最適化手法として意欲的に研究され，多くの成果を生んできた．しかし，近年，社会的要求の多様化にともなって単一目的を用いた数理計画法よりはむしろ，相競合する複数個の目的をも同時に考慮した多目的最適化手法への重要性が高まってきている．

数理計画法に関する教科書，参考書は，G. B. Dantzig の著名な著書以来，すでに内外において数多く出版されてきたが，これらの多くは目的関数が単一の場合のみを取り上げている．もちろん，最近，わが国においても，多目的最適化問題に対する書物も 2，3 あらわれ始めているが，これらは数理計画法の予備知識を前提として，特に，非線形の場合を取り扱っており，入門書としては，あまりにも程度が高すぎる．

著者は，神戸大学工学部と同大学院工学研究科で，数理計画学，管理工学および数理計画学特論の講義を行ってきている．また，このほかに非常勤講師として大阪教育大学で応用数学 I という講義科目名で数理計画法の講義をする機会に恵まれてきている．

本書は，これらの著者の講義の経験をもとにして書かれたものであるが，特に線形システム最適化の理論と方法として，従来の線形計画法に関する基本的な事項はひととおり網羅したのち，さらに線形計画法を多目的の場合に対して修正，拡張した手法等に関して，最近の研究成果も取り入れてわかりやすく解説している．しかも記述に関しては，だれにでも容易に読めて，かつ理論の厳密さを犠牲にしないという点に，特に注意が払われている．

すなわち，本書は特に線形計画法を基礎とする線形システム最適化に関する研究および実践を志す人々に理論的根拠と方法論を示すための入門書であると同時に研究書たらんことを考えて書かれている．

なお，本書での話題は線形の場合のみに限定しているが，非線形システムに関する同様の試みは稿を改めて行いたいと考えている．

本書を読むにあたって必要とする予備知識は，大学の教養課程で学ぶ数学程度である．特に，線形代数の基礎知識があれば十分である．したがって，自然科学のみならず社会科学の分野で線形システム最適化の理論と方法に関心をもつ学生諸君をはじめ実務に携わっている人々にも広く読んでいただきたいと願っている．

本書の特色をまとめれば次のようである．

(1) 内外の線形計画法に関する類書を可能な限り検討したうえで，線形計画法における基本的な考え方と手法をひととおり網羅するとともに，さらに，線形計画法の修正，拡張手法として，線形目標計画法，多目的線形計画法，ファジィ線形計画法を取り上げている．

(2) 扱う内容とその記述は自己充足的であり，大学の教養課程で学ぶ線形代数の予備知識で容易に理解できる．しかも，論理の厳密さは失われていない．

(3) 記述は単なる数値例の羅列に終わらないように，まず一般論を展開したのち，その理解を助けるために随所に数値例を入れている．しかも数値例で扱う問題はほとんどの場合，同一の問題で一貫して説明しているのでいろいろな考え方や手法の相互理解に役立つ．またすべての数値例は著者らの作成した計算機プログラムで実際に解いて確かめられているのでその信頼性は高い．

(4) 使用する記号や術語はできる限り創始者の G. B. Dantzig に従っている．また，基本的な術語には対応する英語を付してその定義を明確に示すとともに，各手法の背景に関する説明も加えられている．

(5) 各章末には適当な量の問題を与え，また，巻末には略解を示してあるので，これらを活用することにより，学習者が実際に学んだ内容の理解を深めることができる．

さて，本書は11章からなっているが，各章の構成のあらましは次のとおりである．

序論としての第1章では，線形計画法の歴史的背景と線形計画問題として定式化されてきた著名な例について述べている．第2章では，標準形の線形計画問題に対するいくつかの基本的な用語の定義を述べた後，以下の理論展開の基礎となる線形計画法の基本定理とその証明が与えられている．第3章は特に線形計画法の基本となる所であるが，G. B. Dantzig によって考案されたシンプレックス法の解説が行われている．実行可能正準形に対する最適性規準やピボット操作による解の改良方法について説明するとともに，初期の実行可能正準形を見いだす方法についても解説している．さらに，シンプレックス法の収束性に関して，最近の話題を取り入れた解説が行われている．第4章では，代数的に定義された実行可能基底解に対する幾何学的な対応を調べることにより，シンプレックス法に対する幾何学的な理解を深めることが可能となる．第5章ではシンプレックス・タブローの構造の検討に基づいて，ベクトル，行列の形式でシンプレックス法を展開する改訂シンプレックス法とその電子計算機の記憶容量をも考慮した手法について述べる．第6章では，ある線形計画問題に対して双対問題と呼ばれる別の問題を定義し，これらの間の双対性といわれる興味深い関係について説明している．第6章の議論に基づいて，第7章では，第3章で述べたシンプレックス法に対する双対な手法として，双対シンプレックス法と呼ばれる手法について述べる．第8章では，線形計画問題の最適解が得られている場合に，この問題の係数等の変化に対する最適解の変化を調べる感度解析の手法について説明する．

第9章〜第11章では，近年，社会的要求の多様化とともに急速な開発が進められてきた多目的最適化手法のうち，特に，線形計画法を修正，拡張した手法について解説する．まず，第9章では，複数個の目的に対して設定された目標値に可能な限り近づけようとする線形目標計画法について述べる．第10章では，複数個の目的が存在する線形計画法に対して導入されてきた解の概念について述べ，それとともに，多目的シンプレックス法に対する解説を行う．第11章では，複数個の目的をもつ線形計画問題に対して，人間の判断のあいまい性を取り入れた，ファジィ線形計画法について述べる．

本書の意図および構成は以上のとおりであるが，著者の能力と紙面の制約条件のもとでの出来ばえは，まだ理想には程遠いかもしれない．また，記述はかなり厳密にしたつもりであるが，思い違いや誤りを含んでいることを恐れている．読者の忌憚のない御指摘ならびに御叱正を賜れば幸いである．

本書を執筆するにあたって多くの方々の御援助を賜った．なかでも，京都大学工学部数理工学科の学部から大学院修士課程・博士課程に在学中の指導教授として，著者にシステム工学の手ほどきをして下さり，それ以来今日にいたるまでたえず御叱正，御鞭撻を賜っている恩師・椹木義一京都大学名誉教授にまず第一に，心から感謝の意を表したい．また著者が奉職して以来ずっと御指導いただいている，神戸大学工学部システム工学科の諸先生をはじめ，著者に数理計画法に関する講義の機会を与えて下さった方々に厚く御礼を申し上げる．さらにここ数年来，多目的システムに関する共同研究をさせていただいている京都大学経済研究所の瀬尾芙巳子教授には，機会あるごとに温かい御指導・御助言をいただいている．ここに改めて御礼申し上げたい．

また，神戸大学工学部システム工学科システム基礎講座の大学院修士課程まで進学し，著者とともに多目的システムに関する研究を進めてくれた，澤田一哉（松下電工），荒田賢司（ソニー），笹倉孝之（日本電気），田住幸三（東芝），長谷川純雄（ソニー），矢野均（香川大学経済学部），森直宏（久保田鉄工），多田和照（横河ヒューレット・パッカード），西崎一郎（新日鉄），湯峯亨（ソニー），および南後裕二（大学院生）の諸君に感謝したい．なかでも，湯峯亨君には本書での数値例の作成その他において非常にお世話になった．さらに，私の数理計画学，管理工学，数理計画学特論，応用数学Ⅰの講義に出席した学生諸君に感謝する．また，読みにくい草稿の浄書をしてくれたシステム基礎講座の村上勉技官にも感謝の意を表したい．

末筆ながら，日頃から御指導いただいており，また，本書の出版の機縁を作っていただいた大阪府立大学工学部の室津義定教授，および出版に際して大変お世話になった渡辺武巳氏をはじめ森北出版の方々に厚く御礼申し上げます．

1984年9月

坂和正敏

目　　次

1. 序　　論

本章では，1947 年にその概念が確立して以来今日まで，広範囲にさまざまの分野で実際に応用が試みられその本領を発揮してきている線形計画法の歴史的背景について簡単に述べるとともに，線形計画問題として定式化されてきた著名な例として，生産計画の問題と栄養の問題を取り上げて基本的な概念を説明する．

1.1 線形計画法とその歴史的背景

線形計画法 (linear programming) は，線形方程式や線形不等式で与えられる制約条件と変数に対する非負条件のもとで，線形の目的関数を最大あるいは最小にするという問題を対象としている．

G. Leibniz (1646-1716) や I. Newton (1642-1727) らによる微積分法と同時に成立した，古典的な非線形最適化理論の固定観念を破って，まったく代数的な取り扱いに基づいた線形計画法が出現したのは，20 世紀も半ばに達してからである．制約式および目的関数に対する線形性の仮定に基づく定式化が実際に正確に適合する実在系はまれであり，ほとんどの場合，実在問題を近似して定式化したものといえるが，線形であることによってまったく代数的な取り扱いが可能となり，変数の数や制約条件式の数が増加し問題が大規模になっても方法論的にはそれほど変更の必要がないので，電子計算機の発達にともなって次々に大規模な問題が解かれるようになってきている．

線形計画法に関する研究は，第 2 次世界大戦が終わって間もない 1947 年にアメリカの George B. Dantzig が発表した**シンプレックス法** (simplex method) の成果によって今日の姿をとったものと見なすのが適当であろう．

しかし，それ以前に 1939 年頃からソ連の数学者 L. V. Kantorovich は計画問題への数学の応用に興味をもち“組織と生産計画における数学的方法”などの論文で，本質的には線形計画法について論じていたことに注意しよう．ただし彼の研究は残念ながら，1960 年頃までは国外には知られることもなく，またソ連国内でも組織的な研究として受け継がれることもなく過ぎ去ってしまっていた．

線形計画法は，第 2 次世界大戦の後に登場した数多くの新しい理論と同様に，戦時研究の 1 つであると見なされている．すなわちアメリカ軍の要請により軍の計画や立案に対する数学的手法を開発するために G. B. Dantzig と彼の上司の Marshall K. Wood らの研究組織が結成されたが，特に 1947 年 6 月からは集中的な研究活動が開始され，同年の夏の終わりにはシンプレックス法が開発された．

1947 年 10 月，Dantzig は当時プリンストン高等研究所の教授をしていた John von Neumann を訪問したが，このことが線形計画法の双対性やゲーム理論との関係が考察されるきっかけとなった．Dantzig は翌年再び von Neumann を訪れたが，そのときプリンストン大学の A. W. Tucker と偶然出会った．Dantzig と von Neumann の報告書は Tucker と，当時大学院の学生であった D. Gale と H. W. Kuhn たちの研究グループの関心を呼び，線形計画法の分野の数学的理論の基礎の多くが築かれた．

線形計画法という言葉は Dantzig の最初の論文で使われていた "Programming in a Linear Structure (線形構造での計画)" という用語に代わるものとして，1948 年 T. C. Koopmans が Dantzig に示唆したものである．1949 年には R. Dorfman は線形計画法という用語はあまりにも限定的であると考え，より一般的な**数理計画法** (mathematical programming) という言葉を用いた．

戦時中，輸送問題と呼ばれる特殊な線形計画問題に関与していた T.C. Koopmans は，経済学者の注意を線形計画法に引きつけた．彼は 1949 年，シカゴ大学において線形計画法に関する歴史的な経済学研究のための会議を組織した．この会議には K. Arrow, P. Samuelson, L. Hurwicz, R. Dorfman, H. Simon などの経済学者たち，A. W. Tucker, H. W. Kuhn, D. Gale などの数学者たち，及び，M. K. Wood, G. B. Dantzig を含む官庁統計学者たちが参加し，線形計画法の理論と応用に関する討議が行われ，その成果は 2 年後に "Activity Analysis of Production and Allocation (生産と配分の活動分析)" と題する本にまとめられ，経済学者の間にも線形計画法に対する関心が急速に広がった．

1951年6月には線形計画法に関する最初のシンポジウムがワシントンで開催されたが，すでにこのときには線形計画法に対する関心は政府機関や学術団体の間に広くゆきわたっていた．

A. Charnes と W. W. Cooper は産業面への応用に関する先駆的な研究をちょうどこの時期に開始したが，彼らの業績は，2分冊からなり合わせて859ページに及ぶ大著にまとめられ，1961年に出版された．

このように線形計画法は軍事上の計画活動に関連して1947年に確立されて以来，産業界においても広く適用されるようになり，また学界では数学者や経済学者たちによる線形計画法に関する本が次々に出版されるようになった．

特に1963年には，創始者である G. B. Dantzig の627ページに及ぶ大著 "Linear Programming and Extensions (線形計画法とその周辺)" が刊行され，その後，今日にいたるまで，線形計画法や数理計画法に関連した分野は，着実に日々進歩してきており，新しい成果も数多く得られている．

1.2 線形計画問題の例

ここでは線形計画問題として定式化されてきた著名な例を示しておこう．

生産計画の問題 (production planning problem)

ある製造会社は利用可能な何種類かの資源を用いてさまざまな製品を生産しているとしよう．このとき，会社は，製品 j を1単位生産するのに，資源 i がどれだけ必要かを知っており，また，製品 j を1単位生産することによってどれだけの利潤が得られるかも知っている．会社の目的は，総利潤を最大にするような製品の組合せを生産することである．この問題に対して，次のように定義する．

m = 資源の数

n = 製品の数

a_{ij} = 製品 j を1単位生産するのに要する資源 i の量

b_i = 資源 i の利用可能な最大量

c_j = 製品 j の1単位当りの利潤

x_j = 製品 j の生産量

このとき，使用される資源 i の総量は

$$a_{i1}x_1+a_{i2}x_2+\cdots+a_{in}x_n$$

で与えられる．この総量は，利用できる資源 i の最大量に等しいか，もしくはそれ以下でなくてはならないから，各 i に対して線形不等式

$$a_{i1}x_1+a_{i2}x_2+\cdots+a_{in}x_n\leqq b_i$$

が成り立つ．

負の x_j というのは意味がないから，すべての $x_j\geqq 0$ でなくてはならない．製品 j を x_j 単位生産することによって得られる利潤は c_jx_j である．したがって問題は，**利潤関数** (profit function)

$$c_1x_1+c_2x_2+\cdots+c_nx_n$$

を，制約条件

$$\begin{array}{llll}
a_{11}x_1+a_{12}x_2+\cdots+a_{1n}x_n & \leqq b_1 \\
a_{21}x_1+a_{22}x_2+\cdots+a_{2n}x_n & \leqq b_2 \\
\cdots\cdots\cdots\cdots\cdots\cdots\cdots\cdots & \\
a_{m1}x_1+a_{m2}x_2+\cdots+a_{mn}x_n & \leqq b_m \\
\quad x_1 & \geqq 0 \\
\qquad\quad x_2 & \geqq 0 \\
\qquad\qquad\ddots & \vdots \\
\qquad\qquad\qquad x_n & \geqq 0
\end{array}$$

のもとで最大にする，という形に定式化されることになる．

栄養の問題 (diet problem)

健康維持に必要な栄養素の毎日の最低必要量を満たしながら，最も経済的に，必要な栄養素を含む食品の組合せを決める問題を考えてみよう．ここで，各種の食品に含まれる栄養素の量，各栄養素の毎日の最低必要量，および，各食品1単位当りの費用は与えられているものとする．

この問題に対して次のように定義する．

m = 栄養素の数

n = 食品の数

$a_{ij}=$ 食品 j の 1 単位中に含まれる栄養素 i の量

$b_i=$ 栄養素 i の最低必要量

$c_j=$ 食品 j の 1 単位当りの費用

$x_j=$ 食品 j の購入量

このとき，購入する全食品に含まれている栄養素 i の総量は

$$a_{i1}x_1+a_{i2}x_2+\cdots+a_{in}x_n$$

で与えられる．この量は，栄養素 i の 1 日当りの最低必要量に等しいか，もしくはそれ以上でなくてはならないから，この線形計画問題は，**費用関数** (cost function)

$$c_1x_1+c_2x_2+\cdots+c_nx_n$$

を，制約条件

$$\begin{array}{l}
a_{11}x_1+a_{12}x_2+\cdots+a_{1n}x_n \geqq b_1 \\
a_{21}x_1+a_{22}x_2+\cdots+a_{2n}x_n \geqq b_2 \\
\cdots\cdots\cdots\cdots\cdots\cdots\cdots\cdots\cdots \\
a_{m1}x_1+a_{m2}x_2+\cdots+a_{mn}x_n \geqq b_m \\
x_1 \geqq 0 \\
x_2 \geqq 0 \\
\quad\ddots \\
x_n \geqq 0
\end{array}$$

のもとで最小にする，という形に定式化される．

上述の例，あるいはその他の問題を線形計画問題の一般形式で定式化するためには，ある種の線形の関係式が成立することが仮定されている．線形計画問題の比例性の仮定は，生産計画や栄養の問題によって例示されているように，ある**活動** (activity) のレベルの変化が，使われる資源あるいは購入する栄養素の比例的変化をひき起こすことを要求している．さらに加法性の要求は，これらの例においてすべての活動によって使われる資源を加える，あるいは，すべての食品の中に含まれる栄養素を加えるという形で示されている．これらの仮定が一般に成り立つかどうかは疑わしいかもしれないが，これらの仮定をなんらかの近似として用いることができるならば，かなり広範囲の重大な実社会の

問題を線形計画問題として定式化することができるものと思われる.

例 1.1 (生産計画の問題)

A社では3種類の製品 P_1, P_2, P_3 を生産し利潤を最大にするような生産計画を立案しようとしている. 製品 P_1 を1トン生産するには, 原料 M_1 が2トン, 原料 M_2 が6トン, 原料 M_3 が7トン, 製品 P_2 を1トン生産するには, 原料 M_1 が10トン, 原料 M_2 が5トン, 原料 M_3 が10トン, 製品 P_3 を1トン生産するには, 原料 M_1 が4トン, 原料 M_2 が8トン, 原料 M_3 が8トンそれぞれ必要である. 原料には利用可能な最大量が決まっていて, 原料 M_1, M_2, M_3 はそれぞれ425トン, 400トン, 600トンまでしか利用できないものとする. また製品 P_1, P_2, P_3 の1トン当りの利潤はそれぞれ2.5万円, 5万円, 3.4万円であるとする (表1.1参照).

表 1.1 生産条件と利潤

原料 \ 製品	P_1	P_2	P_3	利用可能量
M_1 (トン)	2	10	4	425
M_2 (トン)	6	5	8	400
M_3 (トン)	7	10	8	600
利潤 (万円)	2.5	5	3.4	

このとき利潤を最大にするためには, 製品 P_1, P_2, P_3 をそれぞれ何トンずつ生産すればよいか?

製品 P_1, P_2, P_3 の生産量をそれぞれ x_1 トン, x_2 トン, x_3 トンとすれば, この問題は次のように定式化される.

利潤関数 $\quad 2.5x_1+5x_2+3.4x_3$

を制約条件

$$
\begin{aligned}
2x_1+10x_2+4x_3 &\leqq 425\\
6x_1+\ \ 5x_2+8x_3 &\leqq 400\\
7x_1+10x_2+8x_3 &\leqq 600\\
x_1 \qquad\qquad\quad &\geqq 0\\
x_2 \qquad\ \ &\geqq 0\\
x_3 &\geqq 0
\end{aligned}
$$

のもとで最大にせよ．

例 1.2 （栄養の問題）

家庭の主婦が3種類の食料品 F_1, F_2, F_3 を購入する．このとき家族の各人が1日に必要な最低量の栄養素 N_1, N_2, N_3 を摂取することができるようにし，しかも必要な費用を最小にしたいとする．食料品 F_1 の1g中に含まれている N_1, N_2, N_3 の量はそれぞれ 2 mg, 3 mg, 8 mg, F_2 の1g中に含まれている N_1, N_2, N_3 の量はそれぞれ 5 mg, 2.5 mg, 10 mg, F_3 の1g中に含まれている N_1, N_2, N_3 の量はそれぞれ 3 mg, 8 mg, 4 mg である．1日に必要な N_1, N_2, N_3 の最低量はそれぞれ 185 mg, 155 mg, 600 mg であり，F_1, F_2, F_3 の1g当りの価格は，それぞれ4円，8円，3円であるとする（表1.2参照）．

表 1.2 含有量，必要量，価格

栄養素＼食料品	F_1	F_2	F_3	必要量
N_1 (mg)	2	5	3	185
N_2 (mg)	3	2.5	8	155
N_3 (mg)	8	10	4	600
価格（円）	4	8	3	

このとき必要な費用を最小にするためには食料品 F_1, F_2, F_3 をそれぞれどれだけ購入すればよいか？

食料品 F_1, F_2, F_3 をそれぞれ x_1 g, x_2 g, x_3 g 購入することにすれば，この問題は次のように定式化される．

費用関数　$4x_1+8x_2+3x_3$

を制約条件

$$
\begin{aligned}
2x_1 \quad +5x_2+3x_3 &\geqq 185\\
3x_1+2.5x_2+8x_3 &\geqq 155\\
8x_1 \quad +10x_2+4x_3 &\geqq 600\\
x_1 \qquad\qquad\qquad &\geqq 0\\
x_2 \qquad\quad &\geqq 0\\
x_3 &\geqq 0
\end{aligned}
$$

のもとで最小にせよ．

問　題　1

1.

（1）　B社では2種類の製品 P_1, P_2 を生産し，利潤を最大にするような生産計画を立案しようとしている．このときの生産条件と利潤は左表で与えられているものとする．例1.1の生産計画の問題よりもさらに簡単なこの問題を線形計画問題として定式化せよ．

原料＼製品	P_1	P_2	利用可能量
M_1（トン）	4	10	425
M_2（トン）	5	4	600
M_3（トン）	9	10	750
利潤（万円）	4	5	

（2）　(1) で定式化した2変数の問題の解を図式的に求めてみよ．

（3）　製品 P_2 の利潤が5（万円）から10（万円）に変更された場合の解を図式的に求めてみよ．

（4）　原料 M_2 の最大利用量が600（トン）から170（トン）に変更された場合の解を図式的に求めてみよ．

2.　輸送問題 (transportation problem)

ある製造業者が同一種類の製品を m 個の倉庫から n 個の営業所へ輸送しようとしている．いま，倉庫 i には a_i の量の製品があり，営業所 j では，その製品を b_j の量必要としている．さらに倉庫 i から営業所 j への製品1単位当りの輸送費用 c_{ij} が与えられているものとする．このとき総輸送費用を最小にするような輸送計画を，倉庫 i から営業所 j へ輸送される製品の量 x_{ij} を変数とする線形計画問題として定式化せよ．ただし供給可能な総量と総需要量は等しいものと仮定する．

2. 線形計画問題と基本定理

本章では，まず，標準形の線形計画問題を定式化し，任意の線形計画問題は簡単な変換により，標準形の問題に変換されることを示す．次に，線形計画法で用いられるいくつかの用語，特に実行可能基底解に対する，標準的な定義を与える．さらに，最適解が存在すれば，実行可能基底解の中にも最適解が存在するという，線形計画法の基本定理とその証明を与える．この基本定理により，線形計画問題に対して，有限回の探索により最適解を求める計算方法が存在することが明らかになる．

2.1 線形計画問題の標準形

標準形 (standard form) の**線形計画問題** (linear programming problem) は，線形の**目的関数** (objective function)

$$z = c_1x_1 + c_2x_2 + \cdots + c_nx_n \tag{2.1}$$

を線形の等式**制約条件** (constraints)

$$\left.\begin{array}{l} a_{11}x_1 + a_{12}x_2 + \cdots + a_{1n}x_n = b_1 \\ a_{21}x_1 + a_{22}x_2 + \cdots + a_{2n}x_n = b_2 \\ \cdots\cdots\cdots\cdots\cdots\cdots\cdots\cdots\cdots\cdots \\ a_{m1}x_1 + a_{m2}x_2 + \cdots + a_{mn}x_n = b_m \end{array}\right\} \tag{2.2}$$

とすべての変数に対する**非負条件** (nonnegativity condition)

$$x_j \geqq 0 \qquad j = 1, 2, \cdots, n \tag{2.3}$$

のもとで最小にする解を求める問題として定式化される．ここで a_{ij}, b_i および c_j は定数であり，b_i を**右辺定数** (right hand side constant)，c_j を**費用係数** (cost coefficient) と呼ぶこともある．

n 次元行ベクトル $\boldsymbol{c}$，$m \times n$ 行列 A，n 次元列ベクトル $\boldsymbol{x}$，m 次元列ベクトル $\boldsymbol{b}$ を

$$\boldsymbol{c}=(c_1, c_2, \cdots, c_n),\quad A=\begin{bmatrix} a_{11} & a_{12}\cdots a_{1n} \\ a_{21} & a_{22}\cdots a_{2n} \\ \cdots\cdots & \cdots\cdots \\ a_{m1} & a_{m2}\cdots a_{mn} \end{bmatrix},\quad \boldsymbol{x}=\begin{pmatrix} x_1 \\ x_2 \\ \vdots \\ x_n \end{pmatrix},$$

$$\boldsymbol{b}=\begin{pmatrix} b_1 \\ b_2 \\ \vdots \\ b_m \end{pmatrix} \tag{2.4}$$

とおけば，標準形の問題は，次のような行列形式で表される．

$$z=\boldsymbol{cx} \tag{2.5}$$

を $$A\boldsymbol{x}=\boldsymbol{b} \tag{2.6}$$

と $$\boldsymbol{x}\geqq \boldsymbol{0} \tag{2.7}$$

のもとで最小にせよ．

あるいは簡単に

$$\text{minimize}\quad z=\boldsymbol{cx} \tag{2.8}$$

$$\text{subject to}\quad A\boldsymbol{x}=\boldsymbol{b} \tag{2.9}$$

$$\boldsymbol{x}\geqq \boldsymbol{0} \tag{2.10}$$

と書くことにする．ここで $\boldsymbol{0}$ は 0 を要素とする n 次元の列ベクトルである．

さらに，行列 A の各列に対応して，次のような n 個の m 次元列ベクトル

$$\boldsymbol{p}_j=\begin{pmatrix} a_{1j} \\ a_{2j} \\ \vdots \\ a_{mj} \end{pmatrix}\qquad j=1, 2, \cdots, n \tag{2.11}$$

を定義すれば，標準形の線形計画問題は，次のような**列形式** (column form) で表される．

$$\text{minimize}\quad z=c_1x_1+c_2x_2+\cdots+c_nx_n \tag{2.12}$$

$$\text{subject to}\quad \boldsymbol{p}_1x_1+\boldsymbol{p}_2x_2+\cdots+\boldsymbol{p}_nx_n=\boldsymbol{b} \tag{2.13}$$

$$x_j\geqq 0\qquad j=1, 2, \cdots, n \tag{2.14}$$

標準形の問題において，すべての制約式は等式であり，すべての変数 x_j は非負であると仮定されていることに注意しよう．線形計画問題では，後でわかるように，等式は不等式よりも取り扱いやすいので，問題をこのような形式にすることは大切である．

任意の線形計画問題は，次の方法を用いて容易に標準形に変換することができる．

（1） **不等式制約式**

もし与えられた制約式が不等式

$$\sum_{j=1}^{n} a_{ij}x_j \leqq b_i \tag{2.15}$$

の場合，非負の**スラック変数** (slack variable) x_{n+i} を定義して

$$\sum_{j=1}^{n} a_{ij}x_j + x_{n+i} = b_i \tag{2.16}$$

とすれば，不等式は等式になる．

同様に，不等式

$$\sum_{j=1}^{n} a_{ij}x_j \geqq b_i \tag{2.17}$$

に対しては非負の**余裕変数** (surplus variable) x_{n+i} を導入する．

$$\sum_{j=1}^{n} a_{ij}x_j - x_{n+i} = b_i \tag{2.18}$$

明らかにこれらの不等式が満たされるためには，スラック変数および余裕変数は非負でなければならない．

（2） **自由変数** (free variable)

非負であるという制約のない変数 x_k は2つの非負の変数の差で置き換える．すなわち

$$x_k = x_k^+ - x_k^-, \quad x_k^+ \geqq 0, \quad x_k^- \geqq 0 \tag{2.19}$$

このような操作によって問題の変数の数は当然増加するが，変数が非負であるという制約が実は線形計画問題の解法を簡単化しているので，このようにすることは十分価値がある．x_k を得るには解を得た後に，もとに変換すればよい．

（3） **最大化問題**

目的関数に (−1) を掛けて最小化問題に変換する．

例1.1の生産計画の問題は，3個の非負のスラック変数 x_4, x_5, x_6 を導入して，目的関数に (−1) を掛けて最小化問題に変換すれば，次のような標準形の線形計画問題に変換される．

$$\begin{array}{lllr} \text{minimize} & z = -2.5x_1 - 5x_2 - 3.4x_3 & & \\ \text{subject to} & 2x_1 + 10x_2 + 4x_3 + x_4 & & = 425 \\ & 6x_1 + 5x_2 + 8x_3 \quad + x_5 & & = 400 \\ & 7x_1 + 10x_2 + 8x_3 \qquad + x_6 & & = 600 \\ & x_j \geqq 0 \quad j = 1, 2, \cdots, 6 & & \end{array}$$

ここでスラック変数 x_4, x_5, x_6 はそれぞれ原料 M_1, M_2, M_3 の利用可能な最大量を下まわった余り（使い残し）を示している．

例 1.2 の栄養の問題を標準形の線形計画問題に変換するためには 3 個の非負の余裕変数 x_4, x_5, x_6 を導入すれば次のようになる．

$$\begin{array}{lllr} \text{minimize} & z = 4x_1 + 8x_2 + 3x_3 & & \\ \text{subject to} & 2x_1 + 5x_2 + 3x_3 - x_4 & & = 185 \\ & 3x_1 + 2.5x_2 + 8x_3 \quad - x_5 & & = 155 \\ & 8x_1 + 10x_2 + 4x_3 \qquad - x_6 & & = 600 \\ & x_j \geqq 0 \quad j = 1, 2, \cdots, 6 & & \end{array}$$

ここで余裕変数 x_4, x_5, x_6 はそれぞれ栄養素 N_1, N_2, N_3 の必要最低摂取量より超過した量を示している．

2.2 線形計画法の基本定理

標準形の線形計画問題において，等式制約条件式を満たす解が存在しない場合やただ 1 つしか存在しない場合には最適化はありえない．したがって最も興味がある場合は，(2.2) の m 個の等式が線形独立で解が無数に存在するときである．このための必要十分条件は次のようになる．

$$n > m \tag{2.20}$$

$$\text{rank}\,(A) = m \tag{2.21}$$

ここではこれらの条件が成り立つと仮定する．なぜなら，もし係数行列 A の**階数** (rank) が m より小さく線形従属な制約があれば，むだな制約式が含まれているのでそれらを取り除いても解は変化しないからである†．

線形計画法では，まず制約条件式を満たす解が存在するかどうかを調べ，もし存在すれば，目的関数 z を最小にするような解を見つける．

† 実際には多数の制約式の独立性の判定は，後で述べる 2 段階法の第 1 段階で行われる．

さて，線形計画法の基本定理を述べる前に，まず，いくつかの用語の標準的な定義を与える．

定義 2.1 （実行可能解）

線形計画法の**実行可能解** (feasible solution) とは，制約式 (*2.6*) と非負条件 (*2.7*) を満たすベクトル $\boldsymbol{x}=(x_1, x_2, \cdots, x_n)^T$ である†．

定義 2.2 （基底行列）

基底行列 (basis matrix) とは係数行列 A の m 個の列からつくられる $(m\times m)$ の正則行列である．ここで $\mathrm{rank}\,(A)=m$ であれば，A は少なくとも 1 つの基底行列を含むことに注意しよう．

定義 2.3 （基底解）

線形計画法の**基底解** (basic solution) とは，ある基底行列を選びこれに含まれない A の列に対応した $(n-m)$ 個の**非基底変数** (nonbasic variable) を零とおき，残りの m 個の**基底変数** (basic variable) に対する正方正則な連立方程式を解くことによって得られる一意的なベクトルである．

定義 2.4 （実行可能基底解）

実行可能基底解 (basis feasible solution) とはすべての変数が非負の値をもつ基底解である．ここで，定義 2.3 によれば，たかだか m 個の基底変数のみが正で，残りの非基底変数は零であることに注意しよう．

定義 2.5 （非退化実行可能基底解）

非退化実行可能基底解 (nondegenerate basic feasible solution) とはちょうど m 個の基底変数が正であるような実行可能基底解である．

定義 2.6 （最適解）

最適解 (optimal solution) とは (*2.5*) における z を最小にするような実行可能解である．

例えば，例 1.1 の生産計画の問題の標準形では

$$A=\begin{bmatrix} 2 & 10 & 4 & 1 & 0 & 0 \\ 6 & 5 & 8 & 0 & 1 & 0 \\ 7 & 10 & 8 & 0 & 0 & 1 \end{bmatrix}, \quad \boldsymbol{x}=(x_1, x_2, x_3, x_4, x_5, x_6)^T,$$

† 本書では上つきの添字 T は転置を表わすものとする．

$$\boldsymbol{b} = (425,\ 400,\ 600)^T$$

である.

まず，$\begin{bmatrix} 1 & 0 & 0 \\ 0 & 1 & 0 \\ 0 & 0 & 1 \end{bmatrix}$ を基底行列に選び，x_4, x_5, x_6 を基底変数にとれば，明らかに基底解は $(0,\ 0,\ 0,\ 425,\ 400,\ 600)^T$ となり，これは実行可能基底解である.

一方，$\begin{bmatrix} 4 & 0 & 0 \\ 8 & 1 & 0 \\ 8 & 0 & 1 \end{bmatrix}$ を基底行列に選び，x_3, x_5, x_6 を基底変数にとれば

$$\begin{aligned} 4x_3 \qquad\qquad &= 425 \\ 8x_3 + x_5 \qquad &= 400 \\ 8x_3 \qquad + x_6 &= 600 \end{aligned}$$

を解くことにより，$x_3 = 106.25$, $x_5 = -450$, $x_6 = -250$ を得るので，基底解は $(0,\ 0,\ 106.25,\ 0,\ -450,\ -250)^T$ となり，これは実行可能基底解ではない.

他方，$\begin{bmatrix} 10 & 0 & 0 \\ 5 & 1 & 0 \\ 10 & 0 & 1 \end{bmatrix}$ を基底行列に選び，x_2, x_5, x_6 を基底変数にとれば

$$\begin{aligned} 10x_2 \qquad\qquad &= 425 \\ 5x_2 + x_5 \qquad &= 400 \\ 10x_2 \qquad + x_6 &= 600 \end{aligned}$$

を解くことにより，$x_2 = 42.5$, $x_5 = 187.5$, $x_6 = 175$ を得るので，基底解は $(0,\ 42.5,\ 0,\ 0,\ 187.5,\ 175)^T$ となり，これは実行可能基底解である.

さて，線形計画問題において，実行可能基底解の概念が重要であるということは，次の線形計画法の基本定理により示される．この定理は内容のみならず証明の方法にも，多くの大切な点を含んでいる.

定理 2.1　(線形計画法の基本定理)

標準形の線形計画問題が与えられたとき，

（1）　実行可能解が存在するならば，必ず実行可能基底解が存在する.

（2）　最適解が存在するならば，実行可能基底解の中にも最適解が存在する.

証　明

（1）の証明

$\bar{\boldsymbol{x}}=(\bar{x}_1,\bar{x}_2,\cdots,\bar{x}_n)^T$ を1つの実行可能解とし，対応する列を $\bar{\boldsymbol{p}}_1,\bar{\boldsymbol{p}}_2,\cdots,\bar{\boldsymbol{p}}_n$ とすれば，実行可能解の定義より

$$\bar{x}_1\bar{\boldsymbol{p}}_1+\bar{x}_2\bar{\boldsymbol{p}}_2+\cdots+\bar{x}_n\bar{\boldsymbol{p}}_n=\boldsymbol{b}$$
$$\bar{x}_j\geqq 0 \qquad j=1,2,\cdots,n$$

$\bar{\boldsymbol{x}}$ の成分中，正のものの個数を l とし，簡単のため最初の l 個とすれば，

$$\bar{x}_1\bar{\boldsymbol{p}}_1+\bar{x}_2\bar{\boldsymbol{p}}_2+\cdots+\bar{x}_l\bar{\boldsymbol{p}}_l=\boldsymbol{b}$$
$$\bar{x}_1>0,\ \cdots,\ \bar{x}_l>0,\ \bar{x}_{l+1}=0,\cdots,\ \bar{x}_n=0$$

このとき $\bar{\boldsymbol{p}}_1,\bar{\boldsymbol{p}}_2,\cdots,\bar{\boldsymbol{p}}_l$ は線形独立，あるいは線形従属のいずれかになる．

(a) $\bar{\boldsymbol{p}}_1,\bar{\boldsymbol{p}}_2,\cdots,\bar{\boldsymbol{p}}_l$ が線形独立であれば明らかに $l\leqq m$ である．もし $l=m$ ならば $\boldsymbol{x}=\bar{\boldsymbol{x}}$ は $\bar{x}_1,\bar{x}_2,\cdots,\bar{x}_m$ を基底変数とする非退化実行可能基底解である．

もし $l<m$ ならば，$\mathrm{rank}\,(A)=m$ であるから，A の他の $(n-l)$ 列から適当に $(m-l)$ 個の列 $\bar{\boldsymbol{p}}_{l+1},\bar{\boldsymbol{p}}_{l+2},\cdots,\bar{\boldsymbol{p}}_m$ を選んで $\bar{\boldsymbol{p}}_1,\bar{\boldsymbol{p}}_2,\cdots,\bar{\boldsymbol{p}}_m$ が線形独立となるようにすることができる．このとき $\boldsymbol{x}=\bar{\boldsymbol{x}}$ は $\bar{x}_1,\bar{x}_2,\cdots,\bar{x}_m$ を基底変数とする退化実行可能基底解となる．

(b) $\bar{\boldsymbol{p}}_1,\bar{\boldsymbol{p}}_2,\cdots,\bar{\boldsymbol{p}}_l$ が線形従属ならば

$$y_1\bar{\boldsymbol{p}}_1+y_2\bar{\boldsymbol{p}}_2+\cdots+y_l\bar{\boldsymbol{p}}_l=\boldsymbol{0}$$

となるようなすべてが零ではないスカラー $y_1,\ y_2,\ \cdots,\ y_l$ が存在し，一般性を失うことなく少なくとも1つの $y_j>0$ と仮定できる．

$$\bar{x}_1\bar{\boldsymbol{p}}_1+\bar{x}_2\bar{\boldsymbol{p}}_2+\cdots+\bar{x}_l\bar{\boldsymbol{p}}_l=\boldsymbol{b}$$

であるから，任意の ε に対して

$$(\bar{x}_1-\varepsilon y_1)\bar{\boldsymbol{p}}_1+(\bar{x}_2-\varepsilon y_2)\bar{\boldsymbol{p}}_2+\cdots+(\bar{x}_l-\varepsilon y_l)\bar{\boldsymbol{p}}_l=\boldsymbol{b}$$

が成立する．

ここで $\bar{x}_j>0$ であるから，ε を零から増加させると

$$y_j\begin{cases}<0\\=0\\>0\end{cases}\Longrightarrow \bar{x}_j-\varepsilon y_j\begin{cases}\text{増加する}\\\text{変化しない}\\\text{減少する}\end{cases}$$

y_j の中には少なくとも1つ正のものが含まれているから，ε の値を増加さ

せると，少なくとも1つの $\bar{x}_j-\varepsilon y_j$ の値は減少する．したがって特に

$$\varepsilon=\min_{y_j>0}\frac{\bar{x}_j}{y_j}$$

とおけば，この ε の値に対して $\bar{\boldsymbol{x}}'=(\bar{\boldsymbol{x}}-\varepsilon\boldsymbol{y})=(\bar{x}_1-\varepsilon y_1,\cdots,\bar{x}_l-\varepsilon y_l,0,0,\cdots,0)^T$ は実行可能解であり，たかだか $l-1$ 個の正の成分をもつ．

$\bar{\boldsymbol{x}}$ を $\bar{\boldsymbol{x}}'$ に置き換え以上の操作を繰り返せば，たかだか $(l-1)$ 回の操作の後に最終的に線形独立な列をもつ実行可能解が得られ (a) の $l<m$ の場合に帰着する．

(2) の証明

$\hat{\boldsymbol{x}}=(\hat{x}_1,\hat{x}_2,\cdots,\hat{x}_n)^T$ を1つの最適解とし $\hat{\boldsymbol{x}}$ の l 個の正の成分 $\hat{x}_1,\hat{x}_2,\cdots,\hat{x}_l$ に対応する列を $\hat{\boldsymbol{p}}_1,\hat{\boldsymbol{p}}_2,\cdots,\hat{\boldsymbol{p}}_l$ とすれば，$\hat{\boldsymbol{p}}_1,\hat{\boldsymbol{p}}_2,\cdots,\hat{\boldsymbol{p}}_l$ が線形独立の場合には (1) の (a) の証明と同様にして $\boldsymbol{x}=\hat{\boldsymbol{x}}$ が実行可能な基底解となっている．$\hat{\boldsymbol{p}}_1,\hat{\boldsymbol{p}}_2,\cdots,\hat{\boldsymbol{p}}_l$ が線形従属の場合も (1) の (b) の証明と同様にして新たな実行可能基底解

$$\hat{\boldsymbol{x}}'=(\hat{\boldsymbol{x}}-\varepsilon\boldsymbol{y})=(\hat{x}_1-\varepsilon y_1,\cdots,\hat{x}_l-\varepsilon y_l,0,0,\cdots,0)^T$$

が得られる．このときこの解が任意の ε に対して最適解になることを示せばよい．

$|\varepsilon|$ が十分小さければ $\hat{\boldsymbol{x}}'$ は実行可能解であり，目的関数の値は

$$\boldsymbol{c}\hat{\boldsymbol{x}}'=\boldsymbol{c}\hat{\boldsymbol{x}}-\varepsilon\boldsymbol{c}\boldsymbol{y}$$

ここで $\hat{\boldsymbol{x}}$ は最適解であるから

$$\varepsilon\boldsymbol{c}\boldsymbol{y}\leqq 0$$

でなければならない．しかし ε は正でも負でもよいから

$$\boldsymbol{c}\boldsymbol{y}=0$$

したがって $\boldsymbol{c}\hat{\boldsymbol{x}}=\boldsymbol{c}\hat{\boldsymbol{x}}'$ となり実行可能基底解 $\hat{\boldsymbol{x}}'$ は最適解となる．

Q. E. D.

この定理を線形計画法の**基本定理** (fundamental theorem) といい，実行可能基底解で最適解であるものを**最適実行可能基底解** (optimal basic feasible solution) という．この定理によれば，線形計画問題を解くためには，実行可能基底解のみを探索すればよいことがわかる．実行可能基底解では n 個の変数のうちたかだか m 個が正であるから，実行可能基底解の数はたかだか n 個の変

数の集合から m 個の変数を選ぶ組合せの数である．すなわち

$$ {}_nC_m=\frac{n!}{(n-m)!\,m!} \tag{2.22} $$

したがって基本定理は非常に効率は悪いかもしれないが，たかだか ${}_nC_m$ 回，すなわち有限回の探索により最適解を求める計算方法が存在することを意味している．しかし n と m の数が大きい場合には，この組合せの数も大きな数となる．このような大規模な問題では，最小値を見つけるためにすべての実行可能基底解に対して z を評価することは不可能であろう．したがって z の値を減少させていくような実行可能基底解を系統的な方法で選び，最終的に最小値を得るような計算方法が必要である．G. B. Dantzig によって考案された**シンプレックス法** (simplex method) はまさしくこのような考えに基づいている．

ここでは線形計画法の基本定理を用いて，例 1.1 の生産計画の問題の標準形のすべての基底解を求めて実行可能基底解の中から最適解を見つけてみよう．

表 2.1 例 1.1 の標準形の基底解

	x_1	x_2	x_3	x_4	x_5	x_6	実行可能	z
1	0	0	0	425	400	600	Yes	0
2	0	0	106.25	0	−450	−250	No	
3	0	0	50	225	0	200	Yes	−170
4	0	0	75	125	−200	0	No	
5	0	42.5	0	0	187.5	175	Yes	−212.5
6	0	80	0	−375	0	−200	No	
7	0	60	0	−175	100	0	No	
8	0	30	31.25	0	0	50	Yes	−256.25
9	0	25	43.75	0	−75	0	No	
10	0	40	25	−75	0	0	No	
11	212.5	0	0	0	−875	−887.5	No	
12	200/3	0	0	875/3	0	400/3	Yes	−500/3
13	600/7	0	0	1 775/7	−800/7	0	No	
14	−225	0	218.75	0	0	425	No	
15	−250/3	0	1 775/12	0	−850/3	0	No	
16	200	0	−100	425	0	0	No	
17	37.5	35	0	0	0	−12.5	No	
18	35	35.5	0	0	12.5	0	Yes	−265
19	40	32	0	25	0	0	Yes	−260
20	30	34	6.25	0	0	0	Yes	−266.25

例 1.1 の標準形

$$\begin{aligned}
&\text{minimize} \quad z = -2.5x_1 - 5x_2 - 3.4x_3 \\
&\text{subject to} \quad 2x_1 + 10x_2 + 4x_3 + x_4 = 425 \\
&\qquad 6x_1 + 5x_2 + 8x_3 + x_5 = 400 \\
&\qquad 7x_1 + 10x_2 + 8x_3 + x_6 = 600 \\
&\qquad x_j \geqq 0 \quad j = 1, 2, \cdots, 6
\end{aligned}$$

$n = 6$, $m = 3$ であるから基底解は全部で ${}_6C_3 = 20$ 個存在することになり，表 2.1 に示されている．表 2.1 の最後の 2 列にはこれらの基底解が実行可能解かどうかが調べられ，実行可能基底解に対する目的関数の値が計算されている．表 2.1 から 8 個の実行可能基底解の中で最適解は 20 番目の基底解であることがわかる．

同様に例 1.2 の栄養の問題の標準形

$$\begin{aligned}
&\text{minimize} \quad z = 4x_1 + 8x_2 + 3x_3 \\
&\text{subject to} \quad 2x_1 + 5x_2 + 3x_3 - x_4 = 185
\end{aligned}$$

表 2.2　例 1.2 の標準形の基底解

	x_1	x_2	x_3	x_4	x_5	x_6	実行可能	z
1	0	0	0	−185	−155	−600	No	
2	0	0	185/3	0	1 015/3	−1 060/3	No	
3	0	0	19.375	−126.875	0	−522.5	No	
4	0	0	150	265	1 045	0	Yes	450
5	0	37	0	0	−62.5	−230	No	
6	0	62	0	125	0	20	Yes	496
7	0	60	0	115	−5	0	No	
8	0	406/13	125/13	0	0	−3 240/13	No	
9	0	106	−115	0	−810	0	No	
10	0	418/7	5/7	810/7	0	0	Yes	3 359/7
11	92.5	0	0	0	1 225	140	Yes	370
12	155/3	0	0	−245/3	0	−560/3	No	
13	75	0	0	−35	70	0	No	
14	145	0	−3.5	0	0	420	No	
15	66.25	0	17.5	0	183.75	0	Yes	317.5
16	1 045/13	0	−140/13	−735/13	0	0	No	
17	31.25	24.5	0	0	0	−105	No	
18	57.5	14	0	0	52.5	0	Yes	342
19	5	56	0	105	0	0	Yes	468
20	54	19.6	−7	0	0	0	No	

$$3x_1+2.5x_2+8x_3 \quad -x_5 \qquad\quad =155$$
$$8x_1+10x_2+4x_3 \qquad\qquad -x_6=600$$
$$x_j \geqq 0 \qquad j=1,2,\cdots,6$$

の基底解は $n=6$, $m=3$ であるから ${}_6C_3=20$ 個存在することになり，表 2.2 に示されている．表 2.2 から 7 個の実行可能基底解の中で最適解は 15 番目の基底解であることがわかる．

問　題　2

1.　次の問題を線形計画法で解くにはどのようにすればよいか検討せよ．

（1）（絶対値問題）

$$\text{minimize} \qquad z=\sum_{j=1}^{n} c_j|x_j|$$
$$\text{subject to} \qquad \sum_{j=1}^{n} a_{ij}x_j=b_i \qquad i=1,2,\cdots,m$$

ここで $c_j>0$ $(j=1,2,\cdots,n)$ であり，x_j $(j=1,2,\cdots,n)$ は自由変数である．

（ヒント：$x_j=x_j^+-x_j^-$, $x_j^+\geqq 0$, $x_j^-\geqq 0$ とおき $|x_j|=x_j^++x_j^-$ と変形せよ.）

（2）（分数計画問題）

$$\text{minimize} \qquad z=\frac{\displaystyle\sum_{j=1}^{n} c_jx_j+c_0}{\displaystyle\sum_{j=1}^{n} d_jx_j+d_0}$$
$$\text{subject to} \qquad \sum_{j=1}^{n} a_{ij}x_j=b_i \qquad i=1,2,\cdots,m$$
$$x_j\geqq 0 \qquad j=1,2,\cdots,n$$

ただし，問題のすべての実行可能解の集合に対して $\sum_{j=1}^{n} d_jx_j+d_0>0$ とする．

$\left(\right.$ヒント：新しい変数 $t=1\Big/\left(\sum_{j=1}^{n} d_jx_j+d_0\right)$, $y_j=x_jt\,(j=1,2,\cdots,n)$ を導入せよ.$\left.\right)$

（3）（ミニマックス問題）

$$\text{minimize} \qquad z=\max\left(\sum_{j=1}^{n} c_j{}^1x_j,\ \sum_{j=1}^{n} c_j{}^2x_j,\ \cdots,\ \sum_{j=1}^{n} c_j{}^Lx_j\right)$$
$$\text{subject to} \qquad \sum_{j=1}^{n} a_{ij}x_j=b_i \qquad i=1,2,\cdots,m$$
$$x_j\geqq 0 \qquad j=1,2,\cdots,n$$

（ヒント：補助変数を導入して，目的関数 $\sum_{j=1}^{n} c_j{}^lx_j$ $(l=1,2,\cdots,L)$ を制約条件に変換せよ.）

2.　例 1.1 の 2 番目の制約式の右辺を 212.5 に変えた問題の標準形のすべての基底解を計算して，実行可能基底解の中から最適解を求めてみよ．またこの基底解の中には退化しているものがあるか？

3. シンプレックス法

本章では，G. B. Dantzig によって考案されたシンプレックス法についての解説を行う．まず，線形計画法における基本演算であるピボット操作の定義を与え，標準形の線形計画問題を，正準形といわれる線形計画問題に変換する．次に実行可能正準形に対する最適性規準について述べ，最適でない実行可能基底解から，より良い実行可能基底解を見つけだす方法について考察する．さらに，シンプレックス計算方法を要約するとともに最初の実行可能基底解を見つけだす方法についても解説する．最後にシンプレックス法が有限回で収束するかどうかに関する考察を行うとともに，変数に上限のある問題に対する上限法と呼ばれる手法の解説を試みる．

3.1 正 準 形

前章で定義した次の標準形の線形計画問題について考える．

$$\text{minimize} \quad z = c_1x_1 + c_2x_2 + \cdots + c_nx_n \tag{3.1}$$

$$\text{subject to} \quad \left.\begin{array}{l} a_{11}x_1 + a_{12}x_2 + \cdots + a_{1n}x_n = b_1 \\ a_{21}x_1 + a_{22}x_2 + \cdots + a_{2n}x_n = b_2 \\ \cdots\cdots\cdots\cdots\cdots\cdots\cdots\cdots\cdots\cdots \\ a_{m1}x_1 + a_{m2}x_2 + \cdots + a_{mn}x_n = b_m \end{array}\right\} \tag{3.2}$$

$$x_j \geqq 0 \qquad j = 1, 2, \cdots, n \tag{3.3}$$

ここで，再び $n > m$, rank $(A) = m$ であると仮定する．目的関数の式(3.1)を等式

$$-z + c_1x_1 + c_2x_2 + \cdots + c_nx_n = 0 \tag{3.4}$$

として取り扱い，この式を制約式 (3.2) に含めて拡張した連立方程式を構成すれば，問題は次のように表される．

次の式と非負条件 $x_1 \geqq 0$, $x_2 \geqq 0$, $\cdots$, $x_n \geqq 0$ を満たし z を最小にする解を求めよ．

$$\left.\begin{array}{l}a_{11}x_1+a_{12}x_2+\cdots+a_{1n}x_n=b_1\\a_{21}x_1+a_{22}x_2+\cdots+a_{2n}x_n=b_2\\\cdots\cdots\cdots\cdots\cdots\cdots\cdots\cdots\cdots\\a_{m1}x_1+a_{m2}x_2+\cdots+a_{mn}x_n=b_m\\-z+c_1x_1+c_2x_2+\cdots+c_nx_n=0\end{array}\right\}\qquad(3.5)$$

線形計画法では，解を誘導する過程として，$x_1, x_2, \cdots, x_n$ および $(-z)$ に関する連立線形方程式 (3.5) を $x_1, x_2, \cdots, x_n$ のうちの m 個の変数および $(-z)$ について解くことになるのであるが，このような手順として，次に定義する**ピボット操作** (pivot operation) が用いられる．

定義 3.1 （ピボット操作）

ピボット操作 (pivot operation) は，連立線形方程式の指定された変数の係数をある1つの式においてのみ1とし，残りの式では零にするような連立線形方程式の特殊な等価変換であるが，特に線形計画法における基本演算である．手順は次のとおりである．

（1） r 行（式）s 列における**ピボット項** (pivot term) と呼ばれる項 a_{rs} $(\neq 0)$ を選ぶ．

（2） r 番目の式の両辺を a_{rs} で割る．

（3） r 番目の式を除く残りのすべての等式を (2) によって得られた新しい r 番目の式に $-a_{is}$ を掛けた式との和で置き換える．

線形計画法においては，ピボット操作は**サイクル** (cycle) という名称で，その回数が数えられる．

さて，(3.2) の最初の m 列が基底行列 B であると仮定して，連立方程式 (3.5) を解くためのピボット操作を次のように繰り返す．

まず $a_{11}\neq 0$ なら a_{11} をピボット項としてピボット操作を行えば (3.5) と等価な次の式を得ることができる．（もし $a_{11}=0$ ならば B は正則なので x_1 の係数が 0 でない式が存在するので，その係数 $a_{11}\neq 0$ をピボット項に選べばよい．以下同様である．）

$$\left.\begin{array}{l} x_1+a'_{12}x_2+a'_{13}x_3+\cdots+a'_{1n}x_n=b'_1 \\ \qquad a'_{22}x_2+a'_{23}x_3+\cdots+a'_{2n}x_n=b'_2 \\ \qquad \cdots\cdots\cdots\cdots\cdots\cdots\cdots\cdots \\ \qquad a'_{m2}x_2+a'_{m3}x_3+\cdots+a'_{mn}x_n=b'_m \\ -z+c'_2x_2+c'_3x_3+\cdots+c'_nx_n=-z' \end{array}\right\} \tag{3.6}$$

次に $a'_{22}\neq 0$ なら a'_{22} をピボット項としてピボット操作を行えば，(3.6) は次の (3.7) と等価になる．

$$\left.\begin{array}{l} x_1 \qquad +a''_{13}x_3+\cdots+a''_{1n}x_n=b''_1 \\ \quad x_2+a''_{23}x_3+\cdots+a''_{2n}x_n=b''_2 \\ \qquad a''_{33}x_3+\cdots+a''_{3n}x_n=b''_3 \\ \qquad \cdots\cdots\cdots\cdots\cdots\cdots \\ \qquad a''_{m3}x_3+\cdots+a''_{mn}x_n=b''_m \\ -z+c''_3x_3+\cdots+c''_nx_n=-z'' \end{array}\right\} \tag{3.7}$$

以下同様なピボット操作を $x_3, x_4, \cdots, x_m$ に対して繰り返せばサイクル m で (3.5) は次の形の式と等価になる．

$$\left.\begin{array}{l} x_1 \qquad\qquad +\bar{a}_{1,m+1}x_{m+1}+\bar{a}_{1,m+2}x_{m+2}+\cdots+\bar{a}_{1n}x_n=\bar{b}_1 \\ \quad x_2 \qquad\quad +\bar{a}_{2,m+1}x_{m+1}+a_{2,m+2}x_{m+2}+\cdots+\bar{a}_{2n}x_n=\bar{b}_2 \\ \qquad \ddots \quad \cdots\cdots\cdots\cdots\cdots\cdots\cdots\cdots\cdots\cdots\cdots \\ \qquad\quad x_m+\bar{a}_{m,m+1}x_{m+1}+\bar{a}_{m,m+2}x_{m+2}+\cdots+\bar{a}_{mn}x_n=\bar{b}_m \\ \qquad -z+\bar{c}_{m+1}x_{m+1}+\bar{c}_{m+2}x_{m+2}+\cdots+\bar{c}_nx_n=-\bar{z} \end{array}\right\} \tag{3.8}$$

このようなピボット操作の各サイクルにおける係数の ′, ″, …, ¯, などは係数がその段階で変化していることを示している．

このようにして m 回のピボット操作により，基底行列の列に対応したすべての変数の係数がある 1 つの式においては 1，その他の式では 0 となるように変換された等価な連立方程式を一般に**正準形** (canonical form) または**基底形式** (basic form) と呼んでいる．このとき解きだされた変数 $x_1, x_2, \cdots, x_m$ および $(-z)$ は，基底変数あるいは従属変数といわれるが，その理由は非基底変数，すなわち独立変数 $x_{m+1}, x_{m+2}, \cdots, x_n$ にある値を割りあてると $x_1, x_2, \cdots, x_m$ および $(-z)$ は直ちに求められるからである．$(-z)$ はつねに基底変数に入れるので，特にことわらずに $x_1, x_2, \cdots, x_m$ のみを基底変数と呼び，さらに $\boldsymbol{x}_B=(x_1, x_2\cdots, x_m)^T$ を**基底** (basis) と呼ぶこともある．

正準形は表 3.1 のように表すとわかりやすい．この表は**シンプレックス・タ**

ブロー (simplex tableau) または**単体表**と呼ばれ，正準形の諸係数が表中にあり，各式に含まれている基底変数と基底解がこの表から容易に読みとれるようになっている．

表 3.1 シンプレックス・タブロー

基底	x_1	$x_2 \cdots x_m$	x_{m+1}	$x_{m+2} \cdots\cdots x_n$	定数
x_1	1		$\bar{a}_{1,m+1}$	$\bar{a}_{1,m+2} \cdots \bar{a}_{1n}$	$\bar{b}_1$
x_2		1	$\bar{a}_{2,m+1}$	$\bar{a}_{2,m+2} \cdots \bar{a}_{2n}$	$\bar{b}_2$
$\vdots$		$\ddots$	$\cdots\cdots$	$\cdots\cdots$	$\vdots$
x_m		1	$\bar{a}_{m,m+1}$	$\bar{a}_{m,m+2} \cdots \bar{a}_{mn}$	$\bar{b}_m$
$-z$	0	$0 \cdots 0$	$\bar{c}_{m+1}$	$\bar{c}_{m+2} \cdots \bar{c}_n$	$-\bar{z}$

$x_1, x_2, \cdots, x_m$ を基底変数とする基底解は，正準形より直ちに

$$x_1 = \bar{b}_1,\ x_2 = \bar{b}_2, \cdots, x_m = \bar{b}_m,\ x_{m+1} = x_{m+2} = \cdots = x_n = 0 \tag{3.9}$$

であることがわかる．このとき

$$z = \bar{z} \tag{3.10}$$

である．

$$\bar{b}_1 \geqq 0,\ \bar{b}_2 \geqq 0, \cdots, \bar{b}_m \geqq 0 \tag{3.11}$$

が成り立つとき，この基底解は実行可能であるから，そのときの正準形（タブロー）を実行可能正準形（タブロー）であるという．

もし1個またはそれ以上の $\bar{b}_i = 0$ ならばその実行可能基底解は，**退化している** (degenerate) という．

さて，実行可能正準形が直ちに求められる例として，一般の生産計画の問題について考えてみよう．この問題に対して m 個のスラック変数 x_{n+i} $(i = 1, 2, \cdots, m)$ を導入して目的関数に (-1) を掛けて最小化問題に変換すれば，次の形の標準形の線形計画問題に変換される．

$$
\begin{array}{lllll}
\text{minimize} & z = -c_1x_1 - c_2x_2 - \cdots - c_nx_n & & & \\
\text{subject to} & a_{11}x_1 + a_{12}x_2 + \cdots + a_{1n}x_n + x_{n+1} & & & = b_1 \\
 & a_{21}x_1 + a_{22}x_2 + \cdots + a_{2n}x_n & + x_{n+2} & & = b_2 \\
 & \cdots\cdots\cdots\cdots & & \ddots & \vdots \\
 & a_{m1}x_1 + a_{m2}x_2 + \cdots + a_{mn}x_n & & + x_{n+m} & = b_m
\end{array}
$$

m 個のスラック変数 $x_{n+1}, x_{n+2}, \cdots, x_{n+m}$ を基底変数と考えれば上式は明らかに正準形であり，このときの基底解は

$$x_1 = x_2 = \cdots = x_n = 0,\ x_{n+1} = b_1,\ x_{n+2} = b_2, \cdots, x_{n+m} = b_m$$

となる．ここで b_i は資源 i の利用可能な最大量を表しており当然 $b_i \geqq 0$ $(i=1,2,\cdots,m)$ であるから，この基底解は実行可能であり，したがってこの正準形は実行可能正準形であることがわかる．

これに対して，一般の栄養の問題に m 個の余裕変数 x_{n+i} $(i=1,2,\cdots,m)$ を導入して両辺に (-1) を掛けて余裕変数を基底変数としても，基底解は

$$x_1=x_2=\cdots=x_n=0,\quad x_{n+1}=-b_1,\quad x_{n+2}=-b_2,\cdots,x_{n+m}=-b_m$$

となり，$b_i \geqq 0$ $(i=1,2,\cdots,m)$ であることを考慮すれば，残念ながら実行可能正準形にはならないことに注意しよう．

3.2 最適性規準

問題が実行可能正準形であるならば実行可能基底解を直ちに得ることができる．しかし実行可能正準形はこれ以上にさらにより価値のある情報をも提供してくれる．それは単に $\bar{c}_j\,(j=m+1,m+2,\cdots,n)$ を見るだけでこの実行可能基底解が最適であるかどうかがわかり，さらに，最適でない場合にはより良い実行可能基底解を見いだせるということである．まず，次の定理によって与えられる最適性の判定について考えよう．

定理 3.1（最適性規準）

もしすべての定数 $\bar{c}_{m+1},\bar{c}_{m+2},\cdots,\bar{c}_n$ が非負であれば，すなわち

$$\bar{c}_j \geqq 0 \qquad j=m+1,m+2,\cdots,n \tag{3.12}$$

が成立すれば，このときの実行可能基底解は最適実行可能基底解である．

ここで非基底変数の変化にともなう目的関数の変化率を意味する $\bar{c}_j$ を**相対費用係数** (relative cost coefficient) というが，基底変数に対しては相対費用係数はつねに零であることに注意しよう．

証明

(3.8) の最後の式を書き直せば

$$z=\bar{z}+\bar{c}_{m+1}x_{m+1}+\bar{c}_{m+2}x_{m+2}+\cdots+\bar{c}_n x_n$$

となるが，x_{m+1}, x_{m+2}, $\cdots$, x_n の値は現在すべて零であり，非負条件より $x_j \geqq 0$, $j=1,2,\cdots,n$ であるので，$\bar{c}_j \geqq 0$ であれば $\bar{c}_j x_j \geqq 0$, $j=m+1,m+2,\cdots,n$ である．したがって非基底変数の値を変化させても z を減少す

ることができないので，現在の解は最適である． Q.E.D.

実行可能正準形（タブロー）が (3.12) を満たすとき最適実行可能正準形（タブロー）と呼ばれる．さらに (3.12) を実行可能正準形に対する**最適性規準** (optimality criterion) あるいは**シンプレックス規準** (simplex criterion) という．

相対費用係数から最適解が複数個存在するかどうかをも知ることができる．すべての $\bar{c}_j \geqq 0$ で，ある非基底変数 x_k に対して $\bar{c}_k = 0$ としよう．このとき，x_k を正にしても制約式が満たされるならば，z は変化しないので，複数個の最適解が存在することになる．この結果は次の系に示される．

系 3.1

もしすべての非基底変数に対して $\bar{c}_j > 0$ であれば，このときの実行可能基底解は一意的な最適実行可能基底解である．

もちろん，ある $\bar{c}_j < 0$ ならば，それに対応した x_j を増加させることにより，z を減少させることができ，その結果，現在の解は最適でないかもしれない．したがって，最適でない解の改良方法を次に考える．

3.3 実行可能基底解の改良

もし，少なくとも1個の $\bar{c}_j < 0$ ならば，そのとき非退化（すべての $\bar{b}_i > 0$）の仮定のもとで，ピボット操作によって z の値をより小さくするような他の実行可能基底解を得ることが可能である．もし2個以上の $\bar{c}_j < 0$ があれば，最も小さな負の $\bar{c}_j$ に対する変数を増加すべき変数 x_s に選ぶことができる．すなわち，次のような相対費用係数に対応する変数である．

$$\bar{c}_s = \min_{\bar{c}_j < 0} \bar{c}_j \tag{3.13}$$

この選択規則は必ずしも z の値を可能な限り最大限に減少することができるとは限らない（その理由は必ずしも x_s を十分大きくすることができるとは限らないからである）が，直感的にみて少なくとも基底に入る変数を選定するための1つの良い規則を与えるものと考えられる．この選択規則は，次の理由により現在実際に採用されている．(1) 単純である，(2) 一般に任意の $\bar{c}_j < 0$ を

選定するよりも少ない回数のピボット操作で解に到達できる．

さて基底に入る変数 x_s を決定したら，残りのすべての非基底変数を零にして，x_s を零から増加させるとき，現在の基底変数への影響を調べてみよう．(3.8) において，x_s を除く残りのすべての非基底変数を零にすれば次のようになる．

$$\left.\begin{aligned} x_1 &= \bar{b}_1 - \bar{a}_{1s}x_s \\ x_2 &= \bar{b}_2 - \bar{a}_{2s}x_s \\ &\cdots\cdots\cdots\cdots \\ x_m &= \bar{b}_m - \bar{a}_{ms}x_s \\ z &= \bar{z} + \bar{c}_s x_s, \quad \bar{c}_s < 0 \end{aligned}\right\} \tag{3.14}$$

ここで x_s を増加させると明らかに z は減少するが，実行可能解であるためには $x_i = \bar{b}_i - \bar{a}_{is}x_s \geqq 0,\ i = 1, 2, \cdots, m$ を満たさなければならない．しかし，もし

$$\bar{a}_{is} \leqq 0 \qquad i = 1, 2, \cdots, m \tag{3.15}$$

であれば，x_s はいくらでも大きくすることができる．したがって，次の定理が得られる．

定理 3.2 (非有界性)

実行可能正準形において，もしある s に対して

$$\bar{c}_s < 0,$$

$$\bar{a}_{is} \leqq 0 \qquad i = 1, 2, \cdots, m$$

であれば，z の値をいくらでも小さくすることができ，解は**非有界** (unbounded) である．

しかし，もし $\bar{a}_{is},\ i = 1, 2, \cdots, m$ の中に正のものがあれば，x_s を無限に増加させることはできない．なぜなら，もし x_s を増加させていけば，ある基底変数がまず零になり，それから負になってしまうからである．$\bar{a}_{is} > 0$ のとき (3.14) より x_s が次の値になれば，x_i は零になることがわかる．

$$x_s = \frac{\bar{b}_i}{\bar{a}_{is}}, \quad \bar{a}_{is} > 0 \tag{3.16}$$

したがって x_s の増加の限界値は $\bar{a}_{is}>0$ であるような i のうちで $\bar{b}_i/\bar{a}_{is}$ の値の最小のものにより規定される．すなわち，現在の基底変数を負にしないような x_s の最大の増加値は次の式によって与えられ，このとき x_r は零になる．

$$\min_{\bar{a}_{is}>0}\frac{\bar{b}_i}{\bar{a}_{is}}=\frac{\bar{b}_r}{\bar{a}_{rs}}=\theta \tag{3.17}$$

以上の考察により，x_s を基底に入れる代わりに x_r を基底から出す新たな実行可能基底解が存在し，z の値が前の値以下になることがわかった．この結果は次の定理に要約されている．

定理 3.3（実行可能基底解の改良）

実行可能正準形において，$\bar{c}_s$ が負で，少なくとも1個の $\bar{a}_{is}$ が正であり，さらに

$$\min_{\bar{a}_{is}>0}\frac{\bar{b}_i}{\bar{a}_{is}}=\frac{\bar{b}_r}{\bar{a}_{rs}}=\theta$$

が成り立つものとする．このとき基底変数として，x_r を x_s で置き換えた新たな実行可能正準形が存在し，目的関数の値は $\bar{z}$ より $|\bar{c}_s\theta|$ だけ減少する．

証明

$x_1, x_2, \cdots, x_r, \cdots, x_m$ に対する実行可能正準形は

$$\left.\begin{array}{l}
x_1 \qquad\qquad +\bar{a}_{1,m+1}x_{m+1}+\cdots+\bar{a}_{1s}x_s+\cdots+\bar{a}_{1n}x_n=\bar{b}_1\\
\quad x_2 \qquad\quad +\bar{a}_{2,m+1}x_{m+1}+\cdots+\bar{a}_{2s}x_s+\cdots+\bar{a}_{2n}x_n=\bar{b}_2\\
\qquad\ddots \qquad\qquad \vdots \qquad\qquad\qquad \vdots \qquad\qquad \vdots \qquad \vdots\\
\qquad\quad x_r \quad +\bar{a}_{r,m+1}x_{m+1}+\cdots+\bar{a}_{rs}x_s+\cdots+\bar{a}_{rn}x_n=\bar{b}_r\\
\qquad\qquad\ddots \qquad \vdots \qquad\qquad\qquad \vdots \qquad\qquad \vdots \qquad \vdots\\
\qquad\qquad\quad x_m+\bar{a}_{m,m+1}x_{m+1}+\cdots+\bar{a}_{ms}x_s+\cdots+\bar{a}_{mn}x_n=\bar{b}_m\\
\qquad\qquad\quad -z+\bar{c}_{m+1}x_{m+1}+\cdots+\bar{c}_sx_s+\cdots+\bar{c}_nx_n=-\bar{z}
\end{array}\right\} \tag{3.18}$$

ここで $\bar{b}_i\geqq 0\ (i=1,2,\cdots,m)$ である．$\bar{a}_{rs}\neq 0$ の項についてピボット操作を行えば (3.18) は

$$\left.\begin{array}{l}
x_1 \quad +\bar{a}^*_{1r}x_r \qquad +\bar{a}^*_{1,m+1}x_{m+1}+\cdots+0+\cdots+\bar{a}^*_{1n}x_n=\bar{b}^*_1\\
\quad x_2+\bar{a}^*_{2r}x_r \qquad +\bar{a}^*_{2,m+1}x_{m+1}+\cdots+0+\cdots+\bar{a}^*_{2n}x_n=\bar{b}^*_2\\
\qquad\ddots\ \vdots \qquad\qquad\qquad \vdots \qquad\qquad\quad \vdots \qquad\quad \vdots \qquad \vdots\\
\qquad\quad \bar{a}^*_{rr}x_r \qquad +\bar{a}^*_{r,m+1}x_{m+1}+\cdots+x_s+\cdots+\bar{a}^*_{rn}x_n=\bar{b}^*_r\\
\qquad\quad \vdots \quad\ddots \qquad\quad \vdots \qquad\qquad\quad \vdots \qquad\quad \vdots \qquad \vdots\\
\qquad\quad \bar{a}^*_{mr}x_r+x_m+\bar{a}^*_{m,m+1}x_{m+1}+\cdots+0+\cdots+\bar{a}^*_{nn}x_n=\bar{b}^*_m\\
\qquad\quad \bar{c}^*_rx_r \quad -z+\bar{c}^*_{m+1}x_{m+1}+\cdots+0+\cdots+\bar{c}^*_nx_n=-\bar{z}^*
\end{array}\right\} \tag{3.19}$$

と書くことができ，ピボット操作により

$$\left.\begin{aligned}\bar{a}_{rj}^{*} &= \frac{\bar{a}_{rj}}{\bar{a}_{rs}} \\ \bar{a}_{ij}^{*} &= \bar{a}_{ij}-\frac{\bar{a}_{is}}{\bar{a}_{rs}}\bar{a}_{rj} \quad (i \neq r)\end{aligned}\right\} \tag{3.20}$$

$$\left.\begin{aligned}\bar{b}_{r}^{*} &= \frac{\bar{b}_{r}}{\bar{a}_{rs}} \\ \bar{b}_{i}^{*} &= \bar{b}_{i}-\frac{\bar{a}_{is}}{\bar{a}_{rs}}\bar{b}_{r} \qquad (i \neq r)\end{aligned}\right\} \tag{3.21}$$

$$\bar{c}_{j}^{*} = \bar{c}_{j}-\bar{c}_{s}\frac{\bar{a}_{rj}}{\bar{a}_{rs}} \tag{3.22}$$

$$\bar{z}^{*} = \bar{z}+\bar{c}_{s}\frac{\bar{b}_{r}}{\bar{a}_{rs}} \tag{3.23}$$

が成り立つ．(3.19) は $x_1, x_2, \cdots, x_s, \cdots, x_m$ を基底変数とする正準形であり，これが実行可能正準形であることは，$\bar{b}_i \geqq 0$, $\bar{a}_{rs} > 0$ に注意すれば，次のようにして容易にわかる．

$$\bar{b}_{r}^{*} = \frac{\bar{b}_{r}}{\bar{a}_{rs}} \geqq 0$$

$\bar{a}_{is} > 0$ である $i(i \neq r)$ に対しては

$$\bar{b}_{i}^{*} = \bar{b}_{i}-\frac{\bar{a}_{is}}{\bar{a}_{rs}}\bar{b}_{r} = \bar{a}_{is}\left(\frac{\bar{b}_{i}}{\bar{a}_{is}}-\frac{\bar{b}_{r}}{\bar{a}_{rs}}\right) \geqq 0 \quad (\because \quad (3.17))$$

$\bar{a}_{is} \leqq 0$ である $i(i \neq r)$ に対しては

$$\bar{b}_{i}^{*} = \bar{b}_{i}-\frac{\bar{a}_{is}}{\bar{a}_{rs}}\bar{b}_{r} \geqq \bar{b}_{i} \geqq 0$$

となり，すべての $\bar{b}_i^* \geqq 0$ であるから (3.19) は実行可能正準形である．また

$$\bar{z}^{*} = \bar{z}+\bar{c}_{s}\frac{\bar{b}_{r}}{\bar{a}_{rs}} = \bar{z}+\bar{c}_{s}\theta$$

であり $\bar{c}_s < 0$ であるから，この実行可能基底解に対する目的関数の値は $\bar{z}$ より $|\bar{c}_s\theta|$ だけ減少する． Q.E.D.

ここで，x_r の代わりに x_s を基底に入れる $\bar{a}_{rs}$ に関するピボット操作を表 3.2 に要約しておく．

表 3.2 $\bar{a}_{rs}$ に関するピボット操作

サイクル	基底	$x_1 \cdots x_r \cdots\cdots x_m$	$x_{m+1} \cdots\cdots x_s \quad \cdots x_n$	定数
	x_1	1	$\bar{a}_{1,m+1} \cdots \quad \bar{a}_{1s} \quad \cdots \bar{a}_{1n}$	$\bar{b}_1$
	$\vdots$	$\ddots$	$\vdots \quad \vdots \quad \vdots$	$\vdots$
l	x_r	1	$\bar{a}_{r,m+1} \cdots [\bar{a}_{rs}] \cdots \bar{a}_{rn}$	$\bar{b}_r$
	$\vdots$	$\ddots$	$\vdots \quad \vdots \quad \vdots$	$\vdots$
	x_m	1	$\bar{a}_{m,m+1} \cdots \quad \bar{a}_{ms} \quad \cdots \bar{a}_{mn}$	$\bar{b}_m$
	$-z$	$0 \cdots 0 \cdots\cdots 0$	$\bar{c}_{m+1} \cdots\cdots \bar{c}_s \quad \cdots \bar{c}_n$	$-\bar{z}$
	x_1	$1 \quad \bar{a}^*_{1r}$	$\bar{a}^*_{1,m+1} \cdots \quad 0 \quad \cdots \bar{a}^*_{1n}$	$\bar{b}^*_1$
	$\vdots$	$\ddots \vdots$	$\vdots \quad \vdots \quad \vdots$	$\vdots$
$l+1$	x_s	$\bar{a}^*_{rr}$	$\bar{a}^*_{r,m+1} \cdots \quad 1 \quad \cdots \bar{a}^*_{rn}$	$\bar{b}^*_r$
	$\vdots$	$\vdots \quad \ddots$	$\vdots \quad \vdots \quad \vdots$	$\vdots$
	x_m	$\bar{a}^*_{mr} \quad 1$	$\bar{a}^*_{m,m+1} \cdots \quad 0 \quad \cdots \bar{a}^*_{mn}$	$\bar{b}^*_m$
	$-z$	$0 \cdots \bar{c}^*_r \quad \cdots 0$	$\bar{c}^*_{m+1} \cdots\cdots\cdots 0 \quad \cdots \bar{c}^*_n$	$-\bar{z}^*$

$$\bar{a}^*_{rj} = \frac{\bar{a}_{rj}}{\bar{a}_{rs}}, \quad \bar{b}^*_r = \frac{\bar{b}_r}{\bar{a}_{rs}}$$
$$\bar{a}^*_{ij} = \bar{a}_{ij} - \bar{a}_{is}\bar{a}^*_{rj}, \quad \bar{b}^*_i = \bar{b}_i - \bar{a}_{is}\bar{b}^*_r \quad (i \neq r)$$
$$\bar{c}^*_j = \bar{c}_j - \bar{c}_s\bar{a}^*_{rj}, \quad -\bar{z}^* = -\bar{z} - \bar{c}_s\bar{b}^*_r$$

3.4 シンプレックス法

シンプレックス法は 2 段階手法であり，線形計画問題に対する最適解を求めるために用いられている．第 1 段階によって，もし実行可能基底解が存在するならば初期の実行可能基底解を見つけるか，あるいは実行可能基底解が存在しないという情報（その場合には制約式は矛盾があり問題には解がない）を得る．第 2 段階では，この解を出発点として実行可能正準形を次々に作成し最適性規準 (*3.12*) を満たす最小値を見いだすか，または，最小値が有界でないという情報（すなわち $-\infty$）を得る．定理 3.4 に示したピボット操作を行えば，それまでに得られている実行可能基底解より目的関数の値が大きくなることはない．次に示すシンプレックス計算方法がこの両方の段階で使用される．

シンプレックス法の手順

はじめに実行可能正準形が与えられているとする．

手順 1： 相対費用係数 $\bar{c}_j$ を用いて

$$\min_{\bar{c}_j<0} \bar{c}_j = \bar{c}_s$$

となる s を求める†. $\bar{c}_s \geqq 0$ であれば最適解を得て終了.

手順2： すべての $\bar{a}_{is} \leqq 0$ ならば最小値が有界でないという情報を得て終了.

手順3： $\bar{a}_{is}$ に正のものがあれば

$$\min_{\bar{a}_{is}>0} \frac{\bar{b}_i}{\bar{a}_{is}} = \frac{\bar{b}_r}{\bar{a}_{rs}} = \theta$$

となる r を求める†.

手順4： $\bar{a}_{rs}$ に関するピボット操作を行って，x_r の代わりに x_s を基底変数とする正準形を求める．このとき新しい正準形における係数の値は * を付けて表せば次のようになる.

（1） r 番目の式（r 行）の両辺を $\bar{a}_{rs}$ で割る．すなわち，

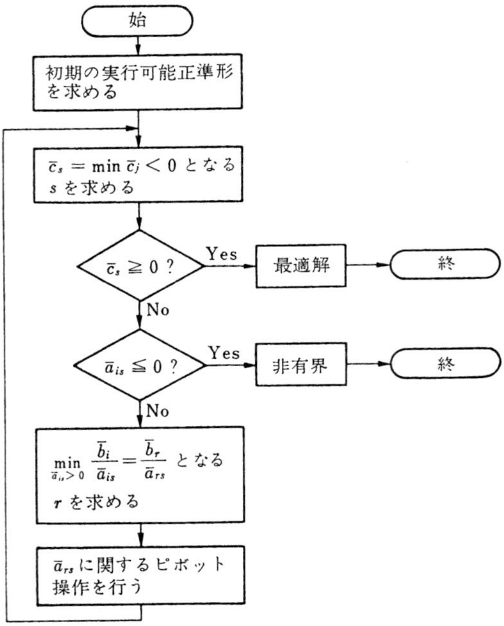

図 3.1　シンプレックス法の流れ図

† 最小値を与える s あるいは r が複数個存在する場合は，便宜上最小の添字のものを選ぶことにする.

$$\bar{a}^*_{rj}=\frac{\bar{a}_{rj}}{\bar{a}_{rs}},\quad \bar{b}^*_r=\frac{\bar{b}_r}{\bar{a}_{rs}}$$

（2） $i=r$ を除く各 $i=1,2,\cdots,m$ 番目の式から，(1) で得られた r 番目の式を $\bar{a}_{is}$ 倍したものを引く．すなわち

$$\bar{a}^*_{ij}=\bar{a}_{ij}-\bar{a}_{is}\bar{a}^*_{rj},$$

$$\bar{b}^*_i=\bar{b}_i-\bar{a}_{is}\bar{b}^*_r$$

（3） 目的関数の式（$m+1$ 行）から，(1) で得られた r 番目の式を $\bar{c}_s$ 倍したものを引く．すなわち

$$\bar{c}^*_j=\bar{c}_j-\bar{c}_s\bar{a}^*_{rj}$$

$$-\bar{z}^*=-\bar{z}-\bar{c}_s\bar{b}^*_r$$

手順1にもどる．

シンプレックス法の流れ図を図3.1に示す．

例1.1の生産計画の問題の標準形にシンプレックス法を適用してみよう．

例1.1の標準形

$$\begin{array}{ll} \text{minimize} & z=-2.5x_1-5x_2-3.4x_3 \\ \text{subject to} & 2x_1+10x_2+4x_3+x_4 \qquad\qquad = 425 \\ & 6x_1+5x_2+8x_3 \qquad +x_5 \qquad = 400 \\ & 7x_1+10x_2+8x_3 \qquad\qquad +x_6 = 600 \\ & x_j \geqq 0 \qquad j=1,2,\cdots,6 \end{array}$$

スラック変数 x_4, x_5, x_6 を基底変数に選べば最初の実行可能基底解

$$x_1=x_2=x_3=0,\quad x_4=425,\quad x_5=400,\quad x_6=600$$

を得るが，これは表3.3のタブローのサイクル0の位置に示されている．

サイクル0において

$$\min(-2.5,-5,-3.4)=-5<0$$

であるから新しく基底変数となるのは x_2 である．次に

$$\min\left(\frac{425}{10},\frac{400}{5},\frac{600}{10}\right)=42.5$$

となるから x_4 が非基底変数となり，[ ] で囲まれた10がピボット項として定まり，ピボット操作によりサイクル1の位置に示されている結果を得る．

サイクル1において

表 3.3　例 1.1 のシンプレックス・タブロー

サイクル	基底	x_1	x_2	x_3	x_4	x_5	x_6	定　数
0	x_4	2	[10]	4	1			425
	x_5	6	5	8		1		400
	x_6	7	10	8			1	600
	$-z$	−2.5	−5	−3.4				0
1	x_2	0.2	1	0.4	0.1			42.5
	x_5	5		6	−0.5	1		187.5
	x_6	[5]		4	−1		1	175
	$-z$	−1.5		−1.4	0.5			212.5
2	x_2		1	0.24	0.14		−0.04	35.5
	x_5			[2]	0.5	1	−1	12.5
	x_1	1		0.8	−0.2		0.2	35
	$-z$			−0.2	0.2		0.3	265
3	x_2		1		0.08	−0.12	0.08	34
	x_3			1	0.25	0.5	−0.5	6.25
	x_1	1			−0.4	−0.4	0.6	30
	$-z$				0.25	0.1	0.2	266.25

$$\min(-1.5, -1.4) = -1.5 < 0$$

であるから x_1 が基底変数となる．次に

$$\min\left(\frac{42.5}{0.2}, \frac{187.5}{5}, \frac{175}{5}\right) = 35$$

となるから，[ ] で囲まれた 5 がピボット項となって x_6 が基底から取り出され，ピボット操作によりサイクル 2 の結果を得る．

サイクル 2 において，相対費用係数が負のものは -0.2 だけであるから x_3 が基底変数となる．さらに

$$\min\left(\frac{35.5}{0.24}, \frac{12.5}{2}, \frac{35}{0.8}\right) = 6.25$$

となるから，[ ] で囲まれた 2 がピボット項となって x_5 が基底から取り出され，ピボット操作によりサイクル 3 の結果を得る．

サイクル 3 ではすべての相対費用係数は正となり，最適解

$$x_1 = 30,\ x_2 = 34,\ x_3 = 6.25 \quad (x_4 = x_5 = x_6 = 0)$$

$$\min z = -266.25$$

を得る.

例1.1で，目的関数の x_3 の係数を -3.2 に変えた次の問題を考えてみよう.

$$\begin{aligned}
\text{minimize} \quad & z = -2.5x_1 - 5x_2 - 3.2x_3 \\
\text{subject to} \quad & 2x_1 + 10x_2 - 4x_3 + x_4 = 425 \\
& 6x_1 + 5x_2 + 8x_3 + x_5 = 400 \\
& 7x_1 + 10x_2 + 8x_3 + x_6 = 600 \\
& x_j \geqq 0 \quad j = 1, 2, \cdots, 6
\end{aligned}$$

表3.3のタブローのサイクル0において $(-z)$ の行の x_3 の列の項 -3.4 を -3.2 に置き換えてシンプレックス法を実行すると表3.4の結果が得られる.

表 3.4 複数の最適解の存在するシンプレックス・タブロー

サイクル	基底	x_1	x_2	x_3	x_4	x_5	x_6	定数
0	x_4	2	[10]	4	1			425
	x_5	6	5	8		1		400
	x_6	7	10	8			1	600
	$-z$	−2.5	−5	−3.2				0
1	x_2	0.2	1	0.4	0.1			42.5
	x_5	5		6	−0.5	1		187.5
	x_6	[5]		4	−1		1	175
	$-z$	−1.5		−1.2	0.5			212.5
2	x_2		1	0.24	0.14		−0.04	35.5
	x_5			2	0.5	1	−1	12.5
	x_1	1		0.8	−0.2		0.2	35
	$-z$			0	0.2		0.3	265

表 3.5 表3.4の続き

サイクル	基底	x_1	x_2	x_3	x_4	x_5	x_6	定数
2	x_2		1	0.24	0.14		−0.04	35.5
	x_5			[2]	0.5	1	−1	12.5
	x_1	1		0.8	−0.2		0.2	35
	$-z$			0	0.2		0.3	265
3	x_2		1		0.08	−0.12	0.08	34
	x_3			1	0.25	0.5	−0.5	6.25
	x_1	1			−0.4	−0.4	0.6	30
	$-z$				0.2	0	0.3	265

サイクル2における相対費用係数はすべて非負となり，最適解

$$x_1 = 35,\ x_2 = 35.5,\ x_3 = 0 \quad (x_4 = 0,\ x_5 = 12.5,\ x_6 = 0)$$
$$\min z = -265$$

が得られているが，非基底変数 x_3 の目的関数の相対費用係数は0である．これは x_3 の値を正にしても制約式が満たされるならば目的関数の値は変化しないことを示している．そこで x_3 を基底に入れてシンプレックス法を実行すると表3.5の結果が得られる．

表3.5のタブローのサイクル3ではサイクル2とは別の最適解

$$x_1 = 30,\ x_2 = 34,\ x_3 = 6.25 \quad (x_4 = x_5 = x_6 = 0)$$
$$\min z = -265$$

が得られていることが示されている．

解が非有界になる例として例1.1の係数を若干変更した次の問題を考えてみよう．

$$\begin{aligned}
\text{minimize} \quad & z = -2.5x_1 - 5x_2 - 3.4x_3 \\
\text{subject to} \quad & -5x_1 + 10x_2 + 6x_3 + x_4 = 425 \\
& 2x_1 - 5x_2 + 4x_3 + x_5 = 400 \\
& 3x_1 - 10x_2 + 8x_3 + x_6 = 600 \\
& x_j \geqq 0 \quad j = 1, 2, \cdots, 6
\end{aligned}$$

シンプレックス法を実行すると表3.6の結果が得られる．

表 3.6 非有界のシンプレックス・タブロー

サイクル	基底	x_1	x_2	x_3	x_4	x_5	x_6	定　数
0	x_4	−5	[10]	6	1			425
	x_5	2	−5	4		1		400
	x_6	3	−10	8			1	600
	$-z$	−2.5	−5	−3.4				0
1	x_2	−0.5	1	0.6	0.1			42.5
	x_5	−0.5		7	0.5	1		612.5
	x_6	−2		14	1		1	1025
	$-z$	−5		−0.4	0.5			212

表3.6のタブローのサイクル1では相対費用係数が負である列，すなわち x_1 の列は $\bar{a}_{i1}$ $(i = 1, 2, 3)$ がすべて負となっており，解は非有界になっていることが示されている．

基底解が退化する例として例1.1の2番目の制約式の右辺を212.5に変えた次の問題を考えてみよう．

$$\begin{aligned}&\text{minimize} && z=-2.5x_1-5x_2-3.4x_3\\&\text{subject to} && 2x_1+10x_2+4x_3+x_4 = 425\\& && 6x_1+5x_2+8x_3 \quad +x_5 = 212.5\\& && 7x_1+10x_2+8x_3 \quad +x_6 = 600\\& && x_j \geqq 0 \quad j=1,2,\cdots,6\end{aligned}$$

シンプレックス法を実行すると表3.7の結果を得る．

表 3.7 基底解の退化するシンプレックス・タブロー

サイクル	基底	x_1	x_2	x_3	x_4	x_5	x_6	定数
0	x_4	2	[10]	4	1			425
	x_5	6	5	8		1		212.5
	x_6	7	10	8			1	600
	$-z$	−2.5	−5	−3.4				0
1	x_2	0.2	1	0.4	0.1			42.5
	x_5	[5]		6	−0.5	1		0
	x_6	5		4	−1		1	175
	$-z$	−1.5		−1.4	0.5			212.5
2	x_2		1	0.16	0.12	−0.04		42.5
	x_1	1		1.2	−0.1	0.2		0
	x_6			−2	−0.5	−1	1	175
	$-z$			0.4	0.35	0.3		212.5

表3.7のタブローのサイクル1における基底変数は

$$x_2=42.5, \quad x_5=0, \quad x_6=175$$

となり x_5 の値が0であり退化している．サイクル1では，右辺が0である行からピボット項を選ぶことになり，サイクル2に移っても，目的関数の値のみならず右辺の値も変化しない．しかしこの例ではサイクル2において相対費用係数がすべて正となり，退化した最適解

$$x_1=0,\ x_2=42.5,\ x_3=0 \quad (x_4=x_5=0,\ x_6=175)$$

$$\min z=-212.5$$

が得られていることが示されている．

3.5 2段階法

シンプレックス法では出発点として1個の実行可能基底解が必要である．そのような出発点は必ずしも容易に見つけられるわけではないし，事実，制約式に矛盾がある場合には存在しない．シンプレックス法の第1段階では最初の実行可能基底解を見つけるか，または存在しないという情報を得る．第2段階ではこの出発点から最適解へ進むか，または解が有界でないという情報を得る．両方の段階で前節のシンプレックス計算方法が用いられる．ここでは，最初の実行可能基底解が得られていない場合に，どのようにすればシンプレックス法の第1段階を実行することができるかということについて考えてみよう．

シンプレックス法の第1段階では (3.1)〜(3.3) で与えられる標準形の線形計画問題に対して，**人為変数** (artificial variable) といわれる非負の変数 x_{n+1}, $x_{n+2}, \cdots, x_{n+m}$ を導入して問題を形式的に次のように変更する．

$$\left.\begin{array}{llll} a_{11}x_1+a_{12}x_2+\cdots+a_{1n}x_n+x_{n+1} & & & = b_1\ (\geqq 0) \\ a_{21}x_1+a_{22}x_2+\cdots+a_{2n}x_n & +x_{n+2} & & = b_2\ (\geqq 0) \\ \quad\vdots \qquad\qquad\qquad \vdots & & \ddots & \quad\vdots \\ a_{m1}x_1+a_{m2}x_2+\cdots+a_{mn}x_n & & x_{n+m} & = b_m (\geqq 0) \\ c_1x_1+c_2x_2+\cdots+c_nx_n & & -z & = 0 \end{array}\right\} \qquad (3.24)$$

$$x_j \geqq 0 \qquad j=1,2,\cdots,n,n+1,\cdots,n+m \qquad (3.25)$$

ここで，b_i は必要ならばもとの制約式に -1 を掛けてすべて非負に変更しているものとする．このとき最初の実行可能基底解は明らかに次のようになる．

$$z=x_1=x_2=\cdots=x_n=0, \quad x_{n+1}=b_1, \ x_{n+2}=b_2, \cdots, x_{n+m}=b_m \qquad (3.26)$$

さて，(3.24), (3.25) を満たす実行可能基底解 $(x_1, x_2, \cdots, x_n, x_{n+1}, \cdots, x_{n+m})^T$ で人為変数 $x_{n+i}\ (i=1,\cdots,m)$ を零にするもの，すなわち $(\bar{x}_1, \bar{x}_2, \cdots, \bar{x}_n, 0, \cdots, 0)^T$ という形の実行可能基底解が見つかれば，明らかに $\bar{\boldsymbol{x}}=(\bar{x}_1, \bar{x}_2, \cdots, \bar{x}_n)^T$ はもとの問題の実行可能基底解である．したがって，もとの問題の最初の実行可能基底解を見いだす1つの方法は (3.24), (3.25) から出発してシンプレックス法を用いて人為変数を零にしようとすることである．このことは (3.24), (3.25) の制約式のもとで次の関数を最小にすることによって行うことができる．

$$w = x_{n+1} + x_{n+2} + \cdots + x_{n+m} \tag{3.27}$$

人為変数にはすべて非負条件があるから，もとの問題が実行可能解をもつならば，w の最小値は必ず零となり，同時にすべての人為変数の値は零となる．逆もまた成り立つ．w は必ず非負の値をとるから，もし $w > 0$ ならば，すべての人為変数を零にすることはできないので，もとの問題には実行可能解は存在しない．すなわち，w の値は (3.24) における最初の実行可能基底解 (3.26) がもとの問題に対して，どの程度の**実行不可能性** (infeasibility) をもつかを示すものであり，したがって，(3.27) の w は**実行不可能性形式** (infeasibility form) と呼ばれることがある．

ここで，m 個の人為変数のすべてが必要とは限らないことに注意しておこう．もしもとの制約式 (3.2) の中に最初の実行可能基底解の一部として使えるいくつかの変数があるならば，人為変数よりもこれらの変数を用いるべきである．すなわち，必要ならばもとの制約式 (3.2) に -1 を掛けて b_i を非負にした制約式の係数行列 A の列の中に，もし単位ベクトルが含まれていればその列は基底として採用できる．この結果，第1段階における作業は軽減される．

ところで (3.24) より $x_{n+i} = b_i - a_{i1}x_1 - a_{i2}x_2 - \cdots - a_{in}x_n$ であるから，w をもとの変数で表せば

$$-w + d_1x_1 + d_2x_2 + \cdots + d_nx_n = -w_0 \tag{3.28}$$

$$d_j = -(a_{1j} + a_{2j} + \cdots + a_{mj}) \qquad j = 1, 2, \cdots, n \tag{3.29}$$

$$w_0 = b_1 + b_2 + \cdots + b_m \quad (\geqq 0) \tag{3.30}$$

となるので，制約式 (3.24), (3.25) および目的関数 (3.28) に対して前述のシンプレックス法の理論を適用することができる．すなわち

$$\bar{d}_s = \min_{\bar{d}_j < 0} \bar{d}_j \tag{3.31}$$

$$\frac{\bar{b}_r}{\bar{a}_{rs}} = \min_{\bar{a}_{is} > 0} \frac{\bar{b}_i}{\bar{a}_{is}} \tag{3.32}$$

によってピボット項 $\bar{a}_{rs}\,(>0)$ を定め，ピボット操作を行っていくことができる．この場合

$$\begin{aligned}-w + \bar{d}_1x_1 + \bar{d}_2x_2 + \cdots + \bar{d}_nx_n + \bar{d}_{n+1}x_{n+1} + \bar{d}_{n+2}x_{n+2} + \cdots \\ + \bar{d}_{n+m}x_{n+m} = -\bar{w}_0\end{aligned} \tag{3.33}$$

$$\bar{d}_j \geqq 0 \qquad j = 1, 2, \cdots, n, n+1, n+2, \cdots, n+m \tag{3.34}$$

$$\bar{w}_0 = 0 \tag{3.35}$$

となれば，人為変数をすべて零にすることができて，もとの問題の最初の実行可能基底解が求められる．そして，w および人為変数をすべて除去してから，再び z に対し，前述の理論を適用すればよい．

ここで，w を最小にする段階を**第1段階** (phase one) と呼び，第1段階に続いて z を最小にする段階を**第2段階** (phase two) と呼ぶことにすれば，第1段階は実行可能性を判定し，第2段階は最適性を判定するものであるといえる．

ところが第1段階の最適解が得られ $\bar{w}_0 = 0$ であっても，人為変数が基底に残っていることがある†(もちろんその値は零である)．この場合，もとの問題の実行可能正準形は得られていないが，次の議論によれば，人為変数を基底に残したまま目的関数を z に変更して，シンプレックス法を実行することができる．

第1段階の最適タブローの $-w$ の行に注目し，これが (3.33) で与えられているとしよう．このとき (3.34)，(3.35)が成立しており，$x_j \geqq 0$ $(j = 1, 2, \cdots, n, n+1, \cdots, n+m)$ であるから

$$w = \bar{d}_1 x_1 + \cdots + \bar{d}_n x_n + \bar{d}_{n+1} x_{n+1} + \cdots + \bar{d}_{n+m} x_{n+m} + \bar{w}_0 = 0 \tag{3.36}$$

となるのは，$\bar{d}_j > 0$ である x_j がすべて 0 のときに限られる．

このため，基底から出た人為変数の列と，第1段階の最適タブローで，$\bar{d}_j > 0$ である x_j の列をすべて除去しておけば，目的関数を w から z に変更して第2段階を実行したとき，w が正になることはないから，基底に残っている人為変数の値が正になることもない．すなわち，もとの問題の実行可能解が保持されている．

したがって，はじめ，第1段階の最適解を求めて，$w = 0$ であれば人為変数の列と $\bar{d}_j > 0$ である x_j の列をすべて除去し，目的関数を z に変更して，第2段階を実行することにより，最適解が得られるかまたは，最適解が有界でないという情報が得られる．このようにして線形計画問題を解いていく方法を**2段階法** (two phase method) という．

ところで，人為変数は一度基底から出ると不必要になるからその列はタブローから除けばよい．基底に入っているときは，その列は単位ベクトルで，不変

---

† このような状況はもとの標準形の線形計画問題の m 個の制約条件式が線形独立でない場合に起こる．もし h 個の人為変数が零で基底に残っていれば h 個のむだな制約式が含まれている．

であるから，特に記録しておく必要もない．すなわち，人為変数の列は，はじめからタブローに書き込む必要はないし，計算する必要もない．

また，目的関数については，$w=0$ になったところで，目的関数を z に変更するとき，そのときの基底変数の係数を 0 にしなければならない．しかし，はじめに，$-z$ の行を付け加えておいて，ピボット操作を行っておけば，いつでも $-z$ の行も含めて実行可能正準形ができている．

以上の議論に基づき，2 段階法の手順を示すと，次のようになる．

第 1 段階： 表 3.8 のタブローから，シンプレックス法を実行する．

表 3.8 第 1 段階の初期タブロー

基底	$x_1 \quad x_2 \cdots x_j \cdots x_n$	定 数
x_{n+1}	$a_{11} \quad a_{12} \cdots a_{1j} \cdots a_{1n}$	b_1
x_{n+2}	$a_{21} \quad a_{22} \cdots a_{2j} \cdots a_{2n}$	b_2
$\vdots$	$\vdots$	$\vdots$
x_{n+i}	$a_{i1} \quad a_{i2} \cdots a_{ij} \cdots a_{in}$	b_i
$\vdots$	$\vdots$	$\vdots$
x_{n+m}	$a_{m1} \quad a_{m2} \cdots a_{mj} \cdots a_{mn}$	b_m
$-z$	$c_1 \quad c_2 \cdots c_j \cdots c_n$	0
$-w$	$d_1 \quad d_2 \cdots d_j \cdots d_n$	$-w_0$

$$d_j = -\sum_{i=1}^{m} a_{ij} \qquad -w_0 = -\sum_{i=1}^{m} b_i$$

ただし，$-w$ の行を目的関数の行として，$-z$ の行からはピボット項を選ばないが，ピボット操作は行う．

最適タブローが得られたとき，$w>0$ であれば，もとの問題に実行可能解が存在しないという情報を得て終了する．$w=0$ であれば第 2 段階に進む．

第 2 段階： $\bar{d}_j>0$ である x_j の列をすべて除去する．$-w$ の行を除去して，$-z$ の行を目的関数の行として，シンプレックス法を実行する．

2 段階法の流れ図を図 3.2 に示す．

次に，例 1.2 の栄養の問題の標準形に 2 段階法を適用してみよう．

例 1.2 の標準形

$$\begin{array}{ll}
\text{minimize} & z = 4x_1+8x_2+3x_3 \\
\text{subject to} & \quad 2x_1+5x_2+3x_3-x_4 \qquad\qquad = 185 \\
 & \quad 3x_1+2.5x_2+8x_3 \quad -x_5 \qquad = 155 \\
 & \quad 8x_1+10x_2+4x_3 \qquad\quad -x_6 = 600 \\
 & \qquad x_j \geqq 0 \qquad j=1,2,\cdots,6
\end{array}$$

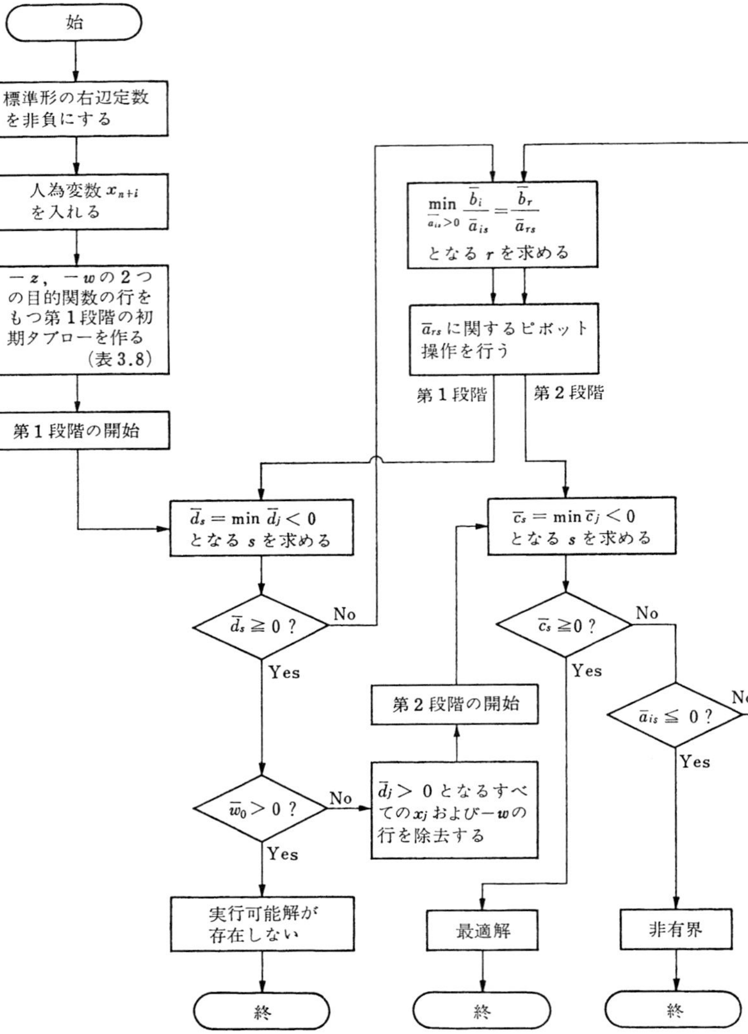

図 3.2　2段階法の流れ図

人為変数 x_7, x_8, x_9 を導入して最初の基底変数に選びシンプレックス法を実行すると表 3.9 の結果を得る．

表 3.9　例 1.2 の 2 段階法によるシンプレックス・タブロー

サイクル	基底	x_1	x_2	x_3	x_4	x_5	x_6	定　数
0	x_7	2	[5]	3	−1			185
	x_8	3	2.5	8		−1		155
	x_9	8	10	4			−1	600
	$-z$	4	8	3				0
	$-w$	−13	−17.5	−15	1	1	1	−940
1	x_2	0.4	1	0.6	−0.2			37
	x_8	[2]		6.5	0.5	−1		62.5
	x_9	4		−2	2		−1	230
	$-z$	0.8		−1.8	1.6			−296
	$-w$	−6		−4.5	−2.5	1	1	−292.5
2	x_2		1	−0.7	−0.3	0.2		24.5
	x_1	1		3.25	0.25	−0.5		31.25
	x_9			−15	1	[2]	−1	105
	$-z$			−4.4	1.4	0.4		−315.6
	$-w$	0	0	15	−1	−2	1	−105
3	x_2		1	[0.8]	−0.4		0.1	14
	x_1	1		−0.5	0.5		−0.25	57.5
	x_5			−7.5	0.5	1	−0.5	52.5
	$-z$			−1.4	1.2		0.2	−342
	$-w$			0	0		0	0
4	x_3		1.25	1	−0.5		0.125	17.5
	x_1	1	0.625		0.25		−0.1875	66.25
	x_5		9.375		−3.25	1	0.4375	183.75
	$-z$		1.75		0.5		0.375	−317.5

表 3.9 のサイクル 0 から第 1 段階が始まりサイクル 3 において $w=0$ となり，第 2 段階に進み 1 回のピボット操作でサイクル 4 の最適解

$$x_1 = 66.25,\ x_2 = 0,\ x_3 = 17.5\quad (x_4 = 0,\ x_5 = 183.75,\ x_6 = 0)$$
$$\min z = 317.5$$

を得る．

実行可能解の存在しない例として，例 1.2 の条件に

$$4x_1+5x_2+2x_3 \leqq 150$$

を加えた次の問題を考えてみよう.

$$\begin{aligned}
&\text{minimize} && z = 4x_1+8x_2+3x_3 \\
&\text{subject to} && 2x_1+5x_2+3x_3-x_4 = 185 \\
& && 3x_1+2.5x_2+8x_3 \quad -x_5 = 155 \\
& && 8x_1+10x_2+4x_3 \quad -x_6 = 600 \\
& && 4x_1+5x_2+2x_3 \quad +x_7 = 150 \\
& && x_j \geqq 0 \qquad j=1,2,\cdots,7
\end{aligned}$$

表 3.10 実行可能解の存在しないシンプレックス・タブロー

サイクル	基底	x_1	x_2	x_3	x_4	x_5	x_6	x_7	定数
	x_8	2	5	3	−1				185
	x_9	3	2.5	8		−1			155
	x_{10}	8	10	4			−1		600
0	x_7	4	[5]	2				1	150
	$-z$	4	8	3					0
	$-w$	−13	−17.5	−15	1	1	1		−940
	x_8	−2		1	−1			−1	35
	x_9	1		[7]		−1		−0.5	80
	x_{10}	0		0			−1	−2	300
1	x_2	0.8	1	0.4				0.2	30
	$-z$	−2.4		−0.2				−1.6	−240
	$-w$	1		−8	1	1	1	3.5	−415
	x_8	−15/7			−1	[1/7]		−13/14	165/7
	x_3	1/7		1		−1/7		−1/14	80/7
	x_{10}	0				0	−1	−2	300
2	x_2	26/35	1			2/35		8/35	178/3
	$-z$	−83/35				−1/35		−113/70	−1664/7
	$-w$	15/7			1	−1/7	1	41/14	−2265/7
	x_5	−15			−7	1		−6.5	165
	x_3	−2		1	−1			−1	35
	x_{10}	0			0		−1	−2	300
3	x_2	1.6	1		0.4			0.6	16
	$-z$	−2.8			−0.2		0	−1.8	−233
	$-w$	0			0		1	2	−300

スラック変数 x_7 および人為変数 x_8, x_9, x_{10} を基底とする最初の実行可能基底解からシンプレックス法を実行すると表 3.10 のサイクル 3 で第 1 段階が終わるが，

$$w = 300 > 0$$

であるからこの問題には実行可能解が存在しないことがわかる．

ここで，サイクル 0 でスラック変数 x_7 を基底変数として利用していることに注意しよう．

人為変数が基底に残る例として次の問題を考えてみよう．

$$\begin{aligned} \text{minimize} \quad & z = 3x_1 + x_2 + 2x_3 \\ \text{subject to} \quad & x_1 + x_2 + x_3 = 10 \\ & 3x_1 + x_2 + 4x_3 - x_4 = 30 \\ & 4x_1 + 3x_2 + 3x_3 + x_4 = 40 \end{aligned}$$

人為変数 x_5, x_6, x_7 を基底とする最初の実行可能基底解からシンプレックス法

表 3.11　人為変数が基底に残る例

サイクル	基底	x_1	x_2	x_3	x_4	定　数
0	x_5	[1]	1	1		10
	x_6	3	1	4	−1	30
	x_7	4	3	3	1	40
	$-z$	3	1	2	0	0
	$-w$	−8	−5	−8	0	−80
1	x_1	1	1	1		10
	x_6		−2	[1]	−1	0
	x_7		−1	−1	1	0
	$-z$	0	−2	−1	0	−30
	$-w$	0	3	0	0	0
2	x_1	1			[1]	10
	x_3			1	−1	0
	x_7					0
	$-z$	0		0	−1	−30
3	x_4	1			1	10
	x_3	1		1		10
	x_7					0
	$-z$	0		0	0	−20

を実行すると表 3.11 のサイクル1で $w=0$ となり，第1段階は終了するが x_6, x_7 はまだ基底に残っている．

$$\bar{d}_2 = 3 > 0$$

であるから，x_2 の列と $(-w)$ の行を除いてシンプレックス法を実行するとサイクル3の最適解

$$x_1 = 0,\ x_2 = 0,\ x_3 = 10,\ x_4 = 10 \quad (x_5 = 0,\ x_6 = 0,\ x_7 = 0)$$

$$\min z = 20$$

を得る．

3.6 罰 金 法

2段階法のシンプレックス法の第1段階では，人為変数を導入してその和

$$w = x_{n+1} + x_{n+2} + \cdots + x_{n+m} \tag{3.37}$$

を目的関数として最小化することにより，最初の実行可能解を見いだし，第2段階ではもとの目的関数

$$z = c_1x_1 + c_2x_2 + \cdots + c_nx_n \tag{3.38}$$

を最小化するという，それぞれの段階で異なる2つの目的関数を用いた．しかし，第1段階と第2段階とを結合させるため，w の代わりに w と z を組み合わせた単一の目的関数

$$z_c = z + Mw = c_1x_1 + c_2x_2 + \cdots + c_nx_n + Mx_{n+1} + Mx_{n+2} + \cdots + Mx_{n+m} \tag{3.39}$$

を採用してみよう．ここで，M は十分に大きな正の実数である．すなわち，計算の途中で M と比較されるどんな有限な数よりも大とする．

シンプレックス法を用いてこの目的関数を最小化すれば，人為変数 x_{n+i} が基底にとどまって正の値をとる限り大きな罰金 Mx_{n+i} が課せられるので z_c の最小化はありえないから，シンプレックス計算方法が進んでいくうちに人為変数が基底から追い出されて，$x_{n+1} + x_{n+2} + \cdots + x_{n+m}$ の値は 0 になり，もとの問題の実行可能解が得られ，このとき z_c の値は z に一致する．したがって，第1段階，第2段階で目的関数を変更する必要がない．

x_{n+i} は (3.24) の i 番目の等式の左辺の値が右辺の値よりどれだけ不足しているかを示しているから，その1単位分に対して M という罰金をかけたと考

えることができる．このように z_c を目的関数としてシンプレックス法を実行する方法は**罰金法** (penalty method) あるいは**巨大 *M* 法** (big M method) と呼ばれ，A. Charnes, W. W. Cooper, A. Henderson らによって考案されたものである．

罰金法は，表 3.12 のタブローからシンプレックス法を実行する．

表 3.12　罰金法の初期タブロー

基　底	x_1	$x_2 \cdots\cdots x_j \cdots\cdots x_n$	定　数
x_{n+1}	a_{11}	$a_{12} \cdots\cdots a_{1j} \cdots\cdots a_{1n}$	b_1
x_{n+2}	a_{21}	$a_{22} \cdots\cdots a_{2j} \cdots\cdots a_{2n}$	b_2
$\vdots$	$\vdots$	$\vdots \quad\quad \vdots \quad\quad \vdots$	$\vdots$
x_{n+i}	a_{i1}	$a_{i2} \cdots\cdots a_{ij} \cdots\cdots a_{in}$	b_i
$\vdots$	$\vdots$	$\vdots \quad\quad \vdots \quad\quad \vdots$	$\vdots$
x_{n+m}	a_{m1}	$a_{m2} \cdots\cdots a_{mj} \cdots\cdots a_{mn}$	b_m
$-z_c$	c_1+Md_1	$c_2+Md_2 \cdots c_j+Md_j \cdots c_n+Md_n$	$-Mw_0$

$$d_j = -\sum_{i=1}^{m} a_{ij} \qquad -w_0 = -\sum_{i=1}^{m} b_i$$

ここで目的関数 $-z_c$ の行は，2段階法の初期タブローの $-z$ の行に $-w$ の行を M 倍したものを加えたものになっている．

例 1.2 の栄養の問題の標準形に罰金法を適用してみよう．

例 1.2 の標準形

$$\begin{array}{ll} \text{minimize} & z = 4x_1+8x_2+3x_3 \\ \text{subject to} & 2x_1+5x_2+3x_3-x_4 = 185 \\ & 3x_1+2.5x_2+8x_3 \quad -x_5 = 155 \\ & 8x_1+10x_2+4x_3 \quad\quad -x_6 = 600 \\ & x_j \geqq 0 \qquad j=1,2,\cdots,6 \end{array}$$

人為変数 x_7, x_8, x_9 を導入して最初の基底変数に選びシンプレックス法を実行すれば表 3.13 の結果を得る．

表 3.13 のサイクル3ですべての人為変数が基底から出てしまい，サイクル4で最適解

$$x_1 = 66.25,\ \ x_2 = 0,\ \ x_3 = 17.5 \quad (x_4 = 0,\ \ x_5 = 183.75,\ \ x_6 = 0)$$
$$\min z = 317.5$$

を得る．

表 3.13 例 1.2 の罰金法によるシンプレックス・タブロー

サイクル	基底	x_1	x_2	x_3	x_4	x_5	x_6	定数
0	x_7	2	[5]	3	−1			185
	x_8	3	2.5	8		−1		155
	x_9	8	10	4			−1	600
	$-z_c$	$4-13M$	$8-17.5M$	$3-15M$	M	M	M	$-940M$
1	x_2	0.4	1	0.6	−0.2			37
	x_8	[2]		6.5	0.5	−1		62.5
	x_9	4		−2	2		−1	230
	$-z_c$	$0.8-6M$		$-1.8-4.5M$	$1.6-2.5M$	M	M	$-296-292.5M$
2	x_2		1	−0.7	−0.3	0.2		24.5
	x_1	1		3.25	0.25	−0.5		31.25
	x_9			−15	1	[2]	−1	105
	$-z_c$			$-4.4+15M$	$1.4-M$	$0.4-2M$	M	$-315.6-105M$
3	x_2		1	[0.8]	−0.4		0.1	14
	x_1	1		−0.5	0.5		−0.25	57.5
	x_5			−7.5	0.5	1	−0.5	52.5
	$-z_c$			−1.4	1.2		0.2	−342
4	x_3		1.25	1	−0.5		0.125	17.5
	x_1	1	0.625		0.25		−0.1875	66.25
	x_5		9.375		−3.25	1	0.4375	183.75
	$-z_c$		1.75		0.5		0.375	−317.5

3.7 シンプレックス法の収束性

シンプレックス法は，退化が起こらない場合には，ある実行可能基底解から，z が少なくとも前の z の値より小さくなるような実行可能基底解に移る方法を与えてくれる．したがって，シンプレックス法の手順は (3.12) の最適性の規準を満たすか，あるいは，解が有界でないという情報を得るまで繰り返される．退化が起こらない場合の収束性に関する定理は，次のように与えられる．

定理 3.4

非退化の仮定のもとではシンプレックス法は有限回の繰返し計算で終了する．

証明

実行可能基底解の数は，たかだか ${}_nC_m$ 個で有限であるから，同じ実行可能基底解が繰り返してあらわれる場合のみ，シンプレックス計算方法は終了できない．しかし非退化の仮定のもとでは，z の値は前の z の値よりも必ず減少している．したがって，同じ実行可能基底解が繰り返してあらわれることはなく，シンプレックス法は有限回の繰返し計算で終了する．

Q. E. D.

1個あるいはそれ以上の基底変数の値が零になるような実行可能解は退化しているといわれるが，ある正準形がすでに退化していることもあり，またピボット操作の結果，退化が起こることもある．ピボット操作において，(3.17)により基底から取り出す x_r が，一意的に決定されないで2つ以上あらわれる場合には，退化が起こる．というのは，例えば，シンプレックス法の手順3において

$$\min_{\bar{a}_{is}>0} \frac{\bar{b}_i}{\bar{a}_{is}} = \theta = \frac{\bar{b}_{r_1}}{\bar{a}_{r_1 s}} = \frac{\bar{b}_{r_2}}{\bar{a}_{r_2 s}} \qquad (3.40)$$

となれば，x_{r_1} と x_{r_2} は，いずれも基底から取り出される候補となる．しかし新たに加えられる基底変数 x_s は1個だけであり，しかも基底変数の数は $(-z)$ を含めて必ず $(m+1)$ 個でなければならない．したがって，x_{r_1}, x_{r_2} のどちらか一方だけを基底変数から出し，他の1つは基底変数として残さなければならない．しかし，x_{r_1}, x_{r_2} のどちらを残したとしても，それらの新しい値は

$$\left.\begin{aligned} x_{r_1} &= \bar{b}_{r_1} - \bar{a}_{r_1 s}\theta = 0 \\ x_{r_2} &= \bar{b}_{r_2} - \bar{a}_{r_2 s}\theta = 0 \end{aligned}\right\} \qquad (3.41)$$

となり，基底変数のうちの1つが必ず零になってしまい退化が起こってしまう．退化が発生すれば，基底変数のいずれかの値が零になるが，解の実行可能性をそこなうものではないから，その意味では退化の発生自体は少しもさしつかえない．しかし，退化した基底変数は，その後のピボット操作で，基底から取り出される変数に選ばれる可能性があり，そのときには目的関数の値が減少しないことに注意しなければならない．

退化が起こるとどうなるかを，表3.2をもとにしてもう少しくわしく観察し

てみよう．サイクル l において基底から取り出す基底変数 x_r が退化しており，$\bar{b}_r=0$ であれば，基底に取り入れられる変数 x_s に対してサイクル ($l+1$) では $\bar{b}_r^*=0$ となり，またそれ以外の i に対しては $\bar{b}_i^*=\bar{b}_i$ であり，$\bar{c}_s<0$ であるにもかかわらず，z の減少量 $|\bar{c}_s\theta|$ が零になり，z の値は変化しない．

しかし，z の値が減少しなくても基底変数の入れ替えによって，タブローの中の $\bar{a}_{ij}$ や $\bar{c}_j$ の値は変化する．すなわち，シンプレックス法のピボット操作の途中で z の減少しないサイクルが存在するわけである．もちろん，そのようなサイクルがいくつあったとしても，最終的に最適解に到達できれば問題は生じないが，しかし理論的には，必ずしもそうとは限らない．負の相対費用係数が存在して，z を減少させる可能性があるにもかかわらず，ある実行可能基底解が退化しているためにピボット操作を行っても z の値は少しも減少せず，その後も，目的関数の値の減少をともなわないピボット操作が繰り返され，そのうちにまた出発点と同じ基底変数があらわれ，あげくのはてには，いくつかの同じ基底変数が周期的に繰り返しあらわれる可能性がある．

このような場合には，通常のシンプレックス法による基底変数の入れ替えをやっている限り終わりのない無限ループに入り，永久に最適解には到達せず，シンプレックス法は**巡回** (cycling) したといわれる．このような事態が発生するのはきわめてまれなことではあるが，人為的に作られた巡回の起こる例が示されており皆無とはいえない．

退化が生じても巡回を起こさないようにするために，$\bar{b}_i$ をほんのわずか正の方に動かし $\bar{b}_i/\bar{a}_{is}$ が絶対に同じ値をとらないように修正する A. Charnes の**摂動法** (perturbation method) や，数の大小関係をベクトル間の**辞書式順序** (lexicographical order)† に一般化してピボット項を一意的に定める G. B. Dantzig の**辞書式順序規則** (lexicographic rule) の 2 つのかなり手のこんだ大がかりな理論に裏づけられた方法が考案されてきた．もちろん巡回が起こるかどうかは，シンプレックス法の手順 1 および手順 3 で，s, r が一意的に決定できない場合にどのようにするかに依存しているが，1976 年，R. G. Bland

† 一般に 2 つのベクトル $\boldsymbol{x}=(x_1, x_2, \cdots, x_n)^T$, $\boldsymbol{y}=(y_1, y_2, \cdots, y_n)^T$ に対して，$x_1<y_1$ かあるいは $x_1=y_1, \cdots, x_{h-1}=y_{h-1}$, $x_h<y_h$ $(1<h\leqq n)$ のとき，$\boldsymbol{x}<_L\boldsymbol{y}$ と書き，$\boldsymbol{x}$ は $\boldsymbol{y}$ に対して辞書式順序で小さいという．

は，簡単明瞭な巡回対策を提案した．Bland の巡回対策は，シンプレックス法の手順1および手順3において s, r を一意的に決定するための簡単な規則を追加したものであるが，次に Bland の巡回対策を含めたシンプレックス法の手順を要約しておく．ここで手順1および手順3の代わりにそれぞれ Bland の手順 1B および手順 3B が取り入れられていることに注意しよう．

Bland の巡回対策を含めたシンプレックス法の手順

手順 1B：　相対費用係数 $\bar{c}_j$ を用いて $\bar{c}_j < 0$ であるようなすべての j のうち

$$\min\{j|\bar{c}_j < 0\} = s$$

となる s を求める．すなわち $\bar{c}_j<0$ であるような j が2個以上あれば j の値が最小のものを s とする．すべての $\bar{c}_j \geqq 0$ であれば最適解を得て終了．

手順 2：　すべての $\bar{a}_{is} \leqq 0$ ならば最小値が有界でないという情報を得て終了．

手順 3B：　$\bar{a}_{is}$ に正のものがあれば

$$\min_{\bar{a}_{is}>0} \frac{\bar{b}_i}{\bar{a}_{is}} = \frac{\bar{b}_r}{\bar{a}_{rs}} = \theta$$

となる r を求める．ただし，もし最小値を与える i が2個以上あれば，その中で i の値が最小のものを r とする．

手順 4：　$\bar{a}_{rs}$ に関するピボット操作を行って x_r の代わりに x_s を基底変数とする正準形を求める．

手順1にもどる．

手順 1B および手順 3B により，いかなる場合でも，s, r を一意的に決定できるから，この方法によって，もし巡回が起こるとすれば，それは，ある定まった基底の集合の中を，定まった順序で永久に回りつづけることになる．しかし，Bland は，このような巡回は決して起こらないという次の定理を背理法を用いてきわめて初等的に証明した．

定理 3.5

手順 1B で s を決定し，手順 3B で r を決定するシンプレックス法では，巡回は決して起こらず，したがって，有限回の繰返し計算で終了する.

証明

手順 1B，手順 3B を用いたにもかかわらず，巡回が起こったと仮定して矛盾を導けばよい．巡回に入りこんだ後，基底に取り入れられる変数の添字の集合を T とする．（T はまた巡回に入りこんだ後，基底から出る変数の添字の集合でもある．）T の中で最大のものを q とする．すなわち

$$q=\max\{j|j\in T\} \tag{3.42}$$

x_q は，巡回中，何回でも基底から出るし，また，何回でも基底に取り入れられるが，x_q が基底に入る直前の基底変数の添字の集合を I，非基底変数の添字の集合を $J=\{1,2,\cdots,n\}-I$ とし，そのときの正準形を

$$x_i+\sum_{j\in J}\bar{a}_{ij}x_j=\bar{b}_i,\quad i\in I \tag{3.43}$$

$$-z+\sum_{j\in J}\bar{c}_jx_j=-\bar{z} \tag{3.44}$$

とし，次に x_q が基底から出るときの基底変数の添字の集合を I'，非基底変数の添字の集合を $J'=\{1,2,\cdots,n\}-I'$ とし，そのときの正準形を

$$x_i+\sum_{j\in J'}\bar{a}'_{ij}x_j=\bar{b}_i,\quad i\in I' \tag{3.45}$$

$$-z+\sum_{j\in J'}\bar{c}'_jx_j=-\bar{z} \tag{3.46}$$

とする（右辺は変わらないことに注意）．そして q の代わりに I' に入る基底変数の添字を $t\in J'$ とする．このとき q と t の定義から

$$\bar{c}_q<0,\quad \bar{c}'_t<0,\quad \bar{a}'_{qt}>0,\quad t\in T,\quad t<q \tag{3.47}$$

となることは明らかである.

(3.45), (3.46) において，非基底変数のうち x_t だけを -1 とし，残りの非基底変数 $x_j(j\in J'-\{t\})$ を零とおけば

$$x_t=-1 \tag{3.48}$$

$$x_j=0,\quad j\in J'-\{t\} \tag{3.49}$$

$$x_i=\bar{b}_i+\bar{a}'_{it}\qquad i\in I' \tag{3.50}$$

$$-z=-\bar{z}+\bar{c}'_t \tag{3.51}$$

となる．(3.45)，(3.46) の正準形は (3.43)，(3.44) の正準形と等価であるから，これらの解は当然 (3.43)，(3.44) をも満たす．したがって，特に z に関する式 (3.44) に代入すれば

$$-\bar{z}+\bar{c}_t'+\sum_{j\in J}\bar{c}_j x_j=-\bar{z} \tag{3.52}$$

となり，次の関係が得られる．

$$-\bar{c}_t'=\sum_{j\in J}\bar{c}_j x_j \tag{3.53}$$

(3.47) より $\bar{c}_t'<0$ であるから，(3.53) の右辺には正の項が存在しなければならない．それを

$$\bar{c}_r x_r>0,\quad r\in J \tag{3.54}$$

として，この r がどのような添字であるかを調べてみよう．$r\in J$ より

$$r\notin I \tag{3.55}$$

であり，さらに，(3.49)，(3.54) より $r\notin J'-\{t\}$．したがって

$$r\in I'\cup\{t\} \tag{3.56}$$

となるが，$r=t$ とすれば $t\in J$ となり，(3.48)，(3.54) により $\bar{c}_t<0$ となるから，(3.43)，(3.44) の正準形で x_t は基底に入る候補となる．しかしこの段階では x_q が基底に入ると仮定しており，しかも，$t<q$ であるから手順 1B と矛盾する．したがって

$$r\in I' \tag{3.57}$$

である．(3.55)，(3.57) より x_r は巡回の途中で基底に取り入れられなければならない．すなわち

$$r\in T \tag{3.58}$$

一方，(3.47)，(3.50) より

$$\bar{c}_q x_q=\bar{c}_q(\bar{b}_q+\bar{a}_{qt}')=\bar{c}_q\bar{a}_{qt}'<0\quad(\because\ \bar{b}_q=0)$$

であるから，(3.54) を考慮すれば

$$r\neq q \tag{3.59}$$

である．q は T の中の最大添字で r も T に入っているので

$$r<q \tag{3.60}$$

を得る．(3.43)，(3.44) の正準形では x_q が基底に入ると仮定したので，手順 1B より

$$\bar{c}_r \geqq 0 \quad (\because\ r \in T) \tag{3.61}$$

であり，したがって (3.54) より

$$\bar{c}_r > 0, \quad x_r > 0 \tag{3.62}$$

でなければならない．$r \in I'$ に注意して (3.50) より

$$x_r = \bar{b}_r + \bar{a}'_{rt} \tag{3.63}$$

ここで $\bar{b}_r = 0$ である．なぜなら，$r \notin I$，$r \in I'$ であることより，正準形 (3.43)，(3.44) から正準形 (3.45)，(3.46) にいたる間で r は基底に取り入れられているが，退化が起こっているのでその段階では x_r に対する $\bar{b}$ の値は零であり，その後のピボット操作でも $\bar{b}$ の値が零の行からピボット項が選ばれる以上，x_r に対する $\bar{b}$ の値は零である．したがって (3.62) より

$$x_r = \bar{a}'_{rt} > 0 \tag{3.64}$$

でなければならない．

$\bar{c}'_t < 0,\ \bar{a}'_{rt} > 0,\ \bar{b}_r = 0,\ r < q$ に注意すれば正準形 (3.45)，(3.46) において q が基底から出ると仮定したことは，手順 3B に反する．

Q.E.D.

退化が生じて巡回の起こることを示すために，E.M.L. Beale によって考察された次の具体例について考えてみよう．

$$\begin{array}{lll}
\text{minimize} & (-3/4)x_1+150x_2-(1/50)x_3+6x_4 & \\
\text{subject to} & (1/4)x_1-60x_2-(1/25)x_3+9x_4+x_5 & =0 \\
 & (1/2)x_1-90x_2-(1/50)x_3+3x_4 \qquad +x_6 & =0 \\
 & \qquad\qquad\qquad\qquad x_3 \qquad\qquad\qquad +x_7 & =1 \\
 & x_j \geqq 0 \qquad j=1,2,\cdots,7 &
\end{array}$$

表 3.14 ではサイクル 6 とサイクル 0 とが完全に一致していることがわかるから，何回ピボット操作を行ってもこの間を繰り返すだけであり，巡回が起こることが示されている．ただし θ の計算ではサイクル 0, 2, 4 において最小値を与える r が 2 つ存在しているが，添字の小さいものが選ばれている．

Beale による巡回の起こる例に対して Bland の巡回対策を含めたシンプレックス法を適用してみよう．表 3.15 のサイクル 5 で退化が終わりサイクル 6 で最適解

$$x_1 = 1/25,\ \ x_2 = 0,\ \ x_3 = 1,\ \ x_4 = 0,\ \ x_5 = 3/100,\ \ x_6 = 0,\ \ x_7 = 0$$

$$\min z = -1/20$$

を得る.

表 3.14 巡回の起こるシンプレックス・タブロー (Beale)

サイクル	基底	x_1	x_2	x_3	x_4	x_5	x_6	x_7	定数
0	x_5	[1/4]	−60	−1/25	9	1			0
	x_6	1/2	−90	−1/50	3		1		0
	x_7			1				1	1
	$-z$	−3/4	150	−1/50	6				0
1	x_1	1	−240	−4/25	36	4			0
	x_6		[30]	3/50	−15	−2	1		0
	x_7			1				1	1
	$-z$		−30	−7/50	33	3			0
2	x_1	1		[8/25]	−84	−12	8		0
	x_2		1	1/500	−1/2	−1/15	1/30		0
	x_7			1				1	1
	$-z$			−2/25	18	1	1		0
3	x_3	25/8		1	−525/2	−75/2	25		0
	x_2	−1/160	1		[1/40]	1/120	−1/60		0
	x_7	−25/8			525/2	75/2	−25	1	1
	$-z$	1/4			−3	−2	3		0
4	x_3	−125/2	10 500	1		[50]	−150		0
	x_4	−1/4	40		1	1/3	−2/3		0
	x_7	125/2	−10 500			−50	150	1	1
	$-z$	−1/2	120			−1	1		0
5	x_5	−5/4	210	1/50		1	−3		0
	x_4	1/6	−30	−1/150	1		[1/3]		0
	x_7			1				1	1
	$-z$	−7/4	330	1/50			−2		0
6	x_5	1/4	−60	−1/25	9	1			0
	x_6	1/2	−90	−1/50	3		1		0
	x_7			1				1	1
	$-z$	−3/4	150	−1/50	6				0

巡回の生じる他の例として次の H.W. Kuhn による問題を考えてみよう.

表 3.15　Beale の例に対する Bland の巡回対策によるシンプレックス・タブロー

サイクル	基底	x_1	x_2	x_3	x_4	x_5	x_6	x_7	定数
0	x_5	[1/4]	−60	−1/25	9	1			0
	x_6	1/2	−90	−1/50	3		1		0
	x_7			1				1	1
	$-z$	−3/4	150	−1/50	6				0
1	x_1	1	−240	−4/25	36	4			0
	x_6		[30]	3/50	−15	−2	1		0
	x_7			1				1	1
	$-z$		−30	−7/50	33	3			0
2	x_1	1		[8/25]	−84	−12	8		0
	x_2		1	1/500	−1/2	−1/15	−1/30		0
	x_7			1				1	1
	$-z$			−2/25	18	1	1		0
3	x_3	25/8		1	−525/2	−75/2	25		0
	x_2	−1/160	1		[1/40]	1/120	−1/60		0
	x_7	−25/8			525/2	75/2	−25	1	1
	$-z$	1/4			−3	−2	3		0
4	x_3	−125/2	10 500	1		50	−150		0
	x_4	−1/4	40		1	1/3	−2/3		0
	x_7	[125/2]	−10 500			−50	150	1	1
	$-z$	−1/2	120			−1	1		0
5	x_3			1				1	1
	x_4		−2		1	[2/15]	−1/15	1/250	1/250
	x_1	1	−168			−4/5	12/5	2/125	2/125
	$-z$		36			−7/5	11/5	1/125	1/125
6	x_3			1				1	1
	x_5		−15		15/2	1	−1/2	3/100	3/100
	x_1	1	180		6		2	1/25	1/25
	$-z$		15		21/2		3/2	1/20	1/20

$$
\begin{aligned}
\text{minimize}\quad & -2x_4 - 3x_5 + x_6 + 12x_7 \\
\text{subject to}\quad & x_1 - 2x_4 - 9x_5 + x_6 + 9x_7 = 0 \\
& x_2 + (1/3)x_4 + x_5 - (1/3)x_6 - 2x_7 = 0 \\
& x_3 + 2x_4 + 3x_5 - x_6 - 12x_7 = 2
\end{aligned}
$$

表 3.16 のサイクル 6 はサイクル 0 とまったく一致してしまい，巡回の起こっ

ていることが示されている.

表 3.16 巡回の起こるシンプレックス・タブロー (Kuhn)

サイクル	基底	x_1	x_2	x_3	x_4	x_5	x_6	x_7	定数
0	x_1	1			-2	-9	1	9	0
	x_2		1		1/3	[1]	$-1/3$	-2	0
	x_3			1	2	3	-1	-12	2
	$-z$				-2	-3	1	12	0
1	x_1	1	9		[1]		-2	-9	0
	x_5		1		1/3	1	$-1/3$	-2	0
	x_3		-3	1	1		0	-6	2
	$-z$		3		-1		0	6	0
2	x_4	1	9		1		-2	-9	0
	x_5	$-1/3$	-2			1	1/3	[1]	0
	x_3	-1	-12	1			2	3	2
	$-z$	1	12				-2	-3	0
3	x_4	-2	-9		1	9	[1]		0
	x_7	$-1/3$	-2			1	1/3	1	0
	x_3	0	-6	1		-3	1		2
	$-z$	0	6			3	-1		0
4	x_6	-2	-9		1	9	1		0
	x_7	1/3	[1]		$-1/3$	-2		1	0
	x_3	2	3	1	-1	-12			2
	$-z$	-2	-3		1	12			0
5	x_6	[1]			-2	-9	1	9	0
	x_2	1/3	1		$-1/3$	-2		1	0
	x_3	1		1	0	-6		-3	2
	$-z$	-1			0	6		3	0
6	x_1	1			-2	-9	1	9	0
	x_2		1		1/3	1	$-1/3$	-2	0
	x_3			1	2	3	-1	-12	2
	$-z$				-2	-3	1	12	0

Kuhn による例に対して Bland の巡回対策を含めたシンプレックス法を適用すれば, わずか 2 回のピボット操作により表 3.17 の結果が得られる. 表 3.17 のサイクル 2 で退化が終わるとともに最適解

$$x_1 = 2,\ x_2 = 0,\ x_3 = 0,\ x_4 = 2,\ x_5 = 0,\ x_6 = 2,\ x_7 = 0$$
$$\min z = -2$$

を得る.

表 3.17 Kuhn の例に対する Bland の巡回対策によるシンプレックス・タブロー

サイクル	基底	x_1	x_2	x_3	x_4	x_5	x_6	x_7	定数
0	x_1	1			−2	−9	1	9	0
	x_2		1		[1/3]	1	−1/3	−2	0
	x_3			1	2	3	−1	−12	2
	$-z$				−2	−3	1	12	0
1	x_1	1	6			−3	−1	−3	0
	x_4		3		1	3	−1	−6	0
	x_3		−6	1		−3	[1]	0	2
	$-z$		6			3	−1	0	0
2	x_1	1	0	1		−6		−3	2
	x_4		−3	1	1	0		−6	2
	x_6		−6	1		3	1	0	2
	$-z$		0	1		0		0	2

3.8 上限法

線形計画問題の変数のとりうる範囲に上下限の制約がつけられることは，現実にしばしば起こる．しかし変数の下限に対しては，下限値を l_j とするとき

$$x_j \geqq l_j \tag{3.65}$$

という関係は，新しい変数 x'_j を用いて

$$x_j = x'_j + l_j \tag{3.66}$$

とおけば

$$x'_j \geqq 0 \tag{3.67}$$

となり，いままでの非負条件に帰着できるので問題はない．

しかし，上限 u_j に対しては

$$x_j = u_j - x'_j \tag{3.68}$$

とおいても，再び x'_j が

$$0 \leqq x'_j \leqq u_j \tag{3.69}$$

となり，本質的な解決にならない．したがって，変数の上限値の取り扱いをど

のようにすればよいかということが問題になる．

変数の中には上限値のあるものとないものとがあるが，取り扱いの便宜上，すべての変数に上限があるものと考えてもよい．というのは，上限のない変数に対しては $u_j=\infty$ あるいは十分大きな u_j の値を割りあてておけばよいからである．したがって，問題は次のように書き表すことができる．

$$\text{minimize} \quad \sum_{j=1}^{n} c_j x_j \tag{3.70}$$

$$\text{subject to} \quad \sum_{j=1}^{n} a_{ij} x_j = b_i \qquad i=1,2,\cdots,m \tag{3.71}$$

$$x_j \geqq 0 \qquad j=1,2,\cdots,n \tag{3.72}$$

$$x_j \leqq u_j \qquad j=1,2,\cdots,n \tag{3.73}$$

あるいは行列形式で簡単に

$$\text{minimize} \quad \boldsymbol{cx} \tag{3.70$'$}$$

$$\text{subject to} \quad A\boldsymbol{x}=\boldsymbol{b} \tag{3.71$'$}$$

$$\boldsymbol{x} \geqq \boldsymbol{0} \tag{3.72$'$}$$

$$\boldsymbol{x} \leqq \boldsymbol{u} \tag{3.73$'$}$$

ここで $\boldsymbol{u}=(u_1, u_2, \cdots, u_n)^T$ は正の n 次元列ベクトルであり，また，$n>m$, $\mathrm{rank}(A)=m$ であると仮定する．

このような問題を取り扱う最も直接的な方法は，上限を表す式 (3.73) にスラック変数 $\boldsymbol{s}=(s_1, s_2, \cdots, s_n)^T$ を導入して，等式に変換することである．すなわち

$$x_j+s_j=u_j, \quad s_j \geqq 0, \quad j=1,2,\cdots,n \tag{3.74}$$

等式制約条件 (3.71) に (3.73) を (3.74) の形式の制約条件式として追加すれば，(3.70)～(3.72) および (3.74) で与えられる問題はシンプレックス法を用いて解くことができる．しかし，このようにすると，基底行列の大きさと問題の変数の数はともに n だけふえる．$n>m$ であり，しばしば $n \gg m$ であるから，このことは計算量がいちじるしく増加することを意味している．したがって，シンプレックス計算方法を若干修正することによって，変数や制約条件式の数をふやさないで処理できるように工夫することの方が，より賢明な方策と思われる．

このような変数に上限のある問題に対して，**上限法** (upper bounding method) と呼ばれる手法が A. Charnes と C. E. Lemke や G. B. Dantzig らによって開発されているが，上限法は基底行列の大きさを $m\times m$ に保ちながら，上限制約式を考慮して，(3.70)～(3.72) を解く．すなわち計算は，上限を表す式のない問題をシンプレックス法で解くのと同じように進めることができるが，最適性の判定と基底に入れたり出したりする判定法が修正されている．上限法は，下限（一般には 0）の処理を逆にしたものと考えればよいが，各変数は上限と下限の間でどちらかの限界になれば，非基底変数になる．したがって，独立変数すなわち非基底変数の値は零とは限らず，零か u_j である．シンプレックス法の操作は，非基底変数に上限値を許しても，いちじるしくは影響を受けないことが以下の議論で明らかになるであろう．

さて，(3.70)～(3.72) で与えられる上限のない問題において，制約条件式 (3.71) の基底行列 B に対応する基底変数を $x_1, x_2, \cdots, x_m$ としよう．いままでのように非基底変数の値をすべて零とおく代わりに，一部の非基底変数 $x_{m+1}, x_{m+2}, \cdots, x_k$ には上限値を与え，残りの非基底変数 $x_{k+1}, x_{k+2}, \cdots, x_n$ は零としよう．すなわち

$$\left.\begin{array}{ll} x_{m+p}=u_{m+p} & p=1,2,\cdots,k-m \\ x_{k+q}=0 & q=1,2,\cdots,n-k \end{array}\right\} \tag{3.75}$$

このとき，基底変数 $x_1, x_2, \cdots, x_m$ に対する正準形は次のように表される．

$$\begin{array}{l} x_1 \qquad\qquad +\bar{a}_{1,m+1}x_{m+1}+\cdots+\bar{a}_{1k}x_k+\bar{a}_{1,k+1}x_{k+1}+\cdots+\bar{a}_{1n}x_n=\bar{b}_1 \\ \quad x_2 \qquad\quad +\bar{a}_{2,m+1}x_{m+1}+\cdots+\bar{a}_{2k}x_k+\bar{a}_{2,k+1}x_{k+1}+\cdots+\bar{a}_{2n}x_n=\bar{b}_2 \\ \qquad\ddots \qquad \cdots\cdots\cdots\cdots\cdots\cdots\cdots\cdots\cdots\cdots\cdots\cdots \\ \qquad\quad x_m+\bar{a}_{m,m+1}x_{m+1}+\cdots+\bar{a}_{mk}x_k+\bar{a}_{m,k+1}x_{k+1}+\cdots+\bar{a}_{mn}x_n=\bar{b}_m \\ \qquad\quad -z\ \ +\bar{c}_{m+1}x_{m+1}+\cdots\ \ +\bar{c}_kx_k\ \ +\bar{c}_{k+1}x_{k+1}+\cdots\ \ +\bar{c}_nx_n=-\bar{z} \end{array} \tag{3.76}$$

ここで，基底変数 $x_1, x_2, \cdots, x_m$ の値は必ずしも $\bar{b}_1, \bar{b}_2, \cdots, \bar{b}_m$ に等しいとは限らず，次の式で与えられる．

$$\begin{aligned} x_i &= \bar{b}_i-\sum_{j=m+1}^{k}\bar{a}_{ij}x_j \\ &= \bar{b}_i-\sum_{j=m+1}^{k}\bar{a}_{ij}u_j \qquad i=1,2,\cdots,m \end{aligned} \tag{3.77}$$

したがって，もし

$$0 \leqq \bar{b}_i - \sum_{j=m+1}^{k} \bar{a}_{ij} u_j \leqq u_i \qquad i = 1, 2, \cdots, m \tag{3.78}$$

ならば，基底変数 $x_1, x_2, \cdots, x_m$ は上下限を越えないので上限付き線形計画問題の実行可能解となり，目的関数の値は

$$z = \bar{z} + \sum_{j=m+1}^{k} \bar{c}_j u_j \qquad i = 1, 2, \cdots, m \tag{3.79}$$

で与えられる．

(3.78) が満たされているとしよう．このとき (3.76) の正準形において非基底変数の値を (3.75) のようにとれば変数 $x_1, x_2, \cdots, x_n$ の値は次の式で与えられる．

$$\left.\begin{aligned} &u_i \geqq x_i = \bar{b}_i - \sum_{j=m+1}^{k} \bar{a}_{ij} u_j \geqq 0 && i = 1, 2, \cdots, m \\ &x_{m+p} = u_{m+p} && p = 1, 2, \cdots, k-m \\ &x_{k+q} = 0 && q = 1, 2, \cdots, n-k \end{aligned}\right\} \tag{3.80}$$

さて，(3.80) で与えられる解の最適性の判定規準は次の定理によって与えられる．

定理 3.6

(3.76) の正準形において (3.80) で与えられる解が上限付き線形計画問題 (3.70)～(3,73) の最適解であるための十分条件は，上限値をとる変数 $x_{m+1}, \cdots, x_k$ に対する相対費用係数 $\bar{c}_{m+1}, \cdots, \bar{c}_k$ が非正で，下限値（零）をとる変数 $x_{k+1}, \cdots, x_n$ に対する相対費用係数 $\bar{c}_{k+1}, \cdots, \bar{c}_n$ が非負であることである．すなわち

$$\left.\begin{aligned} &\bar{c}_{m+p} \leqq 0 && p = 1, 2, \cdots, k-m \\ &\bar{c}_{k+q} \geqq 0 && q = 1, 2, \cdots, n-k \end{aligned}\right\} \tag{3.81}$$

証明

(3.76) の正準形における z に関する式，すなわち

$$z = \bar{z} + \sum_{j=m+1}^{k} \bar{c}_j x_j + \sum_{j=k+1}^{n} \bar{c}_j x_j$$

は，$x_1, x_2, \cdots, x_m$ に独立である．したがって，$\bar{c}_{m+p} \leqq 0$ であるならば，x_{m+p}

を u_{m+p} より減少させると，z は増加し，$\bar{c}_{k+q} \geqq 0$ であるならば，x_{k+q} を零より増加させると z は増加する．すなわち，現在の基底解は最適である．

Q. E. D.

もし (3.81) の条件が満たされていなければ，条件を満たしていない相対費用係数に対する変数を変化させることによって z を減少させることが可能である．したがって，通常のシンプレックス法と同様の方針によれば，基底に入れる変数として，次のような相対費用係数をもつ変数を選ぶことになる．すなわち

$$\bar{c}_s = \min(-\bar{c}_{m+1}, -\bar{c}_{m+2}, \cdots, -\bar{c}_k, \bar{c}_{k+1}, \bar{c}_{k+2}, \cdots, \bar{c}_n) \qquad (3.82)$$

となる s を求めてこれに対する x_s を基底変数に入れる．(3.82) により，基底に入る変数 x_s が決定されると，次に，いままでの基底変数 $x_1, x_2, \cdots, x_m$ のうち，基底から取り出す変数を決めなければならない．

このとき x_s は現在，下限値かあるいは上限値のいずれかになっているので，それぞれの場合についての手順を考えてみよう．

（1） $x_s = 0$ のとき

まず，x_s が下限値をとっているとしよう．このとき，(3.76) より x_s の関数として表される基底変数の値は

$$x_i = \bar{b}_i - \sum_{j=m+1}^{k} \bar{a}_{ij} u_j - \bar{a}_{is} x_s \qquad i = 1, 2, \cdots, m \qquad (3.83)$$

となるが，

$$\beta_i = \bar{b}_i - \sum_{j=m+1}^{k} \bar{a}_{ij} u_j \qquad i = 1, 2, \cdots, m \qquad (3.84)$$

とおけば (3.83) は

$$x_i = \beta_i - \bar{a}_{is} x_s \qquad (3.85)$$

となる．ここで β_i は基底を変える前の基底変数の値であり，(3.85) は 3.3 節の (3.14) の一般化であると考えられる．3.3 節では正の $\bar{a}_{is}$ だけを考慮すればよかったが，上限のある場合は x_i が上限を越えることはできないから負の $\bar{a}_{is}$ も考慮しなければならない．

さて x_s を零から増加させてみよう．$\bar{a}_{is} > 0$ のときは x_s を増加させれば x_i は減少するが，x_i は非負でなければならないから

$$\beta_i - \bar{a}_{is} x_s \geqq 0 \tag{3.86}$$

したがって

$$x_s \leqq \frac{\beta_i}{\bar{a}_{is}} \qquad \bar{a}_{is} > 0 \tag{3.87}$$

であり，x_s の許される最大値は

$$\min_{\bar{a}_{is}>0} \frac{\beta_i}{\bar{a}_{is}} = \frac{\beta_{r_1}}{\bar{a}_{r_1 s}} \tag{3.88}$$

ここで r_1 は最小値を与える i を示す．一方 $\bar{a}_{is} < 0$ のときは x_s を増加させれば x_i は増加するが，x_i は上限 u_i を越えることはできないから

$$\beta_i + |\bar{a}_{is}| x_s \leqq u_i \tag{3.89}$$

したがって

$$x_s \leqq \frac{u_i - \beta_i}{|\bar{a}_{is}|} \qquad \bar{a}_{is} < 0 \tag{3.90}$$

であり，x_s の許される最大値は

$$\min_{\bar{a}_{is}<0} \frac{u_i - \beta_i}{|\bar{a}_{is}|} = \frac{u_{r_2} - \beta_{r_2}}{|\bar{a}_{r_2 s}|} \tag{3.91}$$

ここで r_2 は最小値を与える i を示す．（上限のない変数に対しては上式の比は ∞ となるから r_2 の決定においては除外してもよい．）また x_s は上限 u_s を越えることはできないから，

$$x_s \leqq u_s \tag{3.92}$$

x_s を (3.88)，(3.91)，(3.92) の範囲でできるだけ大きく選ぶためには，x_s の値は次のように選べばよい．

$$\max x_s = \min\left(\frac{\beta_{r_1}}{\bar{a}_{r_1 s}},\ \frac{u_{r_2} - \beta_{r_2}}{|\bar{a}_{r_2 s}|}, u_s\right) \tag{3.93}$$

この関係は 3.3 節の (3.17) の一般化である．

このとき

(a)　$\max x_s = \dfrac{\beta_{r_1}}{\bar{a}_{r_1 s}}$ の場合は，x_{r_1} の代わりに x_s が基底に入り非基底変数になる x_{r_1} の値は 0 となる．

(b)　$\max x_s = \dfrac{u_{r_2} - \beta_{r_2}}{|\bar{a}_{r_2 s}|}$ の場合は，x_{r_2} の代わりに x_s が基底に入り非基底変数になる x_{r_2} の値は u_{r_2} となる．

(c)　$\max x_s = u_s$ の場合は，単に x_s の値を u_s に変更するだけで基底の

変化は起こらない.

ただし $\dfrac{\beta_{r_1}}{\bar{a}_{r_1 s}}=\dfrac{u_{r_2}-\beta_{r_2}}{|\bar{a}_{r_2 s}|}=u_s$ となる場合は，つねに (c) の場合を優先させ，あとは (a), (b) のいずれかを任意に選ぶものとする．また (a), (b) の場合，基底変数の変更は，負の $\bar{a}_{r_s}$ をも考慮することを除けば，通常の方法で行われる．

（2） $x_s=u_s$ のとき

このとき (3.76) より x_s の関数として表される基底変数の値は

$$x_i=\bar{b}_i-\sum_{\substack{j=m+1\\ j\neq s}}^{k}\bar{a}_{ij}u_j-\bar{a}_{is}x_s \qquad i=1,2,\cdots,m \tag{3.94}$$

となるが，

$$\beta_i'=\bar{b}_i-\sum_{\substack{j=m+1\\ j\neq s}}^{k}\bar{a}_{ij}u_j \qquad i=1,2,\cdots,m \tag{3.95}$$

とおけば (3.95) は

$$x_i=\beta_i'-\bar{a}_{is}x_s \tag{3.96}$$

となる．上式において $x_s=u_s$ とおけば x_i はもとの基底変数の値を与えるが，x_s を u_s から減少させればどうなるか調べてみよう．$\bar{a}_{is}>0$ のときは x_s を減少させれば x_i は増加するが，x_i は上限 u_i を越えることはできないから

$$\beta_i'-\bar{a}_{is}x_s\leqq u_i \tag{3.97}$$

したがって x_s の許される最小値は

$$\max_{\bar{a}_{is}>0}\frac{\beta_i'-u_i}{\bar{a}_{is}}=\frac{\beta_{r_3}'-u_{r_3}}{\bar{a}_{r_3 s}} \tag{3.98}$$

ここで r_3 は最大値を与える i を示す．（上限のない変数に対しては上式の比は $-\infty$ となるから r_3 の決定においては除外してよい．）一方 $\bar{a}_{is}<0$ のときは x_s を減少させれば x_i は減少するが，x_i は非負でなければならないから

$$\beta_i'+|\bar{a}_{is}|x_s\geqq 0 \tag{3.99}$$

したがって x_s の許される最小値は

$$\max_{\bar{a}_{is}<0}\frac{-\beta_i'}{|\bar{a}_{is}|}=\frac{-\beta_{r_4}'}{|\bar{a}_{r_4 s}|} \tag{3.100}$$

ここで r_4 は最大値を与える i を示す．また x_s は非負でなければならないから

$$x_s\geqq 0 \tag{3.101}$$

x_s を (3.98), (3.100), (3.101) の範囲でできるだけ小さく選ぶためには, x_s の値は次のように選べばよい.

$$\min x_s = \max\left(\frac{\beta'_{r_3}-u_{r_3}}{\bar{a}_{r_3 s}}, \frac{-\beta'_{r_4}}{|\bar{a}_{r_4 s}|}, 0\right) \tag{3.102}$$

このとき

(a) $\min x_s = \dfrac{\beta'_{r_3}-u_{r_3}}{\bar{a}_{r_3 s}}$ の場合は, x_{r_3} の代わりに x_s が基底に入り非基底変数になる x_{r_3} の値は上限 u_{r_3} となる.

(b) $\min x_s = \dfrac{-\beta'_{r_4}}{|\bar{a}_{r_4 s}|}$ の場合は, x_{r_4} の代わりに x_s が基底に入り非基底変数になる x_{r_4} の値は 0 となる.

(c) $\min x_s = 0$ の場合は, 単に x_s の値を 0 に変更するだけで基底の変化は起こらない.

上限法の流れ図を図 3.3 に示す.

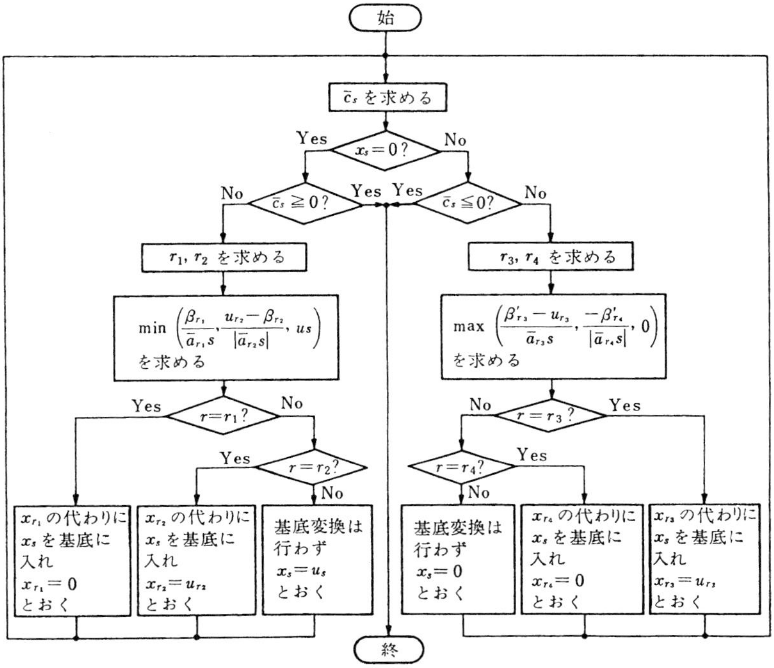

図 3.3 上限法の流れ図

上限法を用いるときは (3.76) で与えられる正準形を表 3.18 のように表すと便利である.

表 3.18　上限法のシンプレックス・タブロー

基底	x_1	$x_2 \cdots x_m$	$x_{m+1} \cdots\cdots x_k$	$x_{k+1} \cdots\cdots x_n$	定数	β_i, β'_i
x_1	1		$\bar{a}_{1,m+1} \cdots \bar{a}_{1k}$	$\bar{a}_{1,k+1} \cdots \bar{a}_{1n}$	$\bar{b}_1$	
x_2		1	$\bar{a}_{2,m+2} \cdots \bar{a}_{2k}$	$\bar{a}_{2,k+1} \cdots \bar{a}_{2n}$	$\bar{b}_2$	
$\vdots$		$\ddots$	$\cdots\cdots\cdots$	$\cdots\cdots\cdots$	$\vdots$	
x_m		1	$\bar{a}_{m,m+1} \cdots \bar{a}_{mk}$	$\bar{a}_{m,k+1} \cdots \bar{a}_{mn}$	$\bar{b}_m$	
$-z$	0	$0 \cdots 0$	$\bar{c}_{m+1} \cdots\cdots \bar{c}_k$	$\bar{c}_{k+1} \cdots\cdots \bar{c}_n$	$-\bar{z}$	
上限			$u_{m+1} \cdots\cdots u_k$			

表 3.18 は標準的なシンプレックス・タブローに非基底変数が上限にあるかどうかをチェックするための行と x_s を決定した後, β_i あるいは β'_i の値を記入する列を追加したものである. β_i, β'_i の列は x_s が下限値 0 をとっていれば β_i の値を記入し, x_s が上限値 u_s をとっていれば β'_i の値を記入する. この列と $(-z)$ の行とが交わる所には

β_i に対しては ($-z$ の実際の値)

$$-\bar{z} - \sum_{j=m+1}^{k} \bar{c}_j u_j$$

β'_i に対しては

$$-\bar{z} - \sum_{\substack{j=m+1 \\ j \neq s}}^{k} \bar{c}_j u_j$$

の値を記入する.

初期実行可能正準形が既知でない場合は, 人為変数を導入して第 1 段階から始めなければならないが, 第 1 段階の手順はこれまで述べたものとほとんど同様であり, 基底に入れる変数 x_s を決めるときには次のような $\bar{d}_s < 0$ を選べばよい.

$$\bar{d}_s = \min \begin{cases} \bar{d}_j & (\text{下限をとっている } x_j \text{ に対して}) \\ -\bar{d}_j & (\text{上限をとっている } x_j \text{ に対して}) \end{cases}$$

なお, 人為変数は無限大の上限をもっていると考えればよい.

例 1.1 の生産計画の問題において, 製品 P_1, P_2, P_3 は, それぞれ, たかだか, 25 トン, 35 トン, 10 トンまでしか生産できないことがわかった. このとき与えられた問題は次のような上限付き線形計画問題を解くことになる.

$$\begin{aligned}
\text{maximize} \quad & 2.5x_1 + 5x_2 + 3.4x_3 \\
\text{subject to} \quad & 2x_1 + 10x_2 + 4x_3 \leqq 425 \\
& 6x_1 + 5x_2 + 8x_3 \leqq 400 \\
& 7x_1 + 10x_2 + 8x_3 \leqq 600 \\
& 0 \leqq x_1 \leqq 25, \ 0 \leqq x_2 \leqq 35, \ 0 \leqq x_3 \leqq 10
\end{aligned}$$

非負のスラック変数 x_4, x_5, x_6 を導入して最初の基底変数に選び，上限法を適用すれば，表 3.19 の結果を得る.

表 3.19 上限法のシンプレックス・タブロー

サイクル	基底	x_1	x_2	x_3	x_4	x_5	x_6	定数	β_i, β_i'
0	x_4	2	10	4	1			425	425
	x_5	6	5	8		1		400	400
	x_6	7	10	8			1	600	600
	$-z$	−2.5	−5	−3.4				0	0
	上限								
1	x_4	2	10	4	1			425	75
	x_5	6	5	8		1		400	225
	x_6	7	10	8			1	600	250
	$-z$	−2.5	−5	−3.4				0	175
	上限		35						
2	x_4	[2]	10	4	1			425	35
	x_5	6	5	8		1		400	145
	x_6	7	10	8			1	600	170
	$-z$	−2.5	−5	−3.4				0	209
	上限		35	10					
3	x_1	1	[5]	2	0.5			212.5	192.5
	x_5		−25	−4	−3	1		−875	−835
	x_6		−25	−6	−3.5		1	−887.5	−827.5
	$-z$		7.5	1.6	1.25			531.25	515.25
	上限		35	10					
4	x_2	0.2	1	0.4	0.1			42.5	33.5
	x_5	5		6	−0.5	1		187.5	2.5
	x_6	5		4	−1		1	175	10
	$-z$	−1.5		−1.4	0.5			212.5	264
	上限	25		10					

ここで上限法がこの例にどのように適用されているかを示すために各サイクルについて少しくわしく述べてみよう．

サイクル0においてスラック変数 x_4, x_5, x_6 を基底変数に選べば，最初の実行可能基底解

$$x_1 = x_2 = x_3 = 0,\ \ x_4 = 425,\ \ x_5 = 400,\ \ x_6 = 600$$

が得られるが，非基底変数 x_1, x_2, x_3 はすべて下限値をとっている．したがって定数の列と β_i, β_i' の列は等しくなっている．

$$\min(-2.5, -5, -3.4) = -5 < 0$$

であるから x_2 を0から増加させることになる．

$\bar{a}_{12} = 10 > 0,\ \bar{a}_{22} = 5 > 0,\ \bar{a}_{32} = 10 > 0$ であるから

$$\frac{\beta_{r_1}}{\bar{a}_{r_1 2}} = \min_{\bar{a}_{i2}>0}\left(\frac{425}{10}, \frac{400}{5}, \frac{600}{10}\right) = \frac{\beta_1}{\bar{a}_{12}} = 42.5$$

したがって

$$\max x_2 = \min(42.5, 35) = 35 = u_2$$

となり x_2 は上限に達するが基底の変化は起こらない．$x_2 = 35$ とおきサイクル1の結果を得る．サイクル1において

$$\min(-2.5, -3.4) = -3.4$$

であるから x_3 を0から増加させることになる．したがって β_i の列

$$\begin{pmatrix} 425 \\ 400 \\ 600 \\ 0 \end{pmatrix} - 35\begin{pmatrix} 10 \\ 5 \\ 10 \\ -5 \end{pmatrix} = \begin{pmatrix} 75 \\ 225 \\ 250 \\ 175 \end{pmatrix}$$

を計算しサイクル1の β_i の列に記入する．

$\bar{a}_{13} = 4 > 0,\ \bar{a}_{23} = 8 > 0,\ \bar{a}_{33} = 8 > 0$ であるから

$$\frac{\beta_{r_1}}{\bar{a}_{r_1 3}} = \min_{\bar{a}_{i3}>0}\left(\frac{75}{4}, \frac{225}{8}, \frac{250}{8}\right) = \frac{\beta_1}{\bar{a}_{13}} = \frac{75}{4}$$

したがって

$$\max x_3 = \min\left(\frac{75}{4}, 10\right) = 10 = u_1$$

となり，x_3 は上限に達するが，基底の変化は起こらない．$x_3 = 10$ とおきサイクル2の結果を得る．

サイクル2においては x_1 を0から増加させることになる．したがって β_i の列

$$\begin{pmatrix}425\\400\\600\\0\end{pmatrix}-35\begin{pmatrix}10\\5\\10\\-5\end{pmatrix}-10\begin{pmatrix}4\\8\\8\\-3.4\end{pmatrix}=\begin{pmatrix}35\\145\\170\\209\end{pmatrix}$$

を計算しサイクル2の β_i の列に記入する．

$\bar{a}_{11}=2>0,\ \bar{a}_{21}=6>0,\ \bar{a}_{31}=7>0$ であるから

$$\frac{\beta_{r_1}}{\bar{a}_{r_1 1}}=\min_{\bar{a}_{i1}>0}\left(\frac{35}{2},\frac{145}{6},\frac{170}{7}\right)=\frac{35}{2}$$

したがって

$$\max x_1=\min\left(\frac{35}{2},25\right)=17.5$$

となり $\bar{a}_{11}=2$ をピボット項として基底変換を行えば，サイクル3の結果を得る．サイクル3において $\min(-7.5,-1.6)=-7.5$ であるから，x_2 を35（上限）から減少させることになる．したがって β_i' の列

$$\begin{pmatrix}212.5\\-875\\-887.5\\531.25\end{pmatrix}-10\begin{pmatrix}2\\-4\\-6\\1.6\end{pmatrix}=\begin{pmatrix}192.5\\-835\\-827.5\\515.25\end{pmatrix}$$

を計算しサイクル3の β_i' の列に記入する．

$$\bar{a}_{12}=5>0,\ \bar{a}_{22}=-25<0,\ \bar{a}_{32}=-25<0$$

であるから

$$\frac{-\beta_{r_4}'}{|\bar{a}_{r_4 2}|}=\max_{\bar{a}_{i2}<0}\left(\frac{835}{|-25|},\frac{827.5}{|-25|}\right)=\frac{-\beta_2'}{|\bar{a}_{22}|}=\frac{835}{25}$$

したがって

$$\min x_2=\max\left(\frac{192.5-25}{5},\frac{835}{25},0\right)$$
$$=\max(33.5,33.4,0)=33.5$$

となり，$\bar{a}_{12}=5$ をピボット項として基底変換を行えば，上限値をとる変数 x_1, x_3 に対して $\bar{c}_1=-1.5<0$, $\bar{c}_3=-1.4<0$，また下限値をとる変数 x_4 に対して $\bar{c}_4=0.5>0$ となり最適性の条件を満たしている．β_i の列を計算すれば

$$\begin{pmatrix} 42.5 \\ 187.5 \\ 175 \\ 212.5 \end{pmatrix} - 25 \begin{pmatrix} 0.2 \\ 5 \\ 5 \\ -1.5 \end{pmatrix} - 10 \begin{pmatrix} 0.4 \\ 6 \\ 4 \\ -1.4 \end{pmatrix} = \begin{pmatrix} 33.5 \\ 2.5 \\ 10 \\ 264 \end{pmatrix}$$

となり，最適解

$$x_1 = 25,\ x_2 = 33.5,\ x_3 = 10,\ x_4 = 0,\ x_5 = 2.5,\ x_6 = 10$$

$$\min z = -264$$

を得る．

問題 3

1. ある標準形の線形計画問題に対して $\boldsymbol{x}^l = (x_1{}^l, x_2{}^l, \cdots, x_n{}^l)^T$ $(l = 1, 2, \cdots, L)$ がすべて最適解であれば，$\boldsymbol{x}^* = \sum_{l=1}^{L} \lambda_l \boldsymbol{x}^l$ もまた最適解であることを示せ．ここで λ_l は $\sum_{l=1}^{L} \lambda_l = 1$ を満たす非負の定数である．

2. 自由変数のある線形計画問題において，(*2.19*) 式のように $x_k = x_k{}^+ - x_k{}^-$, $x_k{}^+ \geqq 0$, $x_k{}^- \geqq 0$ と置き換えたとき，$x_k{}^+$ と $x_k{}^-$ が1つの実行可能基底解の中でともに基底変数にはなりえない理由を説明せよ．

3. 次の2つの線形計画問題について考える．

$$\begin{array}{ll} \text{minimize} & z = \boldsymbol{cx} \\ \text{subject to} & A\boldsymbol{x} = \boldsymbol{b} \\ & \boldsymbol{x} \geqq \boldsymbol{0} \end{array}$$

$$\begin{array}{ll} \text{minimize} & z = (\mu \boldsymbol{c})\boldsymbol{x} \\ \text{subject to} & A\boldsymbol{x} = (\lambda \boldsymbol{b}) \\ & \boldsymbol{x} \geqq \boldsymbol{0} \end{array}$$

ここで λ と μ は正の実数であり，A, $\boldsymbol{b}$, $\boldsymbol{c}$ は両方の問題に共通の行列とベクトルである．このとき，2つの問題の最適解の関係はどのようになるか？

またもし λ と μ のいずれかが負であれば，そのような関係は成立しない理由を説明せよ．

4. 次の線形計画問題をシンプレックス法で解け．

(1)
$$\begin{array}{ll} \text{minimize} & -4x_1 - 5x_2 \\ \text{subject to} & 4x_1 + 10x_2 \leqq 425 \\ & 5x_1 + 4x_2 \leqq 600 \\ & 9x_1 + 10x_2 \leqq 750 \\ & x_j \geqq 0 \quad j = 1, 2 \end{array}$$

（2） minimize $-185x_1-155x_2-600x_3$

subject to $2x_1+3x_2+8x_3 \leqq 4$

$5x_1+2.5x_2+10x_3 \leqq 8$

$3x_1+8x_2+4x_3 \leqq 3$

$x_j \geqq 0 \quad j=1,2,3$

（3） minimize $-12x_1-18x_2-8x_3-40x_4$

subject to $2x_1+5.5x_2+6x_3+10x_4 \leqq 80$

$4x_1+x_2+4x_3+20x_4 \leqq 50$

$x_j \geqq 0 \quad j=2,3,4$; x_1 は自由変数

5. 次の問題をシンプレックス法で解け．

（1） minimize $|x_1|+4|x_2|+2|x_3|$

subject to $2x_1+x_2 \leqq 3$

$x_1+2x_2+x_3=5$

（2） minimize $\dfrac{-x_1+4x_2-x_3+1}{x_1+2x_2+x_3+1}$

subject to $2x_1-2x_2+x_3 \leqq 1$

$x_1+2x_2-x_3 \geqq 1.5$

$x_j \geqq 0 \quad j=1,2,3$

（3） minimize $\max(-x_1+2x_2-x_3, -2x_1+3x_2-2x_3, x_1-x_2-2x_3)$

subject to $2x_1+x_2+x_3 \leqq 5$

$2x_1+2x_2+5x_3 \leqq 10$

$x_j \geqq 0 \quad j=1,2,3$

6. 次の線形計画問題をシンプレックス法で解け．

minimize $26x_1+20x_2+30x_3$

subject to $5x_1+6x_2+10x_3 \geqq 925$

$15x_1+13x_2+20x_3 \geqq 1\,975$

$18x_1+11x_2+20x_3 \geqq 2\,000$

$x_j \geqq 0 \quad j=1,2,3$

また，この問題の制約条件式にさらに

$$10x_1+13x_2+30x_3 \leqq 300$$

を加えた問題をシンプレックス法で解け．

7. 次の線形計画問題をシンプレックス法で解け．

（1） minimize $-x_1+5x_2-2x_3-5x_4-x_5-6x_6$

subject to $2.5x_1+3.5x_2+5x_3+x_4+x_5+x_6=8$

$-3x_1-3x_2+2x_3+2x_4+2x_5+x_6=3$

$4x_1-5x_2+4x_3+4x_4+2.5x_5+4x_6=7$

$x_j \geqq 0 \quad j=1,2,3,4,5,6$

(2) minimize $-80x_1-78x_2-21x_3+10x_4+120x_5+2x_6 \quad -17x_8-10x_9$

subject to

$$\begin{aligned}
2x_1 \quad\quad +x_3 +x_4 +4x_5 \quad +2x_7 -x_8 -3x_9 &= 3\\
x_1 +4x_2 -x_3 +x_5 \quad +x_6-2x_7 +4x_8 +2x_9 &= 2\\
x_1 +4x_2 +x_3 \quad -5x_5 \quad +x_6 +x_8 +x_9 &= 8\\
x_j \geqq 0 \quad j = 1, 2, 3, 4, 5, 6, 7, 8, 9
\end{aligned}$$

(3) minimize x_1

subject to

$$\begin{aligned}
2x_1+x_2-4x_3+4x_4-3x_5-5x_6 &\leqq 9\\
2x_1+x_2 +x_3+2x_4 -x_5 -x_6 &\geqq 7\\
x_1-x_2-2x_3 +x_4 -x_5-2x_6 &\geqq 3\\
x_j \geqq 0 \quad j = 1, 2, 3, 4, 5, 6
\end{aligned}$$

8. x_1, x_2, x_3 を初期の基底変数として次の問題を通常のシンプレックス法で解き，巡回の生じることを確かめよ．次に，Bland の巡回対策を含めたシンプレックス法で解き最適解を求めよ．

minimize $-x_4 +7x_5 +x_6+2x_7$

subject to

$$\begin{aligned}
x_1 \quad +x_4 +x_5 +x_6+ x_7 &= 1\\
x_2 +0.5x_4-5.5x_5-2.5x_6+9x_7 &= 0\\
x_3+0.5x_4-1.5x_5-0.5x_6+ x_7 &= 0\\
x_j \geqq 0 \quad j = 1, 2, 3, 4, 5, 6, 7
\end{aligned}$$

9. 次の線形計画問題を上限法で解け．

minimize $2.5x_1 +x_2+3x_3-1.5x_4+5x_5$

subject to

$$\begin{aligned}
x_1 -x_2+3x_3 -x_4+2x_5 &= 5\\
x_1-2x_2+2x_3 +2x_4 +x_5 &= 15\\
0 \leqq x_1 \leqq 6,\ 0 \leqq x_2 &\leqq 2,\ 0 \leqq x_3 \leqq 1,\\
0 \leqq x_4 \leqq 5,\ 0 \leqq x_5 &\leqq 5
\end{aligned}$$

10. 例 1.2 の栄養の問題の変数に上限制約の付けられた次の線形計画問題を上限法で解け．

minimize $4x_1 +8x_2+3x_3$

subject to

$$\begin{aligned}
2x_1 +5x_2+3x_3 &\geqq 185\\
3x_1+2.5x_2+8x_3 &\geqq 155\\
8x_1 +10x_2+4x_3 &\geqq 600\\
0 \leqq x_1 \leqq 50,\ 0 \leqq x_2 &\leqq 22,\ 0 \leqq x_3 \leqq 20
\end{aligned}$$

4. 幾何学的考察

これまでの議論は単に連立線形方程式の基本的な性質に基づいて代数的に証明された．しかし，これらの結果は，凸集合，特に凸体との対応関係について考察することにより，興味深い解釈が可能となり，特に線形計画法の基本定理やシンプレックス法に対するより明確な幾何学的な理解を深めることができる．このことは代数的に定義された実行可能基底解に対する幾何学的な対応を調べることによって行うことができる．

4.1 凸集合と凸体

ここでは **$\boldsymbol{n}$ 次元ユークリッド空間**（n-dimensional Euclidean space）E^n において最低限必要とされる標準的な用語の定義やそれらの基本的な性質について述べる．

定義 4.1（凸結合，線分）

E^n の 2 点 $\boldsymbol{x}^1, \boldsymbol{x}^2$ に対して式

$$\lambda\boldsymbol{x}^1+(1-\lambda)\boldsymbol{x}^2 \qquad 0 \leqq \lambda \leqq 1$$

を $\boldsymbol{x}^1$ と $\boldsymbol{x}^2$ の**凸結合**（convex combination）という．凸結合の集まり

$$\{\boldsymbol{x} \in E^n | \boldsymbol{x} = \lambda\boldsymbol{x}^1+(1-\lambda)\boldsymbol{x}^2,\ 0 \leqq \lambda \leqq 1\}$$

を $\boldsymbol{x}^1$ と $\boldsymbol{x}^2$ を結ぶ（閉）**線分**（segment）といい，$[\boldsymbol{x}^1, \boldsymbol{x}^2]$ で表す．

また

$$\{\boldsymbol{x} \in E^n | \boldsymbol{x} = \lambda\boldsymbol{x}^1+(1-\lambda)\boldsymbol{x}^2,\ 0 < \lambda < 1\}$$

を $\boldsymbol{x}^1$ と $\boldsymbol{x}^2$ を結ぶ（開）線分といい $(\boldsymbol{x}^1, \boldsymbol{x}^2)$ で表す．

一般に E^n の有限個の点 $\boldsymbol{x}^1, \boldsymbol{x}^2, \cdots, \boldsymbol{x}^k$ に対して，条件

$$\lambda_1+\lambda_2+\cdots+\lambda_k = 1,\ \lambda_1 \geqq 0,\ \lambda_2 \geqq 0, \cdots, \lambda_k \geqq 0$$

を満たす $\lambda_1, \lambda_2, \cdots, \lambda_k$ を係数とした線形結合

$$\boldsymbol{x} = \lambda_1\boldsymbol{x}^1+\lambda_2\boldsymbol{x}^2+\cdots+\lambda_k\boldsymbol{x}^k$$

を $\boldsymbol{x}^1, \boldsymbol{x}^2, \cdots, \boldsymbol{x}^k$ の凸結合という.

定義 4.2（凸集合）

E^n の部分集合 S に対して，$\boldsymbol{x}^1$, $\boldsymbol{x}^2$ を S に属する任意の 2 点とするとき，その凸結合

$$\lambda\boldsymbol{x}^1+(1-\lambda)\boldsymbol{x}^2 \qquad 0 \leqq \lambda \leqq 1$$

が必ず S に属するという性質があるとき，集合 S を**凸集合**（convex set）という．すなわち $\boldsymbol{x}^1$, $\boldsymbol{x}^2$ を結ぶ（閉）線分が必ず S に含まれるとき，集合 S を凸集合であると定義する.

図 4.1 および図 4.2 にそれぞれ凸集合および**非凸集合**（nonconvex set）の例が示されている.

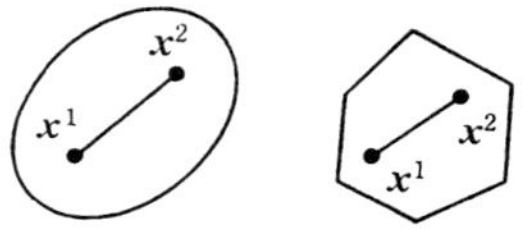

図 4.1　凸集合

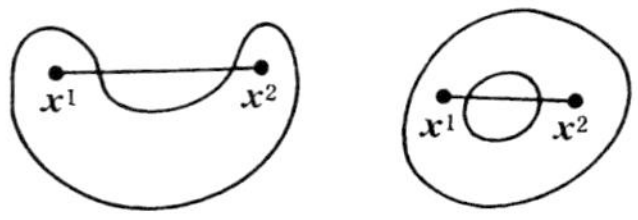

図 4.2　非凸集合

定理 4.1（凸集合の共通集合）

任意個の凸集合 S_i $(i \in I)$ の共通集合 $\bigcap_{i\in I} S_i$ もまた凸集合である.

証明

$\boldsymbol{x}^1$, $\boldsymbol{x}^2 \in \bigcap_{i\in I} S_i$ とすれば，すべての $i \in I$ に対して $\boldsymbol{x}^1$, $\boldsymbol{x}^2 \in S_i$ であり S_i は凸集合であるから $\lambda\boldsymbol{x}^1+(1-\lambda)\boldsymbol{x}^2 \in S_i(0 \leqq \lambda \leqq 1)$ が成り立つ．したがって $\lambda\boldsymbol{x}^1+(1-\lambda)\boldsymbol{x}^2 \in \bigcap_{i\in I} S_i$ となり $\bigcap_{i\in I} S_i$ もまた凸集合である.

Q. E. D.

定義 4.3（超平面）

E^n の零でない行ベクトル $\boldsymbol{a}$ と，実数 b を用いて定義される集合

$$H=\{\boldsymbol{x} \in E^n | \boldsymbol{a}\boldsymbol{x}=b\}$$

を $\boldsymbol{a}$ と b で決定される E^n の**超平面**（hyperplane）という.

定義 4.4（半空間）

超平面 H に対して

$$H^+ = \{\boldsymbol{x} \in E^n | \boldsymbol{ax} \geqq b\}$$
$$H^- = \{\boldsymbol{x} \in E^n | \boldsymbol{ax} \leqq b\}$$

をそれぞれ超平面 $\boldsymbol{ax} = b$ を境界にもつ**正の閉半空間** (positive closed half space), **負の閉半空間** (negative closed half space) という.

半空間は凸集合であり, $H^+ \cup H^- = E^n$ であることは容易にわかる.

定義 4.5 (凸体, 凸多面体)

有限個の閉半空間の共通部分として表される集合を**凸体** (convex polytope) という. 特に, 空でない有界な凸体は**凸多面体** (convex polyhedran) と呼ばれる.

図 4.3 に凸体および凸多面体の例が示されている.

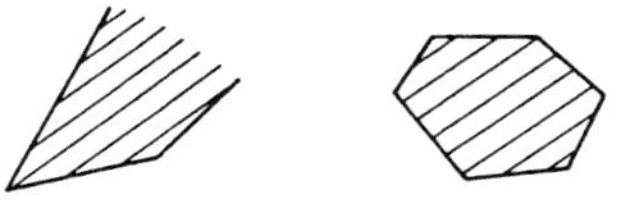

図 4.3 凸体

$$H_i = \{\boldsymbol{x} \in E^n | \boldsymbol{a}_i\boldsymbol{x} \geqq b_i\} \qquad i = 1, \cdots, m$$

とおき $\boldsymbol{a}_i$ を第 i 行とする $m \times n$ 行列を A, b_i を第 i 成分とする列ベクトルを $\boldsymbol{b}$ とすれば

$$P = \{\boldsymbol{x} \in E^n | A\boldsymbol{x} \geqq \boldsymbol{b}\}$$

は凸体である.

凸体の定義と定理 4.1 より明らかに凸体は凸集合となる.

定義 4.6 (端点, 辺)

E^n の凸集合 S に属する点 $\boldsymbol{x}$ が, それとは異なる S に属する互いに異なる 2 点 $\boldsymbol{x}^1$, $\boldsymbol{x}^2 (\neq \boldsymbol{x})$ の凸結合として

$$\boldsymbol{x} = \lambda\boldsymbol{x}^1 + (1-\lambda)\boldsymbol{x}^2 \qquad 0 < \lambda < 1$$

と表すことができない場合, $\boldsymbol{x}$ を S の**端点** (extreme point) という. すな

わち

$$\boldsymbol{x}=\lambda\boldsymbol{x}^1+(1-\lambda)\boldsymbol{x}^2,\quad \boldsymbol{x}^1,\boldsymbol{x}^2\in S\quad 0<\lambda<1 \Longrightarrow \boldsymbol{x}^1=\boldsymbol{x}^2=\boldsymbol{x}$$

のとき $\boldsymbol{x}$ は S の端点である.

また S に属する互いに異なる 2 点 $\boldsymbol{x}^1$, $\boldsymbol{x}^2$ を結ぶ開線分 $(\boldsymbol{x}^1, \boldsymbol{x}^2)$ 上の任意の点 $\boldsymbol{x}$ が，この線分上の 2 点以外の S の他の 2 点の凸結合で表すことができないとき，すなわち

$$\boldsymbol{x}=\lambda\boldsymbol{y}+(1-\lambda)\boldsymbol{z},\quad \boldsymbol{y},\ \boldsymbol{z}\in S\quad 0<\lambda<1$$

ならば $\boldsymbol{y}$, $\boldsymbol{z}$ はともに $\boldsymbol{x}^1$, $\boldsymbol{x}^2$ を結ぶ線分上にあるとき，線分 $[\boldsymbol{x}^1, \boldsymbol{x}^2]$ を S の**辺** (edge) という.

さらに 2 つの端点を結ぶ線分上のいかなる点もこの 2 つの端点の凸結合によってだけしか表すことができないとき，このような 2 つの端点は，互いに**隣接** (adjacent neighbour) しているという．すなわち，2 つの端点を結ぶ辺が存在するとき，これらの 2 つの端点は互いに隣接している.

凸集合には E^n 自身のように端点がまったくないものや，図 4.4 に示されているように端点が無数にあるものや，有限個のものがある.

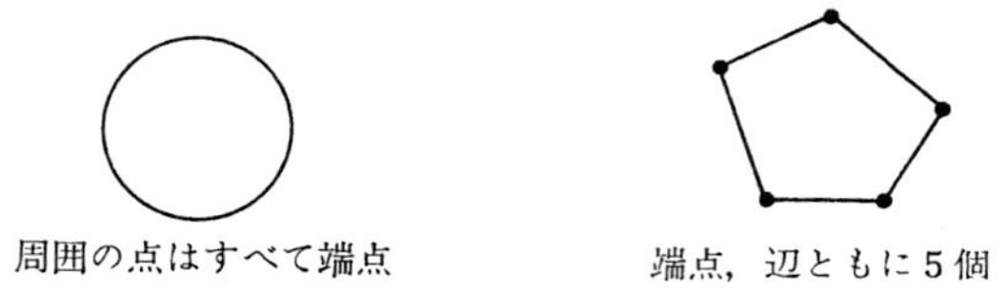

図 4.4 端点と辺

定義 4.7 (錐)

E^n の部分集合 C に対して，$\boldsymbol{x}$ を C に属する任意の点とするとき，すべての $\lambda\geqq 0$ に対して $\lambda\boldsymbol{x}$ が必ず C に属するという性質があるとき C を**錐** (cone) という.

定義 4.8 (凸錐)

錐 C が凸集合であるとき**凸錐** (convex cone) といわれる.

$m \times n$ 行列 A に対して

$$C = \{\boldsymbol{x} \in E^n | A\boldsymbol{x} = \boldsymbol{0},\ \boldsymbol{x} \geqq \boldsymbol{0}\}$$

は明らかに凸錐である.

図 4.5 に錐および凸錐の例が示されている.

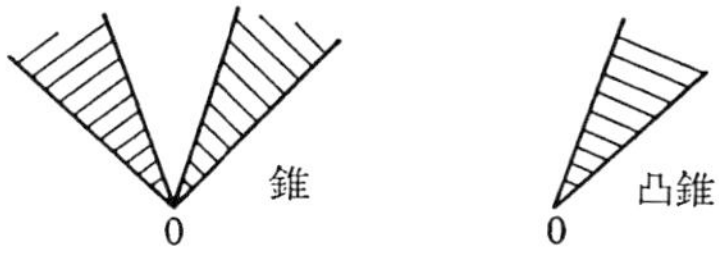

図 4.5 錐

定義 4.9 (射線)

E^n の点 $\boldsymbol{x} \neq \boldsymbol{0}$ に対して原点から出る (開) 半直線

$$\{\lambda\boldsymbol{x} \in E^n | \lambda > 0,\ \lambda \in E\}$$

を $\boldsymbol{x}$ 方向の**射線** (ray) あるいは $\boldsymbol{x}$ 方向の**半直線** (half line) という.

明らかに錐は錐の点の射線をすべて含み, 逆に錐はそのような射線の和集合である.

定義 4.10 (端線)

E^n の凸錐 C のある射線に属するすべての点が, その射線上の 2 点以外の凸結合で表すことができないとき, その射線を凸錐の**端線** (extreme ray) という.

4.2 凸体と線形計画法

これまで考えてきた標準形の線形計画問題の制約条件は, 次のような等式制約条件と非負条件であった.

$$A\boldsymbol{x} = \boldsymbol{b}, \quad \boldsymbol{x} \geqq \boldsymbol{0} \tag{4.1}$$

ここで A は $m \times n$ 行列, $\boldsymbol{b} = (b_1, b_2, \cdots, b_m)^T$, $\boldsymbol{x} = (x_1, x_2, \cdots, x_n)^T$ であり, $n > m$, $\mathrm{rank}(A) = m$ と仮定してきた. (4.1) は A の第 i 行を $\boldsymbol{a}_i$ とする n 次元行ベクトルを用いれば, 有限個の閉半空間の共通部分として

$$\left.\begin{array}{ll}\boldsymbol{a}_i\boldsymbol{x} \geqq b_i & i=1,\cdots,m\\ -\boldsymbol{a}_i\boldsymbol{x} \geqq -b_i & i=1,\cdots,m\\ x_j \geqq 0 & j=1,\cdots,n\end{array}\right\} \tag{4.2}$$

と書き直すことができるので，標準形の線形計画問題の実行可能領域は凸体であり，明らかに凸集合である．

このとき線形計画問題の実行可能領域である凸体を

$$K=\{\boldsymbol{x}\in E^n | A\boldsymbol{x}=\boldsymbol{b},\quad \boldsymbol{x}\geqq \boldsymbol{0}\} \tag{4.3}$$

とおけば凸体Kの端点と (4.1) の実行可能基底解の対応関係は次の定理によって与えられる．

定理 4.2（端点と実行可能基底解の等価性）

実行可能解 $\boldsymbol{x}$ が凸体 K の端点であるための必要十分条件は，$\boldsymbol{x}$ が (4.1) の実行可能基底解であることである．

証明

まず $\boldsymbol{x}=(x_1, x_2, \cdots, x_m, 0, 0, \cdots, 0)^T$ が実行可能基底解であるとすれば，定義より

$$x_1\boldsymbol{p}_1+x_2\boldsymbol{p}_2+\cdots+x_m\boldsymbol{p}_m=\boldsymbol{b}$$

ここで，$\boldsymbol{p}_1, \boldsymbol{p}_2, \cdots, \boldsymbol{p}_m$ はAの最初の m 列で線形独立である．$\boldsymbol{x}$ が K の端点でないとすれば，Kの他の2点 $\boldsymbol{y}, \boldsymbol{z}\in K$ によって

$$\boldsymbol{x}=\lambda\boldsymbol{y}+(1-\lambda)\boldsymbol{z},\quad 0<\lambda<1,\ \boldsymbol{y}\neq\boldsymbol{z}$$

と表される．$\boldsymbol{x}, \boldsymbol{y}, \boldsymbol{z}$ のすべての成分は非負で $x_{m+1}=x_{m+2}=\cdots=x_n=0$ であり $0<\lambda<1$ であるから，$\boldsymbol{y}, \boldsymbol{z}$ の最後の $(n-m)$ 個の成分は零でなければならない．したがって

$$y_1\boldsymbol{p}_1+y_2\boldsymbol{p}_2+\cdots+y_m\boldsymbol{p}_m=\boldsymbol{b}$$

$$z_1\boldsymbol{p}_1+z_2\boldsymbol{p}_2+\cdots+z_m\boldsymbol{p}_m=\boldsymbol{b}$$

しかし $\boldsymbol{p}_1, \boldsymbol{p}_2, \cdots, \boldsymbol{p}_m$ は線形独立であるから，$x_1=y_1=z_1$，$x_2=y_2=z_2$，$\cdots, x_m=y_m=z_m$ となり，したがって $\boldsymbol{x}=\boldsymbol{y}=\boldsymbol{z}$ である．このことは，$\boldsymbol{x}$ が K の端点であることを示している．

逆に $\boldsymbol{x}$ が凸体 K の端点であるとし，$\boldsymbol{x}$ の正の成分が最初の k 個であるとしよう．そのとき

$$x_1\boldsymbol{p}_1+x_2\boldsymbol{p}_2+\cdots+x_k\boldsymbol{p}_k=\boldsymbol{b},\quad x_i>0,\ i=1,2,\cdots,k$$

$\boldsymbol{x}$ が実行可能基底解であることを示すためには，$\boldsymbol{p}_1,\boldsymbol{p}_2,\cdots,\boldsymbol{p}_k$ が線形独立であることを示さなければならない．

もし $\boldsymbol{p}_1,\boldsymbol{p}_2,\cdots,\boldsymbol{p}_k$ が線形従属ならば

$$y_1\boldsymbol{p}_1+y_2\boldsymbol{p}_2+\cdots+y_k\boldsymbol{p}_k=\boldsymbol{0}$$

となるようなすべてが零ではないスカラー $y_1,y_2,\cdots,y_k$ が存在する．n 次元列ベクトル $\boldsymbol{y}$ を $\boldsymbol{y}=(y_1,y_2,\cdots,y_k,0,0,\cdots,0)^T$ と定義すれば $x_i>0,\ i=1,2,\cdots,k$ であるから任意の正数 ε に対して

$$(x_1\pm\varepsilon y_1)\boldsymbol{p}_1+(x_2\pm\varepsilon y_2)\boldsymbol{p}_2+\cdots+(x_k\pm\varepsilon y_k)\boldsymbol{p}_k=\boldsymbol{b}$$

となるから

$$\varepsilon_1=\min_{y_i>0}\frac{x_i}{y_i},\quad \varepsilon_2=\min_{y_i<0}\left(\frac{x_i}{-y_i}\right)$$

とおき，$\varepsilon=\min\{\varepsilon_1,\varepsilon_2\}$ と選べば，$\boldsymbol{x}+\varepsilon\boldsymbol{y}\in K,\ \boldsymbol{x}-\varepsilon\boldsymbol{y}\in K$ となる．このとき $\boldsymbol{x}=\dfrac{1}{2}(\boldsymbol{x}+\varepsilon\boldsymbol{y})+\dfrac{1}{2}(\boldsymbol{x}-\varepsilon\boldsymbol{y})$ となり，このことは，$\boldsymbol{x}$ が凸体 K の 2 つの異なるベクトルの凸結合で表されることを示しており，$\boldsymbol{x}$ が K の端点であることに矛盾する．したがって $\boldsymbol{p}_1,\boldsymbol{p}_2,\cdots,\boldsymbol{p}_k$ は線形独立となり，これに $(m-k)$ 個の線形独立なベクトルを追加することにより，$\boldsymbol{x}$ は (*4.1*) の実行可能基底解である．　　Q. E. D.

定理 4.2 で与えられる端点と実行可能基底解との等価性によれば，線形計画問題の制約集合を定義する凸体 K の幾何学的性質が明らかになる．

系 4.1

凸体 K の端点 $\boldsymbol{x}$ の成分中，零でないものの個数はたかだか m である．

$\boldsymbol{p}_1,\boldsymbol{p}_2,\cdots,\boldsymbol{p}_n$ は m 次元ベクトルであるから，$(m+1)$ 個以上の組合せは必ず線形従属になることにより，定理 4.2 を用いればこの系が示される．

系 4.2

凸体 K が空でなければ少なくとも 1 つの端点をもつ．

これは線形計画法の基本定理の前半と定理 4.2 により明らかである.

系 4.3

凸体 K はたかだか有限個の端点をもつ.

A の n 個の列から m 個の基底ベクトルを選ぶことによって得られる基底解は明らかに有限個であり，K の端点は，これらの基底解の部分集合であることによりこの系は示される.

非退化の仮定のもとでは，シンプレックス法の 1 回のピボット操作により，ある端点から隣接した次の端点に移ることができるということが，次の定理によって与えられる.

定理 4.3

非退化の仮定のもとで 1 つの実行可能基底解からピボット操作によって，次の実行可能基底解を得ることは，1 つの端点から隣接した他の端点に移動させることに対応する.

証明

1 つの実行可能基底解を $\bar{\boldsymbol{x}}=(\bar{b}_1, \bar{b}_2, \cdots, \bar{b}_m, 0, 0, \cdots, 0)^T$ とし 1 回のピボット操作によって x_1 の代わりに x_{m+1} を基底変数に入れた実行可能解を $\bar{\boldsymbol{x}}^*=(0, \bar{b}_2^*, \cdots, \bar{b}_m^*, \bar{b}_{m+1}^*, 0, \cdots, 0)^T$ とする. このとき $\bar{\boldsymbol{x}}$ と $\bar{\boldsymbol{x}}^*$ を結ぶ線分上の点

$$\boldsymbol{u}=(u_1, u_2, \cdots, u_m, \cdots, u_n)^T=\lambda\bar{\boldsymbol{x}}+(1-\lambda)\bar{\boldsymbol{x}}^* \qquad 0 \leqq \lambda \leqq 1$$

を考えると $u_{m+2}=u_{m+3}=\cdots=u_n=0$ でなければならず，$\boldsymbol{u}$ は $m+1$ 個の正の成分からなる.

いま $\boldsymbol{u}$ が凸体 K の $\bar{\boldsymbol{x}}, \bar{\boldsymbol{x}}^*$ 以外の他の 2 つの点 $\boldsymbol{y}=(y_1, y_2, \cdots, y_n)^T$, $\boldsymbol{z}=(z_1, z_2, \cdots, z_n)^T$ の凸結合で表せるとすれば明らかに $y_{m+2}=y_{m+3}=\cdots=y_n=0$, $z_{m+2}=z_{m+3}=\cdots=z_n=0$ となるので，$\boldsymbol{y}, \boldsymbol{z}$ の最初の m 個の成分は，それぞれそれらの $(m+1)$ 番目の成分の線形関数として表すことができる. 実際，凸体 K の点 $\boldsymbol{x}=(x_1, x_2, \cdots, x_m, \cdots, x_n)^T$ に対してその成分が

$x_{m+2}=x_{m+3}=\cdots=x_n=0,\ 0\leqq x_{m+1}\leqq\bar{b}^*_{m+1}$ であるようなすべての点に対して

$$x_i=\bar{b}_i-\bar{a}_{i,m+1}x_{m+1}\qquad i=1,2,\cdots,m$$

であるが，特に $\bar{\boldsymbol{x}}^*=(0,\bar{b}^*_2,\cdots,\bar{b}^*_m,\bar{b}^*_{m+1},0,0,\cdots,0)$ に対しては

$$\bar{b}^*_i=\bar{b}_i-\bar{a}_{i,m+1}\bar{b}^*_{m+1}\qquad i=1,2,\cdots,m$$

両辺に $\lambda=x_{m+1}/\bar{b}^*_{m+1}(0\leqq\lambda\leqq 1)$ を掛けて上の式から引けば

$$x_i=\lambda\bar{b}^*_i+(1-\lambda)\bar{b}_i\qquad i=1,2,\cdots,m$$

$$x_{m+1}=\lambda\bar{b}^*_{m+1}+(1-\lambda)0$$

$$x_{m+j}=\lambda 0\quad+(1-\lambda)0\qquad j=2,3,\cdots,n$$

このことは，$\boldsymbol{y}$, $\boldsymbol{z}$ は $\bar{\boldsymbol{x}}$ と $\bar{\boldsymbol{x}}^*$ を結ぶ線分上にあることを意味する．

Q. E. D.

ある点が空でない有界な凸体すなわち凸多面体Kに含まれるための必要十分条件は，その点が凸多面体の端点の凸結合で表されることであるということが，次の定理に示される．

定理 4.4（凸多面体の分解定理）

空でない有界な凸体すなわち凸多面体 $K=\{\boldsymbol{x}\in E^n|A\boldsymbol{x}=\boldsymbol{b},\ \boldsymbol{x}\geqq\boldsymbol{0}\}$ の任意の点 $\boldsymbol{x}\in K$ はKの端点の凸結合で表すことができる．すなわちKの端点を $\{\boldsymbol{v}^1,\boldsymbol{v}^2,\cdots,\boldsymbol{v}^l\}$ とすれば，$\boldsymbol{x}\in K$ は

$$\boldsymbol{x}=\sum_{i=1}^{l}\lambda_i\boldsymbol{v}^i,\quad \sum_{i=1}^{l}\lambda_i=1,\quad \lambda_i\geqq 0,\quad i=1,2,\cdots,l$$

と表現することができる．

証明

$\boldsymbol{x}\in K$ の正の成分の個数rに関する数学的帰納法により証明する．$\boldsymbol{0}$がKの点（すなわち $\boldsymbol{b}=\boldsymbol{0}$）であれば $\boldsymbol{x}=\boldsymbol{0}$ はKの端点であるから明らかに成り立つ．そこで正の成分が $r-1$ 個の $\boldsymbol{x}\in K$ に関しては定理が成立するものとして，r個の正の成分をもつ $\boldsymbol{x}\in K$ に対しても定理が成立することを示そう．一般性を失うことなく $\boldsymbol{x}$ の正の成分を最初のr個すなわち $x_1>0,\ x_2>0,\cdots,x_r>0,\ x_{r+1}=0,\cdots,x_n=0$ であるとする．

ここで $\boldsymbol{x}$ の r 個の正の成分に対応する A の列ベクトル $\boldsymbol{p}_1, \boldsymbol{p}_2, \cdots, \boldsymbol{p}_r$ が線形独立ならば，定理 4.2 より $\boldsymbol{x}$ は端点だから定理は成立する．もし $\boldsymbol{p}_1, \boldsymbol{p}_2, \cdots, \boldsymbol{p}_r$ が線形従属であれば

$$y_1\boldsymbol{p}_1+y_2\boldsymbol{p}_2+\cdots+y_r\boldsymbol{p}_r=\boldsymbol{0}$$

となるようなすべてが零ではないスカラー $y_1, y_2, \cdots, y_r$ が存在する．そこで，定理 4.2 の証明と同様に

$$\varepsilon_1=\min_{y_i>0}\frac{x_i}{y_i}, \quad \varepsilon_2=\min_{y_i<0}\frac{x_i}{-y_i}$$

とおけば K は凸多面体であり，有界であることより ε_1, ε_2 は有限値をとることがわかる．$x_i^1=x_i-\varepsilon_1 y_i$, $x_i^2=x_i+\varepsilon_2 y_i$, $i=1,\cdots,r$ とおき，2つの n 次元ベクトル $\boldsymbol{x}^1$, $\boldsymbol{x}^2$ を $\boldsymbol{x}^1=(x_1^1,\cdots,x_r^1,0,\cdots,0)^T$, $\boldsymbol{x}^2=(x_1^2,\cdots,x_r^2,0,\cdots,0)^T$ と定義すれば $\boldsymbol{x}^1\in K$, $\boldsymbol{x}^2\in K$ であり，その正の成分の数は $r-1$ 個以下となる．したがって，帰納法の仮定により

$$\boldsymbol{x}^1=\sum_{i=1}^{l}\lambda_i^1\boldsymbol{v}^i, \quad \sum_{i=1}^{l}\lambda_i^1=1, \quad \lambda_i^1\geqq 0,\ i=1,\cdots,l$$

$$\boldsymbol{x}^2=\sum_{i=1}^{l}\lambda_i^2\boldsymbol{v}^i, \quad \sum_{i=1}^{l}\lambda_i^2=1, \quad \lambda_i^2\geqq 0,\ i=1,\cdots,l$$

と表現することができる．ここで $\alpha=\varepsilon_2/(\varepsilon_1+\varepsilon_2)$ とおけば $\boldsymbol{x}=\alpha\boldsymbol{x}^1+(1-\alpha)\times\boldsymbol{x}^2$ と表すことができるから，新たに $\lambda_i=\alpha\lambda_i^1+(1-\alpha)\lambda_i^2$ とすれば $\boldsymbol{x}$ は

$$\boldsymbol{x}=\sum_{i=1}^{l}\alpha\lambda_i^1\boldsymbol{v}^i+\sum_{i=1}^{l}(1-\alpha)\lambda_i^2\boldsymbol{v}^i=\sum_{i=1}^{l}\lambda_i\boldsymbol{v}^i$$

と表すことができる．　Q. E. D.

定理 4.4 の結果を K が有界でない凸体の場合に拡張すれば次の結果が成り立つ．

定理 4.5（凸体の分解定理）

空でない凸体 $K=\{\boldsymbol{x}\in E^n|A\boldsymbol{x}=\boldsymbol{b},\ \boldsymbol{x}\geqq\boldsymbol{0}\}$ の任意の点 $\boldsymbol{x}\in K$ は，K の端点の凸結合と凸錐 $C=\{\boldsymbol{x}\in E^n|A\boldsymbol{x}=\boldsymbol{0},\ \boldsymbol{x}\geqq\boldsymbol{0}\}$ の端線上の点の非負線形結合の和で表すことができる．すなわち K の端点を $\{\boldsymbol{v}^1,\cdots,\boldsymbol{v}^l\}$，$C$ の端線上の点を $\{\boldsymbol{w}^1,\cdots,\boldsymbol{w}^k\}$ とすれば，$\boldsymbol{x}\in K$ は

$$x = \sum_{i=1}^{l} \lambda_i v^i + \sum_{j=1}^{k} \mu_j w^j$$

$$\sum_{i=1}^{l} \lambda_i = 1, \quad \lambda_i \geqq 0 \quad i = 1, \cdots, l; \ \mu_j \geqq 0 \quad j = 1, \cdots, k$$

と表現することができる.

この定理の証明も定理 4.4 の証明で，ε_1, ε_2 のうち少なくとも一方が有限値をとるという点が異なることに注意して，$x \in K$ の正の成分の個数に関する数学的帰納法によればよい.

定理 4.4 を用いれば K が空でない有界な凸体，すなわち凸多面体の場合，線形計画問題の目的関数は端点で最小値をとるという定理の直接的な簡単な証明を行うことができる.

定理 4.6

標準形の線形計画問題に実行可能解が存在すれば，目的関数 cx は凸多面体 K のある端点でその最小値をとる.

証明

$v^1, v^2, \cdots, v^l$ を凸多面体 K の端点であるとしよう．そのとき K のすべての点は

$$x = \sum_{i=1}^{l} \lambda_i v^i, \quad \sum_{i=1}^{l} \lambda_i = 1, \ \lambda_i \geqq 0 \quad i = 1, \cdots, l$$

と表現することができる．したがって $cx = \sum_{i=1}^{l} \lambda_i (cv^i)$ であり

$$cv^0 = \min_{1 \leqq i \leqq l} \{cv^i\}$$

とおけば

$$cx \geqq \sum_{i=1}^{l} \lambda_i (cv^0) = cv^0$$

となり端点 v^0 は cx の最小値を与える. Q. E. D.

K が有界でない場合には定理 4.5 を用いれば容易に次の系が導かれる.

系 4.4

標準形の線形計画問題に実行可能解が存在するとき，この問題が最適解をもつための必要十分条件は，凸錐 $C=\{\boldsymbol{x}\in E^n|A\boldsymbol{x}=\boldsymbol{0},\ \boldsymbol{x}\geqq\boldsymbol{0}\}$ のすべての端線 $\boldsymbol{w}^j$ に対して $\boldsymbol{c}\boldsymbol{w}^j\geqq 0$ となることである．さらに，もしCのある端線 $\boldsymbol{w}^j$ に対して $\boldsymbol{c}\boldsymbol{w}^j<0$ ならばこの問題は有界ではない．

以上の議論に基づきシンプレックス法を幾何学的に考察すれば，次のようにいえる．もし標準形の線形計画問題の最適解が存在すれば，定理4.6によって端点で最小値をとる．また定理4.2によれば端点は実行可能基底解に対応するから最適解は実行可能基底解に含まれる．よって最適解を求めるためにはシンプレックス法のように実行可能基底解のみを調べればよい．定理4.3によれば実行可能基底解を調べていくピボット操作は，互いに隣接した端点間の移動を意味している．

問　題　4

1. 次の集合のうち凸集合であるものをあげよ．

（1） E^n 全体

（2） 1点 $a\in E^n$ のみからなる集合 $\{a\}$

（3） $\{(x_1,\ x_2)|2x_1^2+3x_2^2\leqq 6\}$

（4） $\{(x_1,\ x_2)|x_1x_2\leqq 1,\ x_1\geqq 0,\ x_2\geqq 0\}$

（5） $\{(x_1,\ x_2)|x_1\geqq 5,\ x_2\leqq 2\}$

（6） $\{(x_1,\ x_2)|x_1-x_2^3\geqq 0,\ x_1\leqq 1,\ x_2\geqq 0\}$

2. 凸集合の和集合は必ずしも凸集合にはならないことを簡単な例により示せ．

3. E^n の任意の集合 S が凸集合であるための必要十分条件は，任意の自然数 r に対して，Sの任意の r 個の点の凸結合がSに含まれることであることを，rに関する数学的帰納法により証明せよ．

4. E^n の錐Cが与えられたとき

$$C^*=\{\boldsymbol{y}\in E^n|\boldsymbol{y}^T\boldsymbol{x}\leqq 0,\ \boldsymbol{x}\in C\}$$

で定義される E^n の部分集合は錐であることを示せ．（この C^* を C の**極錐** (polar cone)，または**双対錐** (dual cone) という．）

また E^n の2つの錐 C_1 と C_2 に対して，$C_1\subset C_2$ ならば $C_1^*\supset C_2^*$ であることを示せ．

5.　定理 4.5 を証明せよ.

6.　系 4.4 を証明せよ.

7.　E^n の凸集合 S 上で定義される関数 $f(\boldsymbol{x})$ が任意の $\boldsymbol{x}^1$, $\boldsymbol{x}^2 \in S$ と任意の $\lambda \in [0,1]$ に対して

$$f(\lambda \boldsymbol{x}^1 + (1-\lambda)\boldsymbol{x}^2) \leqq \lambda f(\boldsymbol{x}^1) + (1-\lambda) f(\boldsymbol{x}^2)$$

となるとき, $f(\boldsymbol{x})$ は S において**凸** (convex) であるという. また $-f(\boldsymbol{x})$ が**凸関数** (convex function) であるとき, $f(\boldsymbol{x})$ は**凹関数**(concave function)であるという. この定義によれば, 標準形の線形計画問題の目的関数 $z(\boldsymbol{x}) = \boldsymbol{cx}$ は, その実行可能領域において凸かつ凹であることを示せ.

5. 改訂シンプレックス法

シンプレックス・タブローの構造を注意深く検討すれば，あるタブローから次のタブローに移るとき，タブローのすべての要素を必要とはしないことに気がつく．いいかえれば，相対費用係数により決定されるタブローのただ1つの列と基底変数の値だけを用いればピボット項を定めることができるわけである．ここで，これらの情報は，初期のタブローの数値と基底行列の逆行列から容易に求められることがわかる．本章では，このような考えに基づいて考案された改訂シンプレックス法について，行列形式による解説を行う．さらに基底逆行列の電子計算機への記憶方法をも考慮した手法として，積形式の逆行列を用いる改訂シンプレックス法について述べる．

5.1 改訂シンプレックス法

シンプレックス法の手順を実施してタブローを次々と書き換えていくとき，あるタブローから次のタブローに移る際に，どれだけの情報が必要であるかをもう一度よく考えてみよう．それは

（1） 相対費用係数 $\bar{c}_j$ が必要で，これにより $\min_{\bar{c}_j<0} \bar{c}_j = \bar{c}_s$ となる s を求める．

（2） $\bar{c}_s < 0$ ならば，対応する非基底変数の列（ピボット列とも呼ばれる）の要素

$$\bar{\boldsymbol{p}}_s = (\bar{a}_{1s}, \bar{a}_{2s}, \cdots, \bar{a}_{ms})^T$$

と基底変数の値

$$\boldsymbol{x}_B = \bar{\boldsymbol{b}} = (\bar{b}_1, \bar{b}_2, \cdots, \bar{b}_m)^T$$

が必要で，これらにより

$$\frac{\bar{b}_r}{\bar{a}_{rs}} = \min_{\bar{a}_{is}>0} \frac{\bar{b}_i}{\bar{a}_{is}}$$

となる r を求め，$\bar{a}_{rs}$ に関するピボット操作を行い，タブローを書き換

える.

したがって，(2) ではタブローのただ1つの非基底変数の列 $\bar{\boldsymbol{p}}_s$ だけが必要であることに注意しよう．特に行よりも列の数が多い問題では，不必要な s 以外の列 $\bar{\boldsymbol{p}}_j$ を取り扱うことはむだである．そこで，より効果的な手順は初期タブローの数値を用いてまず $\bar{c}_j$ を求め，それから $\bar{\boldsymbol{p}}_s$，$\bar{\boldsymbol{b}}$ を求めることである．このような観点から考案されたのが**改訂シンプレックス法** (revised simplex method) であり，基底行列の逆行列をもとに，必要な情報だけを初期タブローからそのつど引き出して用いるため，メモリーが節約され，タブローの書き換えのたびに発生する丸めの誤差の累積もある程度避けられるという利点がある.

標準形の線形計画問題を列形式で表せば，次のようになる.

$$\text{minimize} \quad z = c_1x_1 + c_2x_2 + \cdots + c_nx_n \tag{5.1}$$

$$\text{subject to} \quad \boldsymbol{p}_1x_1 + \boldsymbol{p}_2x_2 + \cdots + \boldsymbol{p}_nx_n = \boldsymbol{b} \tag{5.2}$$

$$x_j \geqq 0 \quad j = 1, 2, \cdots, n \tag{5.3}$$

ここで

$$\boldsymbol{p}_j = (a_{1j}, a_{2j}, \cdots, a_{mj})^T \quad j = 1, 2, \cdots, n \tag{5.4}$$

は行列 A の第 j 列を表すベクトルである.

再び，$n > m$ で $\text{rank}(A) = m$ であると仮定しよう．この問題の基底行列 B および対応する基底解 $\boldsymbol{x}_B$ と目的関数の係数のベクトル $\boldsymbol{c}_B$ を次のように表す.

$$B = [\boldsymbol{p}_{j_1}, \boldsymbol{p}_{j_2}, \cdots, \boldsymbol{p}_{j_m}] \tag{5.5}$$

$$\boldsymbol{x}_B = (x_{j_1}, x_{j_2}, \cdots, x_{j_m})^T \tag{5.6}$$

$$\boldsymbol{c}_B = (c_{j_1}, c_{j_2}, \cdots, c_{j_m}) \tag{5.7}$$

ここで $j_1, j_2, \cdots, j_m$ は1から n までの適当な整数値をとり，$\boldsymbol{c}_B$ は行ベクトルであることに注意しよう.

さて，ベクトル $\boldsymbol{x}_B$ は

$$B\boldsymbol{x}_B = \boldsymbol{b} \tag{5.8}$$

を満たしているので，基底解は

$$\boldsymbol{x}_B = B^{-1}\boldsymbol{b} = \bar{\boldsymbol{b}} \tag{5.9}$$

で与えられる．ここで B は実行可能基底行列であると仮定しよう．すなわち

$$\boldsymbol{x}_B \geqq \mathbf{0} \tag{5.10}$$

としよう．

3章と同様に，z の式を $(m+1)$ 番目の式として取り扱い，この式を (5.2) に含めて，$(-z)$ を永久基底変数とする拡張した連立方程式は次のような列形式で書ける．

$$\sum_{j=1}^{n} \hat{\boldsymbol{p}}_j x_j + \hat{\boldsymbol{p}}_{n+1}(-z) = \hat{\boldsymbol{b}} \tag{5.11}$$

ここで

$$\hat{\boldsymbol{p}}_j = (a_{1j}, a_{2j}, \cdots, a_{mj}, c_j)^T \qquad j = 1, 2, \cdots, n \tag{5.12}$$

$$\hat{\boldsymbol{p}}_{n+1} = (0, 0, \cdots, 0, 1)^T \tag{5.13}$$

$$\hat{\boldsymbol{b}} = (b_1, b_2, \cdots, b_m, 0)^T \tag{5.14}$$

B は実行可能基底行列であるから，$(m+1)\times(m+1)$ 行列

$$\hat{B} = [\hat{\boldsymbol{p}}_{j_1}, \cdots, \hat{\boldsymbol{p}}_{j_m}, \hat{\boldsymbol{p}}_{n+1}] = \left[\begin{array}{c|c} B & \mathbf{0} \\ \hline \boldsymbol{c}_B & 1 \end{array}\right] \tag{5.15}$$

は拡張された方程式 (5.11) に対する実行可能基底行列である．

$\hat{B}$ の逆行列 $\hat{B}^{-1}$ が次のようになることは，直接これらの行列の積を計算すれば単位行列になることより，容易に証明できる．

$$\hat{B}^{-1} = \left[\begin{array}{c|c} B^{-1} & \mathbf{0} \\ \hline -\boldsymbol{c}_B B^{-1} & 1 \end{array}\right] \tag{5.16}$$

$(m+1)\times(m+1)$ 行列 $\hat{B}$ を**拡大基底行列** (enlarged basis matrix)，その逆行列 $\hat{B}^{-1}$ を**拡大基底逆行列** (enlarged basis inverse matrix) と呼ぶ．

ここで，標準形の線形計画問題に対する**シンプレックス乗数ベクトル** (simplex multiplier vector) の概念を導入する．

定義 5.1 (シンプレックス乗数ベクトル)

次の行ベクトル $\boldsymbol{\pi}$ を基底行列 B に関するシンプレックス乗数ベクトルという．

$$\boldsymbol{\pi} = (\pi_1, \pi_2, \cdots, \pi_m) = \boldsymbol{c}_B B^{-1} \tag{5.17}$$

シンプレックス乗数ベクトルは，次のように定義してもよい．

制約条件式 (5.2) の m 個の各式の両辺に，順に $\pi_1, \pi_2, \cdots, \pi_m$ なる未定乗数を掛けて目的関数 z の式 (5.1) の両辺から引けば

$$z - \boldsymbol{\pi b} = \sum_{j=1}^{n} (c_j - \boldsymbol{\pi p}_j) x_j$$

となるが，ここで右辺の基底変数 $x_{j_1}, x_{j_2}, \cdots, x_{j_m}$ の係数が零となるように $\pi_1, \pi_2, \cdots, \pi_m$ を定めてみよう．すなわち

$$c_j - \boldsymbol{\pi p}_j = 0 \qquad j = j_1, j_2, \cdots, j_m \tag{5.18}$$

とおき，行列形式で表せば

$$\boldsymbol{\pi} B = \boldsymbol{c}_B \tag{5.19}$$

となるが，この式の解は $\boldsymbol{c}_B B^{-1}$ となり，実はこれがシンプレックス乗数ベクトル $\boldsymbol{\pi} = \boldsymbol{c}_B B^{-1}$ である．したがって，$\boldsymbol{\pi}$ はそれをもとの等式制約条件式の列ベクトルに掛け，この結果を z の式から引いたときに，基底変数の係数が零になるようなベクトルであると定義してもよい．

シンプレックス乗数ベクトルを用いれば，拡大基底逆行列は次のように表される．

$$\hat{B}^{-1} = \left[\begin{array}{c|c} B^{-1} & \boldsymbol{0} \\ \hline -\boldsymbol{\pi} & 1 \end{array}\right] \tag{5.20}$$

(5.11) の各列に $\hat{B}^{-1}$ を掛けると次のような正準形が得られる．

$$\begin{array}{ccccc} x_{j_1} & & & & \bar{b}_1 \\ & \ddots & + \displaystyle\sum_{j:\text{非基底}} \bar{\boldsymbol{p}}_j x_j = & & \vdots \\ & & x_{j_m} & & \bar{b}_m \\ & & -z + \displaystyle\sum_{j:\text{非基底}} \bar{c}_j x_j = -\bar{z} & & \end{array} \tag{5.21}$$

ここで，次の関係が成立していることに注意しよう．

$$\begin{pmatrix} \bar{\boldsymbol{p}}_j \\ \bar{c}_j \end{pmatrix} = \left[\begin{array}{c|c} B^{-1} & \boldsymbol{0} \\ \hline -\boldsymbol{\pi} & 1 \end{array}\right] \begin{pmatrix} \boldsymbol{p}_j \\ c_j \end{pmatrix} = \begin{pmatrix} B^{-1}\boldsymbol{p}_j \\ c_j - \boldsymbol{\pi p}_j \end{pmatrix} \tag{5.22}$$

$$\begin{pmatrix} \bar{\boldsymbol{b}} \\ -\bar{z} \end{pmatrix} = \left[\begin{array}{c|c} B^{-1} & \boldsymbol{0} \\ \hline -\boldsymbol{\pi} & 1 \end{array}\right] \begin{pmatrix} \boldsymbol{b} \\ 0 \end{pmatrix} = \begin{pmatrix} B^{-1}\boldsymbol{b} \\ -\boldsymbol{\pi b} \end{pmatrix} \tag{5.23}$$

したがって，特に更新された列ベクトルと相対費用係数は

$$\bar{\boldsymbol{p}}_j = B^{-1}\boldsymbol{p}_j \tag{5.24}$$

$$\bar{c}_j = c_j - \boldsymbol{\pi}\boldsymbol{p}_j \tag{5.25}$$

この 2 式は拡大基底逆行列 $\hat{B}^{-1}$，すなわち等価的に B^{-1} とシンプレックス乗数 $\boldsymbol{\pi}$ が与えられたとき，シンプレックス法の計算を行うのに必要な $\bar{c}_j$ と $\bar{\boldsymbol{p}}_j$ の値を初期タブローの c_j と $\boldsymbol{p}_j$ の値から計算する方法を示している．

さて (5.25) から計算された $\bar{c}_j$ のうち最小の $\bar{c}_s$ が求められ，次に $\bar{\boldsymbol{p}}_s = (\bar{a}_{1s}, \cdots, \bar{a}_{ms})^T$ が (5.24) から計算されたとしよう．このとき基底変数の値 $\bar{\boldsymbol{b}}$ がサイクルのはじめにわかっていれば，直ちにピボット項 $\bar{a}_{rs}$ を決定できる．

しかし，x_s を基底に入れ x_{j_r} を出すこと，すなわち，新しい拡大基底行列 $\hat{B}^*$ の逆行列 $\hat{B}^{*-1}$ を求めることが残されている．ここで，新しい基底行列 B^* の拡大基底行列 $\hat{B}^*$ は $\hat{B}$ と比べると第 r 列が変更されただけで残りの部分は等しく，$\hat{B}^{*-1}$ は (5.20) と同じ構造をしていることに注意しよう．

さて x_s を r 番目の基底変数としたとき x_{j_r} が非基底変数になるため，現在の基底行列

$$B = [\boldsymbol{p}_{j_1}, \boldsymbol{p}_{j_2}, \cdots, \boldsymbol{p}_{j_r}, \cdots, \boldsymbol{p}_{j_m}] \tag{5.26}$$

から $\boldsymbol{p}_{j_r}$ を取り除き，その代わりに $\boldsymbol{p}_s$ を追加した新たな基底行列

$$B^* = [\boldsymbol{p}_{j_1}, \boldsymbol{p}_{j_2}, \cdots, \boldsymbol{p}_s, \cdots, \boldsymbol{p}_{j_m}] \tag{5.27}$$

に変化したとき，$\hat{B}^{*-1}$ を直接計算しないで†，$\bar{a}_{rs}$ に関するピボット操作により，$\hat{B}^{-1}$ から $\hat{B}^{*-1}$ が求められることを次に示そう．

まず $(m+1)\times(m+1)$ 正方行列 $\hat{E}$ を次のように定める．

$$\hat{E} = \begin{bmatrix} 1 & -\bar{a}_{1s}/\bar{a}_{rs} & & \\ & \ddots \vdots & & \\ & 1/\bar{a}_{rs} & & \\ & \vdots \ddots & & \\ & -\bar{a}_{ms}/\bar{a}_{rs} & 1 & \\ & -\bar{c}_s/\bar{a}_{rs} & & 1 \end{bmatrix} \tag{5.28}$$
$$\uparrow$$
$$r\text{ 列}$$

$\hat{E}$ は $(m+1)\times(m+1)$ 単位行列の第 r 列を上から順に $-\bar{a}_{1s}/\bar{a}_{rs}, \cdots, -\bar{a}_{r-1,s}/\bar{a}_{rs}, 1/\bar{a}_{rs}, -\bar{a}_{r+1,s}/\bar{a}_{rs}, \cdots, -\bar{a}_{ms}/\bar{a}_{rs}, -\bar{c}_s/\bar{a}_{rs}$ で置き換えた正則行列である．

† めんどうな逆行列の計算を直接いちいちやり直すのでは改訂法の意味が失われることに注意しよう．

このとき

$$\hat{B}^*\hat{E} = \left[\begin{array}{c|c} \overset{\substack{r\text{列}\\ \downarrow}}{}\boldsymbol{p}_{j_1}, \cdots, \boldsymbol{p}_s, \cdots, \boldsymbol{p}_{j_m} & \boldsymbol{0} \\ \hline c_{j_1}, \cdots, c_s, \cdots, c_{j_m} & 1 \end{array}\right]\hat{E} \tag{5.29}$$

$$= \left[\begin{array}{c|c} \boldsymbol{p}_{j_1}, \cdots, -\dfrac{\bar{a}_{1s}}{\bar{a}_{rs}}\boldsymbol{p}_{j_1} - \cdots + \dfrac{1}{\bar{a}_{rs}}\boldsymbol{p}_s - \cdots - \dfrac{\bar{a}_{ms}}{\bar{a}_{rs}}\boldsymbol{p}_{j_m}, \cdots, \boldsymbol{p}_{j_m} & \boldsymbol{0} \\ \hline c_{j_1}, \cdots, \underbrace{-\dfrac{\bar{a}_{1s}}{\bar{a}_{rs}}c_{j_1} - \cdots + \dfrac{1}{\bar{a}_{rs}}c_s - \cdots - \dfrac{\bar{a}_{ms}}{\bar{a}_{rs}}c_{j_m}}_{\substack{\uparrow \\ r\text{列}}}, \cdots, c_{j_m} & 1 \end{array}\right] \tag{5.30}$$

となるが，$\bar{\boldsymbol{p}}_s = B^{-1}\boldsymbol{p}_s$ であるから

$$\boldsymbol{p}_s = B\bar{\boldsymbol{p}}_s = \bar{a}_{1s}\boldsymbol{p}_{j_1} + \cdots + \bar{a}_{rs}\boldsymbol{p}_{j_r} + \cdots + \bar{a}_{ms}\boldsymbol{p}_{j_m} \tag{5.31}$$

となり，$\bar{a}_{rs} \neq 0$ より

$$\boldsymbol{p}_{j_r} = -\frac{\bar{a}_{1s}}{\bar{a}_{rs}}\boldsymbol{p}_{j_1} - \cdots + \frac{1}{\bar{a}_{rs}}\boldsymbol{p}_s - \cdots - \frac{\bar{a}_{ms}}{\bar{a}_{rs}}\boldsymbol{p}_{j_m} \tag{5.32}$$

を得る．また，$\bar{c}_s = c_s - \boldsymbol{c}_B B^{-1}\boldsymbol{p}_s = c_s - \boldsymbol{c}_B\bar{\boldsymbol{p}}_s$ は零となるから

$$c_s - \bar{a}_{1s}c_{j_1} - \cdots - \bar{a}_{rs}c_{j_r} - \cdots - \bar{a}_{ms}c_{j_m} = 0 \tag{5.33}$$

となり，再び，$\bar{a}_{rs} \neq 0$ より

$$c_{j_r} = -\frac{\bar{a}_{1s}}{\bar{a}_{rs}}c_{j_1} - \cdots + \frac{1}{\bar{a}_{rs}}c_s - \cdots - \frac{\bar{a}_{ms}}{\bar{a}_{rs}}c_{j_m} \tag{5.34}$$

を得る．

(5.32) と (5.34) の右辺は行列 (5.30) の第 r 列と同じであるから，(5.30) の第 r 列を，(5.32) および (5.34) の左辺で置き換えることにより，次の式を得る．

$$\hat{B}^*\hat{E} = \hat{B} \tag{5.35}$$

ここで，$\hat{B}^*$ および $\hat{E}$ は正則行列であるから，新しい拡大基底行列の逆行列 $\hat{B}^{*-1}$ は $\hat{B}^{-1}$ と $\hat{E}$ を用いて

$$\hat{B}^{*-1} = \hat{E}\hat{B}^{-1} \tag{5.36}$$

によって計算されることがわかる．

しかし，ここで

$$\hat{B}^{*-1}=\left[\begin{array}{c|c}\beta_{ij}^{*} & \mathbf{0}\\ \hline -\pi_j^{*} & 1\end{array}\right],\qquad \hat{B}^{-1}=\left[\begin{array}{c|c}\beta_{ij} & \mathbf{0}\\ \hline -\pi_j & 1\end{array}\right] \tag{5.37}$$

とおき，(5.36) の右辺を実際に計算すれば

$$\left.\begin{array}{ll}\beta_{rj}^{*}=\dfrac{1}{\bar{a}_{rs}}\beta_{rj} & j=1,2,\cdots,m\\[2ex] \beta_{ij}^{*}=\beta_{ij}-\dfrac{\bar{a}_{is}}{\bar{a}_{rs}}\beta_{rj} & \begin{array}{l}i=1,2,\cdots,m,\quad i\neq r\\ j=1,2,\cdots,m\end{array}\\[2ex] -\pi_j^{*}=-\pi_j-\dfrac{\bar{c}_s}{\bar{a}_{rs}}\beta_{rj} & j=1,2,\cdots,m\end{array}\right\} \tag{5.38}$$

となり，このことは，$\bar{a}_{rs}$ に関するピボット操作により，$\hat{B}^{-1}$ から $\hat{B}^{*-1}$ すなわち B^{*-1} と $\boldsymbol{\pi}^*$ が求められることを示している．また新しい拡大基底行列 $\hat{B}^*$ に対する $\bar{\boldsymbol{b}}$, $\bar{z}$ の値に * をつけて表せば

$$\begin{pmatrix}\bar{\boldsymbol{b}}^*\\ -\bar{z}^*\end{pmatrix}=\hat{B}^{*-1}\begin{pmatrix}\boldsymbol{b}\\ 0\end{pmatrix}=\hat{E}\hat{B}^{-1}\begin{pmatrix}\boldsymbol{b}\\ 0\end{pmatrix}=\hat{E}\begin{pmatrix}B^{-1}\boldsymbol{b}\\ -\boldsymbol{\pi}\boldsymbol{b}\end{pmatrix}=\hat{E}\begin{pmatrix}\bar{\boldsymbol{b}}\\ -\bar{z}\end{pmatrix} \tag{5.39}$$

と書ける．すなわち新しい $\hat{B}^*$ に対する $\bar{\boldsymbol{b}}, \bar{z}$ の値はもとの $\hat{B}$ に対する $\begin{pmatrix}\bar{\boldsymbol{b}}\\ -\bar{z}\end{pmatrix}$ に左から実際に $\hat{E}$ を掛けることによって

$$\left.\begin{array}{l}\bar{b}_r^{*}=\dfrac{\bar{b}_r}{\bar{a}_{rs}}\\[2ex] \bar{b}_i^{*}=\bar{b}_i-\dfrac{\bar{a}_{is}}{\bar{a}_{rs}}\bar{b}_r\ \ (i\neq r)\\[2ex] -\bar{z}^{*}=-\bar{z}-\dfrac{\bar{c}_s}{\bar{a}_{rs}}\bar{b}_r\end{array}\right\} \tag{5.40}$$

となり，同じ $\bar{a}_{rs}$ に関するピボット操作により得られることがわかる．

$\hat{E}$ を (5.11) の左から掛けることが1回のピボット操作に対応するので，$\hat{E}$ は**ピボット行列** (pivot matrix)，あるいは**基本行列** (elementary matrix) と呼ばれることもある．

改訂シンプレックス法の手順

初期の実行可能基底解に対する逆行列 B^{-1} がわかっているものとしよう．そのほか初期タブローの A, $\boldsymbol{b}$ および $\boldsymbol{c}$ はもちろん与えられている．

手順0：

B^{-1} をもとにして

$$\boldsymbol{\pi} = \boldsymbol{c}_B B^{-1}$$

$$\boldsymbol{x}_B = \bar{\boldsymbol{b}} = B^{-1}\boldsymbol{b}$$

$$\bar{z} = \boldsymbol{\pi}\boldsymbol{b}$$

を計算し，表 5.1 の $\hat{B}^{-1}$, $\hat{\bar{\boldsymbol{b}}}$ の部分に記入する．

表 5.1 改訂シンプレックス・タブロー

基底	$\hat{B}^{-1}$		$\hat{\bar{\boldsymbol{b}}}$	$\hat{\bar{\boldsymbol{p}}}_s$
x_{j_1} ⋮ x_{j_r} ⋮ x_{j_m}	B^{-1}	$\boldsymbol{0}$	$\bar{\boldsymbol{b}}$	$\bar{\boldsymbol{p}}_s$
$-z$	$-\boldsymbol{\pi}$	1	$-\bar{z}$	$\bar{c}_s$

手順 1：

（1） 非基底変数に対する相対費用係数 $\bar{c}_j$ を次式により計算する．

$$\bar{c}_j = c_j - \boldsymbol{\pi}\boldsymbol{p}_j$$

この操作は列 $\boldsymbol{p}_j$ に**値段をつける** (pricing out) ともいわれる．

（2） 通常の列の選択規則を用いれば

$$\min_{\bar{c}_j<0} \bar{c}_j = \bar{c}_s$$

となる s を求める．$\bar{c}_s \geqq 0$ ならばこのときの基底解は最適解となり，終了．

手順 2：

$\bar{c}_s < 0$ ならば

$$\bar{\boldsymbol{p}}_s = B^{-1}\boldsymbol{p}_s$$

を計算する．$\bar{\boldsymbol{p}}_s = (\bar{a}_{1s}, \bar{a}_{2s}, \cdots, \bar{a}_{ms})^T$ に対して，すべての $\bar{a}_{is} \leqq 0$ ならば，最小値が有界でないという情報を得て終了．ここで

$$\hat{\boldsymbol{x}} = \begin{pmatrix} \boldsymbol{x}_B \\ \hdashline \boldsymbol{0} \end{pmatrix} + x_s \begin{pmatrix} -\bar{\boldsymbol{p}}_s \\ \hdashline \boldsymbol{e}_s \end{pmatrix}$$

とおけば ($\boldsymbol{e}_s$ は第 s 成分が 1 の $(n-m)$ 次元単位列ベクトル)，このとき $\hat{\boldsymbol{x}}$ はすべての $x_s \geqq 0$ の値に対して実行可能であり，その目的関数の値

$$\hat{z} = \boldsymbol{c}_B \boldsymbol{x}_B + \bar{c}_s x_s$$

は $x_s \to +\infty$ のとき，$-\infty$ に近づく．

手順3：

$\bar{a}_{is}$ に正のものがあれば $\bar{\boldsymbol{p}}_s$, $\bar{c}_s$ の値を表5.1の $\hat{\boldsymbol{p}}_s$ の列に記入する．それから

$$\frac{\bar{b}_r}{\bar{a}_{rs}}=\min_{\bar{a}_{is}>0}\frac{\bar{b}_i}{\bar{a}_{is}}$$

となる r を求める．

手順4：

$\bar{a}_{rs}$ に関するピボット操作を表5.1の $\hat{B}^{-1}$, $\hat{\bar{\boldsymbol{b}}}$ に対して行い，基底変数 x_{j_r} を非基底変数とし，その場所に x_s を新しい基底変数として入れる．ここで

$$\hat{B}^{-1}=\left[\begin{array}{c|c}\beta_{ij} & \mathbf{0}\\ \hline -\pi_j & 1\end{array}\right],\quad \hat{B}^{*-1}=\left[\begin{array}{c|c}\beta_{ij}^* & \mathbf{0}\\ \hline -\pi_j^* & 1\end{array}\right]$$

とすれば，$\hat{B}^{*-1}$ は次のようにして求められる．

$$\beta_{rj}^*=\frac{1}{\bar{a}_{rs}}\beta_{rj}$$

$$\beta_{ij}^*=\beta_{ij}-\frac{\bar{a}_{is}}{\bar{a}_{rs}}\beta_{rj}\quad (i\neq r)$$

$$-\pi_j^*=-\pi_j-\frac{\bar{c}_s}{\bar{a}_{rs}}\beta_{rj}$$

また新しい拡大基底行列 $\hat{B}^*$ に対する $(\bar{b}_1,\cdots,\bar{b}_m,-\bar{z})^T$ の値に * をつけて表せば

$$\bar{b}_r^*=\frac{\bar{b}_r}{\bar{a}_{rs}}$$

$$\bar{b}_i^*=\bar{b}_i-\frac{\bar{a}_{is}}{\bar{a}_{rs}}\bar{b}_r\quad (i\neq r)$$

$$-\bar{z}^*=-\bar{z}-\frac{\bar{c}_s}{\bar{a}_{rs}}\bar{b}_r$$

により $\hat{\bar{\boldsymbol{b}}}$ の列は求められる．更新された表5.1は新しい基底行列に対する B^{-1} $-\boldsymbol{\pi}$, $\bar{\boldsymbol{b}}$, $-\bar{z}$ の値であるから，これらの値をもとに手順1にもどる．

注意： 改訂シンプレックス法の手順において，$\hat{B}^{-1}$ の第 $(m+1)$ 列はつねに $\begin{pmatrix}\mathbf{0}\\1\end{pmatrix}$ で不変であるから，実際の計算においては表5.1の $\hat{B}^{-1}$ の第 $(m+1)$ 列を省略して $\hat{B}^{-1}$, $\hat{\bar{\boldsymbol{b}}}$ の部分を

$\hat{B}^{-1}$		$\hat{\bar{b}}$
B^{-1}	$\mathbf{0}$	$\bar{b}$
$-\pi$	1	$-\bar{z}$

の代わりに

基底逆行列	定数
B^{-1}	$\bar{b}$
$-\pi$	$-\bar{z}$

で置き換えてもよい．

電子計算機を利用する場合，主記憶装置内に記憶しておくべき行列の大きさは通常のシンプレックス・タブロー全体を記憶する方法では，大体約 $(m+1)\times(n+1)$ であるのに比べて，改訂シンプレックス法では，初期のタブローの A, $\boldsymbol{b}$ および $\boldsymbol{c}$ を外部記憶装置に記憶することにすれば，主記憶装置に記憶する行列の大きさは大体約 $(m+1)\times(m+1)$ でよいから，約 $(m+1)\times(n-m)$ だけの節約になる．これが改訂といわれる理由の1つである．もちろんそのほか，精度や計算速度に関連しても，特に大規模な線形計画問題では，普通，行列Aの密度が小さい（非零要素の割合が少ない）ので，通常のシンプレックス法に比べて，改訂シンプレックス法には多くの利点がある．

最後に改訂シンプレックス法を第1段階から始める場合の，変更すべき点について述べておこう．第1段階では拡大基底逆行列 $\hat{B}^{-1}$ を次のように考えればよい．

$$\hat{B}^{-1}=\left[\begin{array}{c:c:c} B^{-1} & \mathbf{0} & \mathbf{0} \\ \hdashline -\boldsymbol{\pi} & 1 & 0 \\ \hdashline -\boldsymbol{\sigma} & 0 & 1 \end{array}\right] \tag{5.41}$$

ここで $\boldsymbol{\sigma}=(\sigma_1, \sigma_2, \cdots, \sigma_m)$ はwの式に対するシンプレックス乗数であり，最初の $\hat{B}^{-1}$ は単位行列にとる．第1段階では相対費用係数 $\bar{d}_j$ を

$$\bar{d}_j = d_j - \boldsymbol{\sigma}\boldsymbol{p}_j \tag{5.42}$$

により計算して，通常の列の選択規準を用いれば，$\min\limits_{\bar{d}_j<0} \bar{d}_j$ によりピボット列を決定する．ピボット操作は逆行列 (5.41) に対して行えばよい．第2段階が始まれば，$\hat{B}^{-1}$ の第 $(m+2)$ 行と第 $(m+2)$ 列を取り除いて，(5.20) の $\hat{B}^{-1}$ をつくり，すでに述べた手順を続ければよい．

例1.1の生産計画の問題の標準形に改訂シンプレックス法を適用してみよう．

例1.1の標準形

$$\begin{array}{lrl} \text{minimize} & z = & -2.5x_1 - 5x_2 - 3.4x_3 \\ \text{subject to} & & 2x_1 + 10x_2 + 4x_3 + x_4 = 425 \\ & & 6x_1 + 5x_2 + 8x_3 + x_5 = 400 \\ & & 7x_1 + 10x_2 + 8x_3 + x_6 = 600 \\ & & x_j \geqq 0 \quad j = 1, 2, \cdots, 6 \end{array}$$

スラック変数 x_4, x_5, x_6 を基底変数に選べば，基底行列Bは単位行列であり，B^{-1} もまた単位行列である．したがって

$$\boldsymbol{\pi} = \boldsymbol{c}_B B^{-1} = (0, 0, 0), \quad \bar{\boldsymbol{b}} = \boldsymbol{b} = (425, 400, 600)^T, \quad \bar{z} = 0$$

である．これらの値を表 5.2 のサイクル 0 における $\hat{B}^{-1}$, $\hat{\bar{\boldsymbol{b}}}$ の部分に記入する．

表 5.2 例 1.1 の改訂シンプレックス・タブロー

サイクル	基底	$\hat{B}^{-1}$				$\hat{\bar{\boldsymbol{b}}}$	$\hat{\bar{\boldsymbol{p}}}_s$
0	x_4	1				425	[10]
	x_5		1			400	5
	x_6			1		600	10
	$-z$	0	0	0	1	0	−5
1	x_2	0.1	0	0		42.5	0.2
	x_5	−0.5	1	0		187.5	5
	x_6	−1	0	1		175	[5]
	$-z$	0.5	0	0	1	212.5	−1.5
2	x_2	0.14	0	−0.04		35.5	0.24
	x_5	0.5	1	−1		12.5	[2]
	x_1	−0.2	0	0.2		35	0.8
	$-z$	0.2	0	0.3	1	265	−0.2
3	x_2	0.08	−0.12	0.08		34	
	x_3	0.25	0.5	−0.5		6.25	
	x_1	−0.4	−0.4	0.6		30	
	$-z$	0.25	0.1	0.2	1	266.25	

$$\bar{c}_1 = c_1 - \boldsymbol{\pi}\boldsymbol{p}_1 = -2.5 - (0, 0, 0)\begin{pmatrix} 2 \\ 6 \\ 7 \end{pmatrix} = -2.5$$

$$\bar{c}_2 = c_2 - \boldsymbol{\pi}\boldsymbol{p}_2 = -5 - (0, 0, 0)\begin{pmatrix} 10 \\ 5 \\ 10 \end{pmatrix} = -5$$

$$\bar{c}_3 = c_3 - \boldsymbol{\pi}\boldsymbol{p}_3 = -3.4 - (0,0,0)\begin{pmatrix}4\\8\\8\end{pmatrix} = -3.4$$

$$\min_{\bar{c}_j<0} \bar{c}_j = \bar{c}_2 = -5 < 0$$

であるから，新しく基底変数となるのは x_2 である．

$$\bar{\boldsymbol{p}}_2 = B^{-1}\boldsymbol{p}_2 = \begin{bmatrix}1 & 0 & 0\\0 & 1 & 0\\0 & 0 & 1\end{bmatrix}\begin{pmatrix}10\\5\\10\end{pmatrix} = \begin{pmatrix}10\\5\\10\end{pmatrix}$$

となるから，これらの $\bar{\boldsymbol{p}}_2$ と $\bar{c}_2$ をサイクル 0 における $\hat{\boldsymbol{p}}_s$ の列に記入する．次に

$$\min\left(\frac{425}{10}, \frac{400}{5}, \frac{600}{10}\right) = 42.5$$

となるから x_4 が非基底変数となり，[ ] で囲まれた 10 がピボット項として定まり，表 5.2 のサイクル 0 の $\hat{B}^{-1}$, $\hat{\bar{\boldsymbol{b}}}$ に対してピボット操作を行えば表 5.2 のサイクル 1 の結果を得る．これらが新しい基底行列 $B = [\boldsymbol{p}_2, \boldsymbol{p}_5, \boldsymbol{p}_6]$ に対する $B^{-1}, -\boldsymbol{\pi}, \bar{\boldsymbol{b}}, -\bar{z}$ となるので再び手順 1 から繰り返す．

$$\bar{c}_1 = c_1 - \boldsymbol{\pi}\boldsymbol{p}_1 = -2.5 - (-0.5,0,0)\begin{pmatrix}2\\6\\7\end{pmatrix} = -1.5$$

$$\bar{c}_3 = c_3 - \boldsymbol{\pi}\boldsymbol{p}_3 = -3.4 - (-0.5,0,0)\begin{pmatrix}4\\8\\8\end{pmatrix} = -1.4$$

$$\bar{c}_4 = c_4 - \boldsymbol{\pi}\boldsymbol{p}_4 = 0 - (-0.5,0,0)\begin{pmatrix}1\\0\\0\end{pmatrix} = 0.5$$

$$\min_{\bar{c}_j<0} \bar{c}_j = \bar{c}_1 < 0$$

であるから

$$\bar{\boldsymbol{p}}_1 = B^{-1}\boldsymbol{p}_1 = \begin{bmatrix}0.1 & 0 & 0\\-0.5 & 1 & 0\\-1 & 0 & 1\end{bmatrix}\begin{pmatrix}2\\6\\7\end{pmatrix} = \begin{pmatrix}0.2\\5\\5\end{pmatrix}$$

となり，これらの $\bar{\boldsymbol{p}}_1$ と $\bar{c}_1$ をサイクル 1 における $\hat{\boldsymbol{p}}_s$ の列に記入する．

$$\min\left(\frac{42.5}{0.2}, \frac{187.5}{5}, \frac{175}{5}\right) = 35$$

となるから［ ］で囲んだ5をピボット項として，サイクル1の $\hat{B}^{-1}$, $\hat{\hat{\boldsymbol{b}}}$ に対して，ピボット操作を行えばサイクル2の結果を得る．新しい基底行列は $B=[\boldsymbol{p}_2, \boldsymbol{p}_5, \boldsymbol{p}_1]$ となり

$$\bar{c}_3 = -3.4-(-0.2, 0, -0.3)\begin{pmatrix}4\\8\\8\end{pmatrix} = -0.2$$

$$\bar{c}_4 = 0-(-0.2, 0, -0.3)\begin{pmatrix}1\\0\\0\end{pmatrix} = 0.2$$

$$\bar{c}_6 = 0-(-0.2, 0, -0.3)\begin{pmatrix}0\\0\\1\end{pmatrix} = 0.3$$

であるから

$$\bar{\boldsymbol{p}}_3 = B^{-1}\boldsymbol{p}_3 = \begin{bmatrix} 0.14 & 0 & -0.04 \\ 0.5 & 1 & -1 \\ -0.2 & 0 & 0.2 \end{bmatrix}\begin{pmatrix}4\\8\\8\end{pmatrix} = \begin{pmatrix}0.24\\2\\0.8\end{pmatrix}$$

これらの $\bar{\boldsymbol{p}}_3$ と $\bar{c}_3$ をサイクル2における $\hat{\hat{\boldsymbol{p}}}_s$ の列に記入する．

$$\min\left(\frac{35.5}{0.24}, \frac{12.5}{2}, \frac{35}{0.8}\right) = 6.25$$

となるから［ ］で囲んだ2をピボット項として，サイクル2の $\hat{B}^{-1}$, $\hat{\hat{\boldsymbol{b}}}$ に対して，ピボット操作を行えばサイクル3の結果を得る．新しい基底行列は $B=[\boldsymbol{p}_2, \boldsymbol{p}_3, \boldsymbol{p}_1]$ となり

$$\bar{c}_4 = 0-(-0.25, -0.1, -0.2)\begin{pmatrix}1\\0\\0\end{pmatrix} = 0.25 > 0$$

$$\bar{c}_5 = 0-(-0.25, -0.1, -0.2)\begin{pmatrix}0\\1\\0\end{pmatrix} = 0.1 > 0$$

$$\bar{c}_6 = 0-(-0.25, -0.1, -0.2)\begin{pmatrix}0\\0\\1\end{pmatrix} = 0.2 > 0$$

であるから，最適解

$$x_1 = 30,\quad x_2 = 34,\quad x_3 = 6.25 \quad (x_4 = x_5 = x_6 = 0)$$
$$\min z = -266.25$$

を得る.

5.2 積形式の逆行列を用いる改訂シンプレックス法

改訂シンプレックス法のあるサイクルにおいて $\hat{B}_c^{-1}$ を現在の拡大基底逆行列とし, $\bar{a}_{rs}$ に関するピボット操作を $\hat{B}_c^{-1}$ に対して行うことによって, 新しい拡大基底逆行列 $\hat{B}_n^{-1}$ が得られたとすれば, (5.36) により

$$\hat{B}_n^{-1} = \hat{E}\hat{B}_c^{-1} \tag{5.43}$$

となる. ここで $\hat{E}$ は

$$\hat{E} = \begin{bmatrix} 1 & & \eta_1 & & \\ & 1 & \eta_2 & & \\ & & \ddots\vdots & & \\ & & \eta_r & & \\ & & \vdots & \ddots & \\ & & \eta_{m+1} & & 1 \end{bmatrix}, \quad \eta_i = \begin{cases} -\bar{a}_{is}/\bar{a}_{rs} & i = 1, 2, \cdots, m \quad i \neq r \\ -\bar{c}_s/\bar{a}_{rs} & i = m+1 \\ 1/\bar{a}_{rs} & i = r \end{cases} \tag{5.44}$$

(↑ r 列)

で与えられるピボット行列である.

初期の拡大基底行列 $\hat{B}_0$ が単位行列であれば初期の拡大基底逆行列 $\hat{B}_0^{-1}$ もまた単位行列となるから, サイクル1における拡大基底逆行列 $\hat{B}_1^{-1}$ は

$$\hat{B}_1^{-1} = \hat{E}_1\hat{B}_0^{-1} = \hat{E}_1 \tag{5.45}$$

となる. したがって, サイクル2における拡大基底逆行列 $\hat{B}_2^{-1}$ は

$$\hat{B}_2^{-1} = \hat{E}_2\hat{B}_1^{-1} = \hat{E}_2\hat{E}_1 \tag{5.46}$$

となり, 以下同様にしてサイクル k における拡大基底逆行列 $\hat{B}_k^{-1}$ は

$$\hat{B}_k^{-1} = \hat{E}_k\hat{E}_{k-1}\cdots\hat{E}_1 \tag{5.47}$$

と表すことができる. ここで $\hat{E}_1, \hat{E}_2, \cdots, \hat{E}_k$ はそれぞれ r と η_i は異なるが, すべて (5.44) の形をしたピボット行列である. このように基底逆行列を (5.47) の形をしたピボット行列の積で表したものを**積形式の逆行列** (product form of inverse) という.

(5.44) の形をしたピボット行列は単位行列と第 r 列だけが異なる行列であるが, この第 r 列はしばしば **$\boldsymbol{\eta}$ ベクトル** ($\boldsymbol{\eta}$-vector) と呼ばれ

$$\boldsymbol{\eta}=\begin{pmatrix}\eta_1\\ \vdots\\ \eta_r\\ \vdots\\ \eta_m\\ \eta_{m+1}\end{pmatrix}=\begin{pmatrix}-\bar{a}_{1s}/\bar{a}_{rs}\\ \vdots\\ 1/\bar{a}_{rs}\\ \vdots\\ -\bar{a}_{ms}/\bar{a}_{rs}\\ -\bar{c}_s/\bar{a}_{rs}\end{pmatrix} \tag{5.48}$$

と表される．ここで，ピボット行列を電子計算機に記憶するためには $\boldsymbol{\eta}$ ベクトル（実際には非零の要素とその行の位置）とそのベクトルの位置を示す r だけで十分であるという点に注意しよう．

さて，改訂シンプレックス法において基底逆行列を保存する代わりに，基底逆行列を $\boldsymbol{\eta}$ ベクトルの形で保存するときに必要となる演算について考えてみよう．

（1） シンプレックス乗数 $\boldsymbol{\pi}$ の計算

$\hat{B}_k^{-1}$ が積形式で与えられるならば

$$(-\boldsymbol{\pi},1)=(0,0,\cdots,0,1)\hat{B}_k^{-1}=(0,0,\cdots,0,1)\hat{E}_k\hat{E}_{k-1}\cdots\hat{E}_1 \tag{5.49}$$

であるから，シンプレックス乗数は

$$(-\boldsymbol{\pi},1)=(\cdots(((0,0,\cdots,0,1)\hat{E}_k)\hat{E}_{k-1})\cdots)\hat{E}_1 \tag{5.50}$$

によって計算することができる．ここで，この演算は括弧で示した順に行う．すなわち，まず，行ベクトル $(0,0,\cdots,0,1)\,\hat{E}_k$ を計算し，次に $((0,0,\cdots,0,1)\times\hat{E}_k)\hat{E}_{k-1}$ を計算するという手順を繰り返す．したがって，この手順はピボット行列に左から行ベクトルを掛ける計算の繰返しになる．

いま，任意の行ベクトル

$$\boldsymbol{v}=(v_1,v_2,\cdots,v_{m+1}) \tag{5.51}$$

をピボット行列

$$\hat{E}=\begin{bmatrix}1 & & \eta_1 & & \\ & \ddots & \vdots & & \\ & & \eta_r & & \\ & & \vdots & \ddots & \\ & & \eta_{m+1} & & 1\end{bmatrix} \tag{5.52}$$

（↑ r 列）

の左から掛けて得られる行ベクトルを

$$\boldsymbol{v}'=(v_1',v_2',\cdots,v_{m+1}') \tag{5.53}$$

とすれば

$$\boldsymbol{v}' = \boldsymbol{v}\hat{E}$$

$$= (v_1, \cdots, v_{r-1}, v_r, v_{r+1}, \cdots, v_{m+1})\begin{bmatrix} 1 & & & \eta_1 & & & \\ & \ddots & & \vdots & & & \\ & & 1 & \vdots & & & \\ & & & \eta_r & 1 & & \\ & & & \vdots & & \ddots & \\ & & & \eta_{m+1} & & & 1 \end{bmatrix}$$

$$= \left(v_1, \cdots, v_{r-1}, \sum_{i=1}^{m+1} v_i\eta_i, v_{r+1}, \cdots, v_{m+1}\right) \tag{5.54}$$

となるから，$\boldsymbol{v}' = \boldsymbol{v}\hat{E}$ は第 r 要素だけが $\boldsymbol{v}$ とは異なる行ベクトルであり，その第 r 要素 v_r' は

$$v_r' = \boldsymbol{v\eta} = \sum_{i=1}^{m+1} v_i\eta_i \tag{5.55}$$

となる．すなわち行ベクトル $\boldsymbol{v}$ と列ベクトル $\boldsymbol{\eta}$ との内積になっている．したがってピボット行列に左から行ベクトルを掛ける演算は，行ベクトルと $\boldsymbol{\eta}$ ベクトルとの内積を求めて行ベクトルの第 r 要素をその内積で置き換えることになる．

以上のことにより，$\hat{B}_k^{-1}$ が k 個のピボット行列の積形式で与えられているならば，$\boldsymbol{\pi}$ の計算は k 個の内積の計算により直接求められることがわかる．

(2) 更新された列 $\hat{\boldsymbol{p}}_s = \begin{pmatrix} \bar{\boldsymbol{p}}_s \\ \bar{c}_s \end{pmatrix}$ の計算†

$\hat{B}_k^{-1}$ が積形式で与えられるならば

$$\hat{\hat{\boldsymbol{p}}}_s = \hat{B}_k^{-1}\hat{\boldsymbol{p}}_s = \hat{E}_k\hat{E}_{k-1}\cdots\hat{E}_1\hat{\boldsymbol{p}}_s \tag{5.56}$$

であるから，$\hat{\hat{\boldsymbol{p}}}_s$ は

$$\hat{\hat{\boldsymbol{p}}}_s = \hat{E}_k(\cdots(\hat{E}_2(\hat{E}_1\hat{\boldsymbol{p}}_s))\cdots) \tag{5.57}$$

によって計算することができる．ここで，この演算は括弧で示した順に行う．すなわち，まず，$\hat{E}_1\hat{\boldsymbol{p}}_s$ を計算し，次に $\hat{E}_2(\hat{E}_1\hat{\boldsymbol{p}}_s)$ を計算するという手順を繰り返す．したがって，この手順はピボット行列に右から列ベクトルを掛ける計算の繰返しになる．

いま，任意の列ベクトル

$$\boldsymbol{w} = (w_1, w_2, \cdots, w_{m+1})^T \tag{5.58}$$

---

† ここでは説明の都合上 $\hat{\hat{\boldsymbol{p}}}_s$ の計算方法について述べるが，改訂シンプレックス法の手順に従えば，$\hat{\hat{\boldsymbol{p}}}_s$ の第 $(m+1)$ 要素である $\bar{c}_s$ はすでに求められているので，実際には，$\hat{\hat{\boldsymbol{p}}}_s$ の第 $(m+1)$ 要素を除いた $\bar{\boldsymbol{p}}_s$ の計算をすればよい．

を (5.52) の形のピボット行列 $\hat{E}$ の右から掛けて得られる列ベクトルを

$$\boldsymbol{w}' = (w_1', w_2', \cdots, w_{m+1}')^T \tag{5.59}$$

とすれば

$$\begin{aligned}
\boldsymbol{w}' &= \hat{E}\boldsymbol{w} \\
&= \begin{bmatrix} 1 & & \eta_1 & & \\ & \ddots & \vdots & & \\ & & 1 \; \vdots & & \\ & & \eta_r \; 1 & & \\ & & \vdots & \ddots & \\ & & \eta_{m+1} & & 1 \end{bmatrix} \begin{pmatrix} w_1 \\ \vdots \\ w_{r-1} \\ w_r \\ w_{r+1} \\ \vdots \\ w_{m+1} \end{pmatrix} \\
&= \begin{pmatrix} w_1 + \eta_1 w_r \\ \vdots \\ w_{r-1} + \eta_{r-1} w_r \\ \eta_r w_r \\ w_{r+1} + \eta_{r+1} w_r \\ \vdots \\ w_{m+1} + \eta_{m+1} w_r \end{pmatrix} = \begin{pmatrix} w_1 \\ \vdots \\ w_{r-1} \\ 0 \\ w_{r+1} \\ \vdots \\ w_{m+1} \end{pmatrix} + w_r \begin{pmatrix} \eta_1 \\ \vdots \\ \eta_{r-1} \\ \eta_r \\ \eta_{r+1} \\ \vdots \\ \eta_{m+1} \end{pmatrix}
\end{aligned} \tag{5.60}$$

となる．したがってピボット行列に右から列ベクトルを掛ける演算は，$\boldsymbol{\eta}$ ベクトルを列ベクトルの第 r 要素によってスカラー倍して得られるベクトルを，列ベクトルの第 r 要素だけを零で置き換えたベクトルに加えればよいことがわかる． この演算には $(m+1)$ 回の掛け算と m 回の加算が必要となるが，電子計算機では加算に要する時間は掛け算に要する時間に比べて非常に短いので，本質的には $\hat{E}\boldsymbol{w}$ の計算に要する時間は $(m+1)$ 回の掛け算に要する時間と変わらない．

$\hat{\boldsymbol{b}} = \begin{pmatrix} \bar{\boldsymbol{b}} \\ -\bar{z} \end{pmatrix} = \hat{B}^{-1}\begin{pmatrix} \boldsymbol{b} \\ 0 \end{pmatrix}$ の計算も $\hat{\boldsymbol{p}}_s$ の計算とまったく同様に行うことができる．

(3) 拡大基底逆行列の更新

拡大基底逆行列の更新は，現在記憶装置にある $\boldsymbol{\eta}$ ベクトルに (5.48) の形式の新しい $\boldsymbol{\eta}$ ベクトルを追加すればよいが，追加する $\boldsymbol{\eta}$ ベクトルは，現在の $\hat{\boldsymbol{p}}_s = (\bar{a}_{1s}, \cdots, \bar{a}_{rs}, \cdots, \bar{a}_{ms}, \bar{c}_s)^T$ のピボット項を $\bar{a}_{rs}$ とすれば

$$\boldsymbol{\eta} = \begin{pmatrix} -\bar{a}_{1s}/\bar{a}_{rs} \\ \vdots \\ 1/\bar{a}_{rs} \\ \vdots \\ -\bar{a}_{ms}/\bar{a}_{rs} \\ -\bar{c}_s/\bar{a}_{rs} \end{pmatrix} \tag{5.61}$$

で与えられる．

電子計算機を利用する場合，外部記憶装置として例えば磁気テープを使用するものとしよう．このとき，初期の $\hat{\boldsymbol{p}}_1\cdots\hat{\boldsymbol{p}}_m$ および $\hat{\boldsymbol{b}}$ のほかに，r の値と $\boldsymbol{\eta}$ ベクトルを例えば逆読みのできる磁気テープに $\boldsymbol{\eta}$ ベクトルのつくられた順番に記録しておいて，$\hat{\hat{\boldsymbol{p}}}_s$, $\hat{\hat{\boldsymbol{b}}}$ の計算のときは前から，$\boldsymbol{\pi}$ の計算のときは後から，順に $\boldsymbol{\eta}$ ベクトルを読み込むことにすれば，電子計算機の記憶装置内には 10 本たらずの $(m+1)$ 次元ベクトルを記憶するための容量を用意すればよいので，かなり大規模の問題を解くことができる．

例 1.1 の生産計画の問題に，積形式の逆行列を用いる改訂シンプレックス法を適用する場合について考えてみよう．前節の終わりに，改訂シンプレックス法を用いる場合が述べられているが（表 5.2 参照），ここでは特に $\boldsymbol{\eta}$ ベクトル，$\boldsymbol{\pi}$, $\hat{\hat{\boldsymbol{b}}}$, $\hat{\hat{\boldsymbol{p}}}_s$ の計算について示しておく．

サイクル 0 では

$$\hat{\hat{\boldsymbol{p}}}_2 = \begin{pmatrix} [10] \\ 5 \\ 10 \\ -5 \end{pmatrix}$$

であるから

$$r_1 = 1$$

$$\boldsymbol{\eta}_1 = \left(\frac{1}{10}, -\frac{5}{10}, -\frac{10}{10}, \frac{5}{10}\right)^T = (0.1, -0.5, -1, 0.5)^T$$

となる．したがって

$$(0, 0, 0, 1)\begin{pmatrix} 0.1 \\ -0.5 \\ -1 \\ 0.5 \end{pmatrix} = 0.5$$

$$(-\boldsymbol{\pi}, 1) = (0.5, 0, 0, 1)$$

$$\hat{\hat{\boldsymbol{b}}} = \begin{pmatrix} 0 \\ 400 \\ 600 \\ 0 \end{pmatrix} + 425\begin{pmatrix} 0.1 \\ -0.5 \\ -1 \\ 0.5 \end{pmatrix} = \begin{pmatrix} 42.5 \\ 187.5 \\ 175 \\ 212.5 \end{pmatrix}$$

となり，サイクル 1 の $\boldsymbol{\pi}$, $\hat{\hat{\boldsymbol{b}}}$ で得られる．

サイクル 1 では

$$\hat{\boldsymbol{p}}_1 = (2, 6, 7, -2.5)^T$$

$$\hat{\hat{\boldsymbol{p}}}_1 = \begin{pmatrix} 0 \\ 6 \\ 7 \\ -2.5 \end{pmatrix} + 2\begin{pmatrix} 0.1 \\ -0.5 \\ -1 \\ 0.5 \end{pmatrix} = \begin{pmatrix} 0.2 \\ 5 \\ [5] \\ -1.5 \end{pmatrix}$$

であるから

$$r_2 = 3$$

$$\boldsymbol{\eta}_2 = \left(-\frac{0.2}{5}, -\frac{5}{5}, \frac{1}{5}, \frac{1.5}{5}\right)^T = (-0.04, -1, 0.2, 0.3)^T$$

となる．したがって

$$(0, 0, 0, 1)\begin{pmatrix} -0.04 \\ -1 \\ 0.2 \\ 0.3 \end{pmatrix} = 0.3$$

$$(0, 0, 0.3, 1)\begin{pmatrix} 0.1 \\ -0.5 \\ -1 \\ 0.5 \end{pmatrix} = 0.2$$

$$(-\boldsymbol{\pi}, 1) = (0.2, 0, 0.3, 1)$$

$$\hat{\hat{\boldsymbol{b}}} = \begin{pmatrix} 42.5 \\ 187.5 \\ 0 \\ 212.5 \end{pmatrix} + 175\begin{pmatrix} -0.04 \\ -1 \\ 0.2 \\ 0.3 \end{pmatrix} = \begin{pmatrix} 35.5 \\ 12.5 \\ 35 \\ 265 \end{pmatrix}$$

となり，サイクル 2 の $\boldsymbol{\pi}$, $\hat{\hat{\boldsymbol{b}}}$ が得られる．

サイクル 2 では

$$\hat{\boldsymbol{p}}_3 = (4, 8, 8, -3.4)^T$$

$$\hat{E}_1\hat{\boldsymbol{p}}_3 = \begin{pmatrix} 0 \\ 8 \\ 8 \\ -3.4 \end{pmatrix} + 4\begin{pmatrix} 0.1 \\ -0.5 \\ -1 \\ 0.5 \end{pmatrix} = \begin{pmatrix} 0.4 \\ 6 \\ 4 \\ -1.4 \end{pmatrix}$$

$$\hat{\hat{\boldsymbol{p}}}_3 = \hat{E}_2(\hat{E}_1\hat{\boldsymbol{p}}_3) = \begin{pmatrix} 0.4 \\ 6 \\ 0 \\ -1.4 \end{pmatrix} + 4\begin{pmatrix} -0.04 \\ -1 \\ 0.2 \\ 0.3 \end{pmatrix} = \begin{pmatrix} 0.24 \\ [2] \\ 0.8 \\ -0.2 \end{pmatrix}$$

であるから

$$r_3 = 2$$

$$\boldsymbol{\eta}_3 = \left(-\frac{0.24}{2}, \frac{1}{2}, -\frac{0.8}{2}, \frac{0.2}{2}\right)^T = (-0.12, 0.5, -0.4, 0.1)^T$$

となる．したがって

$$(0, 0, 0, 1)\begin{pmatrix} -0.12 \\ 0.5 \\ -0.4 \\ 0.1 \end{pmatrix} = 0.1$$

$$(0, 0.1, 0, 1)\begin{pmatrix} -0.04 \\ -1 \\ 0.2 \\ 0.3 \end{pmatrix} = 0.2$$

$$(0, 0.1, 0.2, 1)\begin{pmatrix} 0.1 \\ -0.5 \\ -1 \\ 0.5 \end{pmatrix} = 0.25$$

$$(-\boldsymbol{\pi}, 1) = (0.25, 0.1, 0.2, 1)$$

$$\hat{\hat{\boldsymbol{b}}} = \begin{pmatrix} 35.5 \\ 0 \\ 35 \\ 265 \end{pmatrix} + 12.5\begin{pmatrix} -0.12 \\ 0.5 \\ -0.4 \\ 0.1 \end{pmatrix} = \begin{pmatrix} 34 \\ 6.25 \\ 30 \\ 266.25 \end{pmatrix}$$

となり，サイクル 3 の $\boldsymbol{\pi}$, $\hat{\hat{\boldsymbol{b}}}$ が得られる．

問　題　5

1.　第 3 章の「問題 3」の 4 で解いた次の 3 つの線形計画問題を改訂シンプレックス法で解け．

（1）　minimize　$-4x_1 - 5x_2$

subject to

$$4x_1 + 10x_2 \leqq 425$$
$$5x_1 + 4x_2 \leqq 600$$
$$9x_1 + 10x_2 \leqq 750$$
$$x_j \geqq 0 \quad j = 1, 2$$

（2）　minimize　$-185x_1 - 155x_2 - 600x_3$

subject to $2x_1 \ +3x_2 \ +8x_3 \leqq 4$

$5x_1+2.5x_2+10x_3 \leqq 8$

$3x_1 \ +8x_2 \ +4x_3 \leqq 3$

$x_j \geqq 0 \quad j=1,2,3$

(3) minimize $-12x_1 \ -18x_2-8x_3-40x_4$

subject to $2x_1+5.5x_2+6x_3+10x_4 \leqq 80$

$4x_1 \ +x_2+4x_3+20x_4 \leqq 50$

$x_j \geqq 0 \quad j=2,3,4$; x_1 は自由変数

2. 上述の3つの線形計画問題にそれぞれ積形式の逆行列を用いる改訂シンプレクッス法を適用する場合の $\boldsymbol{\eta}$ ベクトル, $\boldsymbol{\pi}$, $\hat{\hat{\boldsymbol{b}}}$, $\hat{\boldsymbol{p}}_s$ の計算について示せ.

3. 例1.2の栄養の問題を改訂シンプレックス法で解け.

minimize $4x_1 \ +8x_2+3x_3$

subject to $2x_1 \ +5x_2+3x_3 \geqq 185$

$3x_1+2.5x_2+8x_3 \geqq 155$

$8x_1 \ +10x_2+4x_3 \geqq 600$

$x_j \geqq 0 \quad j=1,2,3$

4. 第3章の「問題3」の7で解いた次の3つの線形計画問題を改訂シンプレックス法で解け.

(1) minimize $-x_1 \ +5x_2-2x_3-5x_4 \ -x_5-6x_6$

subject to $2.5x_1+3.5x_2+5x_3 \ +x_4 \ +x_5 \ +x_6=8$

$-3x_1 \ -3x_2+2x_3+2x_4 \ +2x_5 \ +x_6=3$

$4x_1 \ -5x_2+4x_3+4x_4+2.5x_5+4x_6=7$

$x_j \geqq 0 \quad j=1,2,3,4,5,6$

(2) minimize $-80x_1-78x_2-21x_3+10x_4+120x_5+2x_6 \quad -17x_8-10x_9$

subject to $2x_1 \quad +x_3 \ +x_4 \ +4x_5 \quad +2x_7 \ -x_8 \ -3x_9=3$

$x_1+4x_2 \ -x_3 \quad +x_5+x_6-2x_7+4x_8 \ +2x_9=2$

$x_1+4x_2 \ +x_3 \quad -5x_5+x_6 \quad +x_8 \ +x_9=8$

$x_j \geqq 0 \quad j=1,2,3,4,5,6,7,8,9$

(3) minimize x_1

subject to $2x_1+x_2-4x_3+4x_4-3x_5-5x_6 \leqq 9$

$2x_1+x_2 \ +x_3+2x_4 \ -x_5 \ -x_6 \geqq 7$

$x_1-x_2-2x_3 \ +x_4 \ -x_5-2x_6 \geqq 3$

$x_j \geqq 0 \quad j=1,2,3,4,5,6$

6. 線形計画法の双対性

ある線形計画問題に対して双対問題と呼ばれる別の問題を定義して，両者の間の対応関係を調べれば，双対性といわれるまことに興味深い関係が存在する．この双対性の概念は，線形計画法の内容を理論面のみならず計算面においてもきわめて豊かなものにしている．本章では双対性の理論面について関連する諸定理を述べ，その証明を行う．

6.1 線形計画問題の双対問題と双対定理

標準形の線形計画問題

$$\text{minimize} \quad z = \boldsymbol{cx} \tag{6.1}$$

$$\text{subject to} \quad A\boldsymbol{x} = \boldsymbol{b} \tag{6.2}$$

$$\boldsymbol{x} \geqq \boldsymbol{0} \tag{6.3}$$

の目的関数に含まれる係数 $\boldsymbol{c}$ と制約条件に含まれる係数 $\boldsymbol{b}$ とを変換し，行ベクトル $\boldsymbol{\pi} = (\pi_1, \pi_2, \cdots, \pi_m)$ を変数とする次の最大化問題を**双対問題** (dual problem) という．

$$\text{maximize} \quad v = \boldsymbol{\pi b} \tag{6.4}$$

$$\text{subject to} \quad \boldsymbol{\pi} A \leqq \boldsymbol{c} \tag{6.5}$$

変数 $\boldsymbol{\pi}$ は**双対変数** (dual variable) と呼ばれる．双対問題に対してもとの問題は**主問題** (primal problem) と呼ばれることがある．

この双対問題では，変数 $\boldsymbol{\pi}$ は非負とは限らないことに注意しよう．どちらの問題に対しても $\boldsymbol{c} = (c_1, c_2, \cdots, c_n)$ は n 次元行ベクトル，$\boldsymbol{b} = (b_1, b_2, \cdots, b_m)^T$ は m 次元列ベクトルであり A は $m \times n$ 行列である．m 次元行ベクトル $\boldsymbol{\pi}$ に $m \times n$ 行列 A を掛ければ (6.5) は具体的に次のように表される．

$$\left.\begin{array}{l} a_{11}\pi_1 + a_{21}\pi_2 + \cdots + a_{m1}\pi_m \leqq c_1 \\ a_{12}\pi_1 + a_{22}\pi_2 + \cdots + a_{m2}\pi_m \leqq c_2 \\ \cdots\cdots\cdots\cdots\cdots\cdots\cdots\cdots\cdots\cdots\cdots \\ a_{1n}\pi_1 + a_{2n}\pi_2 + \cdots + a_{mn}\pi_m \leqq c_n \end{array}\right\} \tag{6.5$'$}$$

(6.5)′ の連立不等式の係数行列は A の転置行列 A^T で与えられる.

主問題と双対問題との関係は次のような**タッカー図表** (Tucker's diagram) で表すと便利である.

表 6.1 タッカー図表

変数	$x_1 \geqq 0$	$x_2 \geqq 0$	……	$x_n \geqq 0$	関係	定数
π_1	a_{11}	a_{12}	……	a_{1n}	$=$	b_1
π_2	a_{21}	a_{22}	……	a_{2n}	$=$	b_2
⋮	⋮	⋮		⋮	⋮	⋮
π_m	a_{m1}	a_{m2}	……	a_{mn}	$=$	b_m
関係	$\leqq$	$\leqq$	……	$\leqq$		$\leqq \max v$
定数	c_1	c_2	……	c_n	$\geqq \min z$	

さて，主問題と双対問題との関係は**双対性** (duality) と呼ばれるが，次に標準形の主問題とその双対問題との双対性に関するいくつかの重要な性質を示そう．次の定理は容易に証明できるが，両問題の重要な関係を与えている．

定理 6.1 (**弱双対定理**)

$\bar{\boldsymbol{x}}$, $\bar{\boldsymbol{\pi}}$ をそれぞれ主問題および双対問題の実行可能解であるとすれば

$$\bar{z} = \boldsymbol{c}\bar{\boldsymbol{x}} \geqq \bar{\boldsymbol{\pi}}\boldsymbol{b} = \bar{v} \tag{6.6}$$

が成り立つ.

証明

$\bar{\boldsymbol{x}}$, $\bar{\boldsymbol{\pi}}$ がそれぞれ実行可能解であるから

$$A\bar{\boldsymbol{x}} = \boldsymbol{b},\quad \bar{\boldsymbol{x}} \geqq \boldsymbol{0},\quad \bar{\boldsymbol{\pi}}A \leqq \boldsymbol{c}$$

したがって　$\boldsymbol{c}\bar{\boldsymbol{x}} \geqq \bar{\boldsymbol{\pi}}A\bar{\boldsymbol{x}} = \bar{\boldsymbol{\pi}}\boldsymbol{b}$　　Q. E. D.

この定理は，双対問題の目的関数の値は主問題の目的関数の値を越えないということを述べており，**弱双対定理** (weak duality theorem) と呼ばれることがある．

この定理より直ちに次の系が得られる．

系 6.1

主問題のある実行可能解 $\boldsymbol{x}^0$ と双対問題のある実行可能解 $\boldsymbol{\pi}^0$ に対して

$$\boldsymbol{c}\boldsymbol{x}^0 = \boldsymbol{\pi}^0\boldsymbol{b} \tag{6.7}$$

が成り立てば，$\boldsymbol{x}^0, \boldsymbol{\pi}^0$ は，それぞれ，主問題および双対問題の最適解である．

この系は，主問題および双対問題に対して，ともに等しい目的関数値をとるような実行可能解の組が見つかれば，それらはともに最適解であることを示しているが，次の双対定理はさらに有益な情報を与えてくれる．

定理 6.2（双対定理）

（1） 主問題および双対問題がともに実行可能解をもつならば，両方とも最適解をもち，それぞれの最適解に対する目的関数の値は等しい．すなわち

$$\min z = \max v \tag{6.8}$$

（2） 主問題あるいは双対問題のどちらか一方が有界でない解をもつならば，他方の問題は実行可能ではない．

証明

（1）の証明

定理 6.1 により，主問題の目的関数は下に有界であり，双対問題の目的関数は上に有界である．したがって，両問題とも有界な最適解をもつ．

次に，主問題の最適基底解を $\boldsymbol{x}^0$ とし，そのときの基底行列を B^0，基底変数のベクトルを $\boldsymbol{x}_B^0$ とすれば

$$B^0\boldsymbol{x}_B^0 = \boldsymbol{b}, \quad \boldsymbol{x}_B^0 \geqq \boldsymbol{0}$$

であり，このとき B^0 に関するシンプレックス乗数は (5.17) より

$$\boldsymbol{\pi}^0 = \boldsymbol{c}_B(B^0)^{-1}$$

ここで $\boldsymbol{c}_B$ は基底変数の費用係数のベクトルである．$\boldsymbol{x}^0$ は最適解であるから，(5.25) によって与えられる相対費用係数は非負である．（基底変数に対してはつねに零である．）すなわち

$$\bar{c}_j = c_j - \boldsymbol{\pi}^0\boldsymbol{p}_j \geqq 0 \qquad j = 1, 2, \cdots, n$$

である．これを行列形式で表せば

$$\boldsymbol{\pi}^0 A \leqq \boldsymbol{c}$$

となるので，$\boldsymbol{\pi}^0$ は双対問題の制約条件 (6.5) を満たしている．また $\boldsymbol{\pi} = \boldsymbol{\pi}^0$ のときの目的関数の値は

$$v^0 = \boldsymbol{\pi}^0 \boldsymbol{b} = \boldsymbol{c}_B (B^0)^{-1} \boldsymbol{b} = \boldsymbol{c}_B \boldsymbol{x}_B^0 = z^0$$

となるので，系 6.1 より $\boldsymbol{\pi}^0$ は双対問題の最適解であることがわかる．

（2） の証明

主問題が下に有界でないときに双対問題に実行可能解 $\boldsymbol{\pi}$ があるとすれば，定理 6.1 より

$$-\infty \geqq \boldsymbol{\pi b} = v$$

となり矛盾する．したがって，双対問題は実行可能ではない．逆に，双対問題が上に有界でなければ，まったく同様の議論により主問題は実行可能ではないことがわかる．　　Q. E. D.

この定理は両方の問題の最適解に対する目的関数の値が等しくなることを主張しており，弱双対定理に対して，**強双対定理** (strong duality theorem) と呼ばれることがある．この定理の証明には，いくつかの重要な点が含まれている．すなわち

（1） 双対問題の制約式は，まさしく主問題に対する最適性規準であり，相対費用係数 $\bar{c}_j$ はそれらの制約式でスラック変数となっている．

（2） 主問題をシンプレックス法で解いたときの最適実行可能正準形に対するシンプレックス乗数ベクトル $\boldsymbol{\pi}^0$ は双対問題の最適解である．ここで，前章で示したようにベクトル $-\boldsymbol{\pi}^0$ は拡大基底逆行列 $\hat{B}^{-1}$ の $(m+1)$ 行に現れているから，主問題の最適解は自動的に双対問題の最適解を与えている．

これらのことはもちろん，主問題と双対問題を逆にしても成立する．したがって，線形計画問題が与えられたとき，それを解くためには，主問題と双対問題とは変数の数および制約条件式の数は互いに異なるので，主問題か双対問題のどちらか一方の解きやすい問題を解けばよいことがわかる．

双対定理の前半は若干異なった仮定のもとで次のように述べることもできる．

系 6.2

主問題あるいは双対問題のどちらか一方が最適解をもつならば，他方の問題もまた最適解をもち，それぞれの最適解に対する目的関数の値も等しい．

この系の証明は，定理 6.2 の前半の証明と同様に行われる．

定理 6.1, 6.2 によって得られた主問題と双対問題との関係は表 6.2 のように要約される．

表 6.2 双対定理の性質

主問題＼双対問題	実 行 可 能	実行可能でない
実 行 可 能	$\min z = \max v$	$\min z = -\infty$
実行可能でない	$\max v = +\infty$	

ここで，主問題の制約条件式に不等式が含まれ，かつ変数の中に符号の制約のないものが含まれているという，より一般的な場合の主問題と双対問題を表 6.3 に示しておく．ここで，行ベクトル $\boldsymbol{\pi} = (\pi_1, \pi_2, \cdots, \pi_m)$ は双対変数である．

表 6.3 一般的な主問題と双対問題

主 問 題	双 対 問 題
minimize $\quad z = \sum\limits_{j=1}^{n} c_j x_j$ subject to $E \cup \overline{E} = \{1, 2, \cdots, m\}\begin{cases}\sum\limits_{j=1}^{n} a_{ij} x_j = b_i, \ i \in E \\ \sum\limits_{j=1}^{n} a_{ij} x_j \geqq b_i, \ i \in \overline{E}\end{cases}$ $P \cup \overline{P} = \{1, 2, \cdots, n\}\begin{cases} x_j \geqq 0, \ j \in P \\ x_j : \text{符号に制約なし} \\ \qquad j \in \overline{P}\end{cases}$ 行列形式で書くと minimize $\quad z = \boldsymbol{cx}$ subject to $\ A\boldsymbol{x} \begin{Bmatrix}=\\\geqq\end{Bmatrix}\boldsymbol{b}$ $\qquad x_j \geqq 0, \ j \in P$	maximize $\quad v = \sum\limits_{i=1}^{m} \pi_i b_i$ subject to $\sum\limits_{i=1}^{m} \pi_i a_{ij} = c_j, \ j \in \overline{P}$ $\sum\limits_{i=1}^{m} \pi_i a_{ij} \leqq c_j, \ j \in P$ $\pi_i \geqq 0, \ i \in \overline{E}$ $\pi_i : \text{符号に制約なし} \ \ i \in E$ maximize $\quad v = \boldsymbol{\pi b}$ subject to $\ \boldsymbol{\pi} A \begin{Bmatrix}=\\\leqq\end{Bmatrix}\boldsymbol{c}$ $\qquad \pi_i \geqq 0, \ i \in E$

さらに，表 6.4 には主問題と双対問題との対応関係が示されている．ここで $\boldsymbol{a}_i$ は行列 A の第 i 行を表す．

表 6.3 から対称形の主問題と双対問題，および，今まで議論してきた標準形の主問題と双対問題が得られるが，それぞれ，表 6.5 および，表 6.6 に示されている．

表 6.4　主問題と双対問題との対応関係

主問題	対応する双対問題
目的関数　$\boldsymbol{cx} \to \min$	目的関数　$\pi \boldsymbol{b} \to \max$
変数　$x_j \geqq 0$	不等式制約　$\pi \boldsymbol{p}_j \leqq c_j$
変数　x_j: 符号に制約なし	等式制約　$\pi \boldsymbol{p}_j = c_j$
等式制約　$\boldsymbol{a}_i \boldsymbol{x} = b_i$	変数　π_i: 符号に制約なし
不等式制約　$\boldsymbol{a}_i \boldsymbol{x} \geqq b_i$	変数　$\pi_i \geqq 0$
係数行列　A	係数行列　A^T
右辺定数　$\boldsymbol{b}$	右辺定数　$\boldsymbol{c}$
費用係数　$\boldsymbol{c}$	費用係数　$\boldsymbol{b}$

表 6.5　対称形の主問題と双対問題

主問題	双対問題
minimize　$\boldsymbol{cx}$	maximize　$\pi \boldsymbol{b}$
subject to	subject to
$A\boldsymbol{x} \geqq \boldsymbol{b}$	$\pi A \leqq \boldsymbol{c}$
$\boldsymbol{x} \geqq \boldsymbol{0}$	$\pi \geqq \boldsymbol{0}$

表 6.6　標準形の主問題と双対問題

主問題	双対問題
minimize　$\boldsymbol{cx}$	maximize　$\pi \boldsymbol{b}$
subject to	subject to
$A\boldsymbol{x} = \boldsymbol{b}$	$\pi A \leqq \boldsymbol{c}$
$\boldsymbol{x} \geqq \boldsymbol{0}$	π: 符号に制約なし

特に対称形の場合，双対問題の双対問題が主問題であることは容易にわかる．表 6.3～表 6.6 に示されている主問題は，次の方法によって他のいずれかの形式に変換することができる．

（1）　制約のない変数を 2 つの非負の変数の差によって置き換える．

（2）　等式制約式を 2 つの向きの不等式によって置き換える．

（3）　不等式制約式をスラック変数を加えた等式で置き換える．

したがって，これらの方法によって，表 6.3 あるいは表 6.5 の主問題を標準形の線形計画問題に変換してそれらの双対問題を求めてやれば，容易に対応するそれぞれの双対問題を導くことができる．

さてここで双対性の具体的意味について考えてみよう．例 1.2 の栄養の問題に対して，少し人為的ではあるが次の例を考える．

ある製薬会社が純粋の栄養素だけを含んでいる栄養剤を生産し，家庭の主婦の要求を満足し，かつ，それらを販売することによって得られる利潤を最大にしようと考えているものとする．

栄養素 N_1 を 1 mg 含む栄養剤の販売価格を π_1 円，栄養素 N_2 を 1 mg 含む栄養剤の販売価格を π_2 円，栄養素 N_3 を 1 mg 含む栄養剤の販売価格を π_3 円とすれば，製薬会社は

$$
\begin{aligned}
2\pi_1 \quad + 3\pi_2 \quad + 8\pi_3 &\leqq 4 \\
5\pi_1 + 2.5\pi_2 + 10\pi_3 &\leqq 8 \\
3\pi_1 \quad + 8\pi_2 \quad + 4\pi_3 &\leqq 3 \\
\pi_1 \qquad\qquad\qquad &\geqq 0 \\
\pi_2 \qquad\quad &\geqq 0 \\
\pi_3 &\geqq 0
\end{aligned}
$$

の制約のもとで，利潤

$$v = 185\pi_1 + 155\pi_2 + 600\pi_3$$

を最大にするような販売価格を決定しようとすることになる．

この問題は例 1.2 の問題に対する双対問題となっている．

双対変数は主問題の制約式に対応しており，最適状態では，主問題の最適基底解に対するシンプレックス乗数に等しいことが，これまでの議論から明らかになった．ここでは，双対変数およびシンプレックス乗数の意味について考えてみよう．

いま

$$\boldsymbol{x}^0 = (x_1^0, x_2^0, \cdots, x_n^0)^T, \quad \boldsymbol{\pi}^0 = (\pi_1^0, \pi_2^0, \cdots, \pi_m^0)$$

をそれぞれ主問題と双対問題の最適解とすれば，双対定理より

$$
\begin{aligned}
z^0 &= c_1 x_1^0 + c_2 x_2^0 + \cdots + c_n x_n^0 \\
&= \pi_1^0 b_1 + \pi_2^0 b_2 + \cdots + \pi_m^0 b_m = v^0
\end{aligned}
$$

となるが，この式において $z^0 = \sum_{i=1}^{m} \pi_i^0 b_i$ という関係に注意すれば，主問題の制約式 $\sum_{j=1}^{n} a_{ij} x_j = b_i$ の右辺の b_i が 1 単位変化して $b_i + 1$ になったとき，現在の基底が変化しないとすれば，そのとき目的関数の値は π_i^0 だけ増加することが期待される．あるいは $z^0 = \sum_{i=1}^{m} \pi_i^0 b_i$ から

$$\pi_i^0 = \frac{\partial z^0}{\partial b_i} \qquad i = 1, \cdots, m$$

という関係が得られるから，シンプレックス乗数 π_i^0 は制約式の右辺がわずかに変化したとき，目的関数の値がどれくらい変化するかを示すものである．

シンプレックス乗数 π_i^0 は，しばしば**潜在価格** (shadow price) と呼ばれる．その理由は，例えば 1.2 節の生産計画の問題のように，右辺が各資源の利用可能な量を表しているときには，π_i^0 は各資源の利用可能量の微小増加による目的関数の値の変化量を示すからである．潜在という形容詞がつけられているのは π_i^0 が資源の真の市場価格である必要はないからである．

6.2 Farkas の定理

双対定理の応用として，ここでは，線形不等式論における二者択一の定理のうち最も代表的なものとしてよく知られている Farkas の定理について述べる．

定理 6.3 (Farkas の定理)

任意の行列 A と A の行の数に等しい次元のベクトル $\boldsymbol{b}$ に対して次の命題のいずれか一方だけが成立する．

(1) 連立線形方程式 $A\boldsymbol{x} = \boldsymbol{b}$ に，$\boldsymbol{x} \geqq \boldsymbol{0}$ を満たす解が存在する．

(2) 連立線形不等式 $\boldsymbol{\pi} A \leqq \boldsymbol{0}$，$\boldsymbol{\pi b} > 0$ に解が存在する．

証明

主問題として次の線形計画問題を考える．

$$\begin{array}{ll} \text{minimize} & z = \boldsymbol{0x} \\ \text{subject to} & A\boldsymbol{x} = \boldsymbol{b} \\ & \boldsymbol{x} \geqq \boldsymbol{0} \end{array}$$

この問題の双対問題は次のようになる．

$$\begin{array}{ll} \text{maximize} & v = \boldsymbol{\pi b} \\ \text{subject to} & \boldsymbol{\pi} A \leqq \boldsymbol{0} \end{array}$$

もし命題 (1) が成立すれば，主問題には実行可能解があり，その解は最適解となり z の値はつねに零である．したがって，双対定理から双対問題の最大値は零となり，命題（2）は成立しない．

逆に，命題（2）が成立すれば，双対問題の目的関数の値が正になるような実行可能解が存在することになり，主問題には実行可能解は存在しない．

Q. E. D.

ここでは，双対定理を応用して Farkas の定理を証明したが，Farkas の定理は双対定理を用いないで直接証明することもできる．Farkas の定理は，さらに，**非線形計画法** (nonlinear programming) の最適性の条件を導くときにも重要な役割を果たすことになる．

6.3 相 補 定 理

標準形の線形計画問題に対する双対定理で述べた最適性の条件は，次の定理のようにいいかえることができる．この定理は定理 6.2 から容易に導かれるものであるが，有益である．

定理 6.4（相補定理）

$\boldsymbol{x}^0, \boldsymbol{\pi}^0$ をそれぞれ主問題および双対問題の実行可能解であるとすれば，これらがそれぞれ主問題および双対問題の最適解であるための必要十分条件は

$$(\boldsymbol{c}-\boldsymbol{\pi}^0 A)\boldsymbol{x}^0 = 0 \tag{6.9}$$

証明

$\bar{\boldsymbol{x}}$ を主問題の実行可能解とすれば

$$A\bar{\boldsymbol{x}} = \boldsymbol{b}$$

であるが，

$$\boldsymbol{c}\bar{\boldsymbol{x}} = \bar{z}$$

とおき，最初の式の両辺に双対問題の実行可能解 $\bar{\boldsymbol{\pi}}$ を掛けて，2番目の式から引けば

$$\boldsymbol{c}\bar{\boldsymbol{x}} - \bar{\boldsymbol{\pi}}A\bar{\boldsymbol{x}} = \bar{z} - \bar{\boldsymbol{\pi}}\boldsymbol{b}$$

となり，$\bar{\boldsymbol{\pi}}\boldsymbol{b} = \bar{v}$ とおけば次式が成立する．

$$(\boldsymbol{c}-\bar{\boldsymbol{\pi}}A)\bar{\boldsymbol{x}} = \bar{z} - \bar{v}$$

ここで $(\boldsymbol{x}^0, \boldsymbol{\pi}^0)$ をそれぞれ主問題と双対問題の最適解とし，そのときの目的

関数値をそれぞれ z^0, v^0 とすれば，定理6.2より

$$(\boldsymbol{c}-\boldsymbol{\pi}^0 A)\boldsymbol{x}^0 = z^0 - v^0 = 0$$

を得る．

逆に $(\boldsymbol{x}^0, \boldsymbol{\pi}^0)$ が

$$(\boldsymbol{c}-\boldsymbol{\pi}^0 A)\boldsymbol{x}^0 = \boldsymbol{c}\boldsymbol{x}^0 - \boldsymbol{\pi}^0 \boldsymbol{b} = 0$$

を満たすならば，系6.1より $\boldsymbol{x}^0$, $\boldsymbol{\pi}^0$ はそれぞれの問題の最適解であることがわかる．　Q.E.D.

この定理は**相補定理** (complementary slackness theorem) と呼ばれ，条件 $(\boldsymbol{c}-\boldsymbol{\pi}^0 A)\boldsymbol{x}^0 = 0$ は**相補条件** (complementary slackness condition) と呼ばれる．$\boldsymbol{x}^0$ および $\boldsymbol{c}-\boldsymbol{\pi}^0 A$ はともに非負のベクトルであるから，内積の和の各項は零でなければならない．

$$(c_j - \boldsymbol{\pi}^0 \boldsymbol{p}_j)x_j^0 = 0 \qquad j = 1, 2, \cdots, n \tag{6.9$'$}$$

したがって，双対問題の j 番目の制約式が不等式で成立すれば，すなわち $c_j - \sum_{i=1}^{m} \pi_i^0 a_{ij} > 0$ であれば，$x_j^0 = 0$ であり，逆に $x_j^0 > 0$ であれば，双対問題の j 番目の制約式が等式として成り立つことを意味している．条件式 (6.9)′ は相対費用係数を用いれば次のように表すことができる．

$$\bar{c}_j^0 x_j^0 = 0 \qquad j = 1, 2, \cdots, n \tag{6.10}$$

シンプレックス法は，基底変数 x_j に対して $\bar{c}_j = 0$ になるようなベクトル $\boldsymbol{\pi}$ を選んで，各サイクルで (6.10) を満たしていることに注意しよう．このような対称性の関係は対称形の主問題と双対問題において最もよくあらわれている．すなわち，ある問題における変数が正であることは他方の問題における対応した制約式が等式で成り立つことを意味し，一方，不等式で成り立つことは対応した変数が零であることを意味している．

最適性のための3つの条件，すなわち，（1）主問題の実行可能性，（2）双対問題の実行可能性，および（3）相補条件は，線形計画法の計算方法を分類する際に有益である．多くの計算方法ではこれらの条件のうちの2つを特に強く実行し，3番目の条件はゆるめておいてそれを繰返しの過程で補う．シンプレックス法では（2）をゆるめて（1）と（3）の条件を特に強く実行する．

次の章で考える双対シンプレックス法は，（2）と（3）の条件を強く実行する．これらのことは表 6.7 に要約されている．

表 6.7 最適性の条件と計算方法

計算方法	主問題実行可能性	双対問題実行可能性	相補条件
シンプレックス法	強く実行	ゆるめる	強く実行
双対シンプレックス法	ゆるめる	強く実行	強く実行

問　題　6

1. 系 6.1 を証明せよ．

2. 系 6.2 を証明せよ．

3. 表 6.5 の対称形の双対性を証明せよ．

4. 表 6.3 の一般的な場合の双対性を示すために次のような線形計画問題を考える．

主問題

$$\begin{aligned}\text{minimize}\quad & z = \boldsymbol{c}^1\boldsymbol{x}^1+\boldsymbol{c}^2\boldsymbol{x}^2\\ \text{subject to}\quad & A_{11}\boldsymbol{x}^1+A_{12}\boldsymbol{x}^2 \geqq \boldsymbol{b}^1\\ & A_{21}\boldsymbol{x}^1+A_{22}\boldsymbol{x}^2 = \boldsymbol{b}^2\\ & \boldsymbol{x}^1 \geqq \boldsymbol{0}\end{aligned}$$

このとき，この問題の双対問題は次のようになることを証明せよ．

双対問題

$$\begin{aligned}\text{maximize}\quad & v = \boldsymbol{\pi}^1\boldsymbol{b}^1+\boldsymbol{\pi}^2\boldsymbol{b}^2\\ \text{subject to}\quad & \boldsymbol{\pi}^1A_{11}+\boldsymbol{\pi}^2A_{21} \leqq \boldsymbol{c}^1\\ & \boldsymbol{\pi}^1A_{12}+\boldsymbol{\pi}^2A_{22} = \boldsymbol{c}^2\\ & \boldsymbol{\pi}^1 \geqq \boldsymbol{0}\end{aligned}$$

ここで

$$A_{11} = \begin{bmatrix} a_{11}\cdots a_{1k}\\ \vdots \quad\ \ \vdots\\ a_{l1}\cdots a_{lk}\end{bmatrix},\quad A_{12} = \begin{bmatrix} a_{1,k+1}\cdots a_{1n}\\ \vdots \quad\quad \vdots\\ a_{l,k+1}\cdots a_{ln}\end{bmatrix}$$

$$A_{21} = \begin{bmatrix} a_{l+1,1}\cdots a_{l+1,k}\\ \vdots \quad\quad \vdots\\ a_{m1}\ \cdots\cdots a_{mk}\end{bmatrix},\quad A_{22} = \begin{bmatrix} a_{l+1,k+1}\cdots a_{l+1,n}\\ \vdots \quad\quad \vdots\\ a_{m,k+1}\ \cdots a_{mn}\end{bmatrix}$$

$$\boldsymbol{x}^1 = (x_1, \cdots, x_k)^T,\quad \boldsymbol{x}^2 = (x_{k+1}, \cdots, x_n)^T$$
$$\boldsymbol{\pi}^1 = (\pi_1, \cdots, \pi_l),\quad \boldsymbol{\pi}^2 = (\pi_{l+1}, \cdots, \pi_m)$$
$$\boldsymbol{b}^1 = (b_1, \cdots, b_l)^T,\quad \boldsymbol{b}^2 = (b_{l+1}, \cdots, b_m)^T$$
$$\boldsymbol{c}^1 = (c_1, \cdots, c_k),\quad \boldsymbol{c}^2 = (c_{k+1}, \cdots, c_n)$$

5. 次の問題の双対問題はもとの問題と等価であることを示せ．

$$\text{minimize}\quad x_1+x_2+x_3$$

$$\begin{aligned} \text{subject to} \quad & -x_2+x_3 \geqq -1 \\ & x_1 \quad -x_3 \geqq -1 \\ & -x_1+x_2 \quad \geqq -1 \\ & x_j \geqq 0 \quad j=1,2,3 \end{aligned}$$

このような線形計画問題は**自己双対** (self-dual) 線形計画問題として知られている.

一般に次の線形計画問題において，A が正方行列のとき，この問題が自己双対であるための $\boldsymbol{c}, A, \boldsymbol{b}$ の満たすべき条件を求めよ.

$$\begin{aligned} \text{minimize} \quad & \boldsymbol{cx} \\ \text{subject to} \quad & A\boldsymbol{x} \geqq \boldsymbol{b} \\ & \boldsymbol{x} \geqq \boldsymbol{0} \end{aligned}$$

6. Farkas の定理の幾何学的意味を考察せよ.

7. 表 6.5 の対称形の主問題と双対問題にそれぞれ余裕変数 $\boldsymbol{\lambda}$ とスラック変数 $\boldsymbol{\mu}$ を導入して等式条件にした次の主問題と双対問題について考える.

主問題

$$\begin{aligned} \text{minimize} \quad & z = \boldsymbol{cx} \\ \text{subject to} \quad & A\boldsymbol{x}-\boldsymbol{\lambda} = \boldsymbol{b} \\ & \boldsymbol{x} \geqq \boldsymbol{0}, \ \boldsymbol{\lambda} \geqq \boldsymbol{0} \end{aligned}$$

双対問題

$$\begin{aligned} \text{maximize} \quad & v = \boldsymbol{\pi b} \\ \text{subject to} \quad & \boldsymbol{\pi}A+\boldsymbol{\mu} = \boldsymbol{c} \\ & \boldsymbol{\pi} \geqq \boldsymbol{0}, \ \boldsymbol{\mu} \geqq \boldsymbol{0} \end{aligned}$$

このとき $(\boldsymbol{x}, \boldsymbol{\lambda})$，$(\boldsymbol{\pi}, \boldsymbol{\mu})$ をそれぞれ主問題と双対問題の実行可能解であるとすれば，これらがそれぞれ主問題および双対問題の最適解であるための必要十分条件は

$$\boldsymbol{\mu x} = \boldsymbol{\pi \lambda} = 0$$

であるという相補定理を証明せよ.

また

$$M = \left[\begin{array}{c|c} O & -A^T \\ \hline A & O \end{array}\right], \quad \boldsymbol{d} = \left(\begin{array}{c} \boldsymbol{c}^T \\ \hline -\boldsymbol{b} \end{array}\right), \quad \boldsymbol{\xi} = \left(\begin{array}{c} \boldsymbol{\mu}^T \\ \hline \boldsymbol{\lambda} \end{array}\right), \quad \boldsymbol{\eta} = \left(\begin{array}{c} \boldsymbol{x} \\ \hline \boldsymbol{\pi} \end{array}\right)$$

とおけば，これらの線形計画問題の最適解を求めることは線形方程式

$$\boldsymbol{\xi} - M\boldsymbol{\eta} = \boldsymbol{d}$$

の非負解で相補性をもつ解を求めること，すなわち

$$\left.\begin{array}{l} \boldsymbol{\xi} - M\boldsymbol{\eta} = \boldsymbol{d} \\ \boldsymbol{\xi} \geqq 0, \ \boldsymbol{\eta} \geqq 0 \\ \boldsymbol{\xi}^T\boldsymbol{\eta} = 0 \end{array}\right\}$$

を満たす $\boldsymbol{\xi}$, $\boldsymbol{\eta}$ を求めることと等価であることを示せ. この問題は**線形相補性問題** (linear complementarity problem) と呼ばれている.

7. 双対シンプレックス法

前章では双対問題に対する理論面について述べてきたが，本章ではいままでのシンプレックス法に対する双対な手法として開発されてきた双対シンプレックス法と呼ばれる手法についての解説を行う．この手法は双対実行可能正準形から出発して双対問題の実行可能解を改良していくことにより最適解を求める手法であり，通常のシンプレックス法と同様にピボット操作を基本とするが，ピボット項の選び方と目的関数が増加する点が異なっている．

7.1 双対実行可能正準形

主問題の正準形あるいはシンプレックス・タブローと双対問題の解との関係を復習してみよう．

標準形の主問題とその双対問題を考える．

主問題		双対問題	
minimize	$z=\boldsymbol{cx}$	maximize	$v=\boldsymbol{\pi b}$
subject to	$A\boldsymbol{x}=\boldsymbol{b}$	subject to	$\boldsymbol{\pi}A\leqq\boldsymbol{c}$
	$\boldsymbol{x}\geqq\boldsymbol{0}$		

ここで，$\boldsymbol{x}_B=(x_{j_1}, x_{j_2}, \cdots, x_{j_m})^T$ を基底変数とする主問題の正準形が次のように与えられているとしよう．（必ずしも実行可能正準形とは限らない．）

$$\begin{array}{l} \begin{matrix} x_{j_1} & & \\ & \ddots & \\ & & x_{j_m} \end{matrix} \quad + \displaystyle\sum_{j:\text{ 非基底}} \bar{\boldsymbol{p}}_j x_j = \begin{matrix} \bar{b}_1 \\ \vdots \\ \bar{b}_m \end{matrix} \\ -z + \displaystyle\sum_{j:\text{ 非基底}} \bar{c}_j x_j = -\bar{z} \end{array} \tag{7.1}$$

このとき双対定理の前半の証明からも明らかなように，$\bar{c}_j=c_j-\boldsymbol{\pi p}_j\geqq 0$ (j: 非基底) であれば，$\boldsymbol{\pi}$ は双対問題の実行可能解であり，そのときの目的関数の値は $v=\bar{z}$ である．したがって $\bar{c}_j\geqq 0$ が成り立っている正準形（タブロー）を双対実行可能正準形（双対実行可能タブロー）と呼ぶ．明らかに双対実行可能正準形が実行可能正準形であれば，それは最適な正準形である．

双対実行可能基底解の改良に対しては，実行可能正準形における基底解の改良に関する定理 3.3 と双対の関係にある次の定理が成り立つ．

定理 7.1（**双対実行可能基底解の改良**）

双対実行可能正準形 (7.1) において，$\bar{b}_r$ が負で少なくとも 1 個の $\bar{a}_{rj}$ が負であり，さらに

$$\min_{\bar{a}_{rj}<0} \frac{\bar{c}_j}{-\bar{a}_{rj}} = \frac{\bar{c}_s}{-\bar{a}_{rs}} = \Delta$$

が成り立つものとする．このとき基底変数として，x_r を x_s で置き換えた新たな双対実行可能正準形が存在し，目的関数の値は $\bar{z}$ より $|\bar{b}_r\Delta|$ だけ増加する．

証明

$\bar{a}_{rs} \neq 0$ の項についてピボット操作を行い，新たに得られたタブローの係数には，* をつけて表せば，表 3.2 より

$$\bar{c}_j^* = \bar{c}_j - \bar{c}_s \bar{a}_{rj}^* = \bar{c}_j - \bar{c}_s \frac{\bar{a}_{rj}}{\bar{a}_{rs}}$$

$\bar{a}_{rj} \geqq 0$ である j （$j \neq s$）に対しては $\bar{c}_s \geqq 0$, $\bar{a}_{rs} < 0$ であるから

$$\bar{c}_j^* \geqq \bar{c}_j \geqq 0$$

$\bar{a}_{rj} < 0$ である j （$j \neq s$）に対しては

$$\bar{c}_j^* = \bar{a}_{rj}\left(\frac{\bar{c}_s}{-\bar{a}_{rs}} - \frac{\bar{c}_j}{-\bar{a}_{rj}}\right) \geqq 0$$

となりすべての $\bar{c}_j^* \geqq 0$ であるから，新たに得られた正準形（タブロー）は双対実行可能正準形（タブロー）である．また

$$\bar{z}^* = \bar{z} + \bar{c}_s \frac{\bar{b}_r}{\bar{a}_{rs}} = \bar{z} - \bar{b}_r \Delta$$

であり，$\bar{b}_r < 0$, $\Delta \geqq 0$ であるから，この実行可能解に対する目的関数の値は $\bar{z}$ より $|\bar{b}_r\Delta|$ だけ増加する†．　　Q. E. D.

---

† $\bar{c}_s = 0$ のときは双対退化が起こっているといわれるが，このとき $\Delta = 0$ となり目的関数の値は増加しないので，巡回の起こる可能性がある．しかし，シンプレックス法に対する巡回対策と同様の対策を施すことによって，それを避けられることは明らかである．

もし，すべての $\bar{a}_{rj}$ が非負である場合には r 番目の基底変数 x_r に対して

$$x_r = \bar{b}_r - \sum_{j:\ \text{非基底}} \bar{a}_{rj} x_j \tag{7.2}$$

であることに注意すれば，すべての j に対して $\bar{b}_r < 0$，$\bar{a}_{rj} \geqq 0$ であるから，x_j が非負のとき x_r は非負にはなり得ない．したがって主問題は，非負の変数に対しては満たされない等式を含んでおり，実行可能ではない．したがって次の定理が得られる．

定理 7.2（**主問題の実行不可能性**）

正準形（7.1）の第 r 行において，もし

$$\bar{b}_r < 0, \quad \bar{a}_{rj} \geqq 0 \quad (j:\ \text{非基底})$$

であれば，主問題には実行可能解は存在しない．

7.2 双対シンプレックス法

双対実行可能正準形から出発して，双対実行可能性を維持しながら，双対問題の実行可能解を改良していって，最適解を求める方法は**双対シンプレックス法**(dual simplex method)といわれ，C. E. Lemke によって考案されたものである．双対シンプレックス法は後で示すように，シンプレックス法を双対問題にそのまま適用したものであると解釈することもできるが，標準的な主問題のシンプレックス・タブローの中で操作することができる．操作の点からいうと，その計算方法は主問題のタブローにおける一連のピボット操作を基本とするが，ピボット項を選ぶ規則と目的関数が増加する点が異なっている．

双対シンプレックス法の手順は次のようになる．ここで，与えられた最初の正準形において，すべての $\bar{c}_j \geqq 0$（双対問題の実行可能性）で，基底変数に対して $\bar{c}_j = 0$（相補性）であるが，すべての $\bar{b}_i \geqq 0$ とは限らない（主問題の実行可能性の緩和）ことに注意しよう．

双対シンプレックス法の手順

はじめに双対実行可能正準形が与えられているとする．

手順1：　$\min_{\bar{b}_i<0} \bar{b}_i = \bar{b}_r$ となる r を求める．$\bar{b}_r \geqq 0$ であれば最適解を得て終了．

手順2：　すべての $\bar{a}_{rj} \geqq 0$ ならば主問題は実行可能でないという情報を得て終了．

手順3：　$\bar{a}_{rj}$ に負のものがあれば

$$\min_{\bar{a}_{rj}<0} \frac{\bar{c}_j}{-\bar{a}_{rj}} = \frac{\bar{c}_s}{-\bar{a}_{rs}} = \Delta$$

となる s を求める．

手順4：　$\bar{a}_{rs}$ に関するピボット操作を行って，x_r の代わりに x_s を基底変数とする正準形を求める．

手順1にもどる．

双対シンプレックス法の流れ図を図7.1に示す．

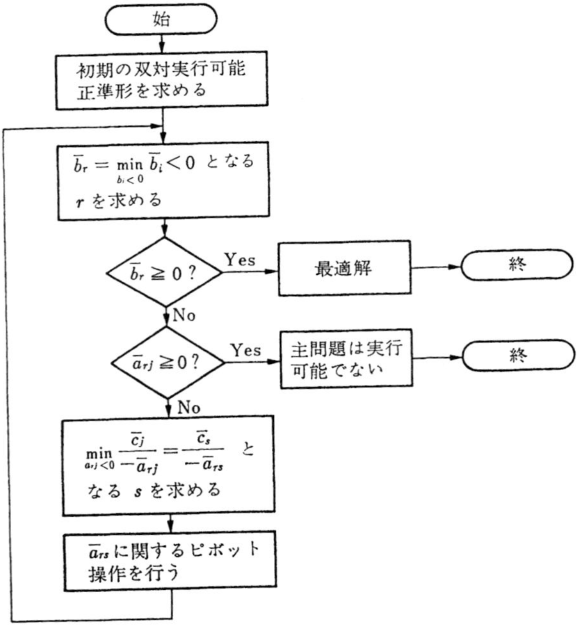

図 7.1 双対シンプレックス法の流れ図

例 1.2 の栄養の問題の標準形に双対シンプレックス法を適用してみよう.

例 1.2 の標準形

$$\begin{array}{lrl} \text{minimize} & z = 4x_1 + 8x_2 + 3x_3 & \\ \text{subject to} & 2x_1 + 5x_2 + 3x_3 - x_4 & = 185 \\ & 3x_1 + 2.5x_2 + 8x_3 - x_5 & = 155 \\ & 8x_1 + 10x_2 + 4x_3 - x_6 & = 600 \\ & x_j \geqq 0 \quad j = 1, 2, \cdots, 6 & \end{array}$$

等式制約条件式の両辺に (−1) を掛け, 正準形に変換すれば,

$$\begin{array}{rl} -2x_1 - 5x_2 - 3x_3 + x_4 & = -185 \\ -3x_1 - 2.5x_2 - 8x_3 + x_5 & = -155 \\ -8x_1 - 10x_2 - 4x_3 + x_6 & = -600 \\ 4x_1 + 8x_2 + 3x_3 - z & = 0 \end{array}$$

x_4, x_5, x_6 を基底変数とするこの正準形は $\bar{c}_1 = 4 > 0$, $\bar{c}_2 = 8 > 0$, $\bar{c}_3 = 3 > 0$ であるから, 双対実行可能正準形である. しかし, $\bar{b}_1 = -185 < 0$, $\bar{b}_2 = -155 < 0$, $\bar{b}_3 = -600 < 0$ であるから, (主) 実行可能正準形ではない.

初期双対実行可能タブローは表 7.1 のタブローのサイクル 0 の位置に示されている.

表 7.1 例 1.2 のタブロー (双対シンプレックス法)

サイクル	基底	x_1	x_2	x_3	x_4	x_5	x_6	定数
0	x_4	−2	−5	−3	1			−185
	x_5	−3	−2.5	−8		1		−155
	x_6	[−8]	−10	−4			1	−600
	$-z$	4	8	3				0
1	x_4		−2.5	[−2]	1		−0.25	−35
	x_5		1.25	−6.5		1	−0.375	70
	x_1	1	1.25	0.5			−0.125	75
	$-z$		3	1			0.5	−300
2	x_3		1.25	1	−0.5		0.125	17.5
	x_5		9.375		−3.25	1	0.4375	183.75
	x_1	1	0.625		0.25		−0.1875	66.25
	$-z$		1.75		0.5		0.375	−317.5

サイクル 0 において

$$\min(-185, -155, -600) = -600 < 0$$

であるから，非基底変数となるのは x_6 である．次に

$$\min\left(\frac{4}{8}, \frac{8}{10}, \frac{3}{4}\right) = \frac{4}{8}$$

となるから x_1 が基底変数となり，［　］で囲まれた -8 がピボット項として定まり，ピボット操作によりサイクル 1 の位置に示されている結果を得る．

サイクル 1 において $(-35, 70, 75)$ のうち負のものは -35 だけであるから x_4 が非基底変数となる．さらに

$$\min\left(\frac{3}{2.5}, \frac{1}{2}, \frac{0.5}{0.25}\right) = \frac{1}{2}$$

となるから，［　］で囲まれた -2 がピボット項となって x_3 が基底変数となり，ピボット操作によりサイクル 2 の結果を得る．

サイクル 2 ではすべての定数 $\bar{b}_i$ は正となり，最適解

$$x_1 = 66.25,\ x_2 = 0,\ x_3 = 17.5 \quad (x_4 = 0,\ x_5 = 183.75,\ x_6 = 0)$$
$$\min z = 317.5$$

を得る．

ここで表 7.1 のサイクル 2 は x_5 と x_1 の行を入れ替えることによって表 3.9 のサイクル 4 と等しくなることに注意しよう．

さて，双対シンプレックス法はまさしくシンプレックス法を双対問題に適用したものであることを示そう．

標準形の主問題とその双対問題を次のように定義する．

主問題

$$\left.\begin{array}{ll} \text{minimize} & z = \sum_{j=1}^{n} c_j x_j \\ \text{subject to} & \sum_{j=1}^{n} a_{ij} x_j = b_i \qquad i = 1, 2, \cdots, m \\ & x_j \geqq 0 \qquad j = 1, 2, \cdots, n \end{array}\right\} \tag{7.3}$$

双対問題

$$\left.\begin{array}{ll} \text{maximize} & v = \sum_{i=1}^{m} b_i \pi_i \\ \text{subject to} & \sum_{i=1}^{m} a_{ji} \pi_i \leqq c_j \qquad j = 1, 2, \cdots, n \end{array}\right\} \tag{7.4}$$

ここで主問題に対する基底行列Bを

$$B=\begin{bmatrix} a_{11} & \cdots & a_{1m} \\ \vdots & & \vdots \\ a_{m1} & \cdots & a_{mm} \end{bmatrix} \tag{7.5}$$

としよう．双対問題の制約式にスラック変数$\bar{c}_j,\ j=1,2,\cdots,n$を導入すれば，双対問題は次のような係数表によって表すことができる．

表 7.2 双対問題の構造

	双対変数						
	π_1	$\pi_2 \cdots\cdots$	π_m	$\bar{c}_1$	$\bar{c}_2 \cdots \bar{c}_m$	$\bar{c}_{m+1} \cdots \bar{c}_n$	定数
B^T	a_{11}	$a_{21} \cdots\cdots$	a_{m1}	1			c_1
	⋮	⋮	⋮		1 ⋱		⋮
	a_{1m}	$a_{2m} \cdots\cdots$	a_{mm}		1		c_m
$\bar{B}^T$	$a_{1,m+1}$	$a_{2,m+1} \cdots$	$a_{m,m+1}$			1	c_{m+1}
	⋮	⋮	⋮			⋱	⋮
	a_{1n}	$a_{2n} \cdots$	a_{mn}			1	c_n
	b_1	$b_2 \cdots\cdots$	b_m	0	$0 \cdots\cdots$	0	
	双対問題の目的関数の係数						

左上の部分の行列B^Tに対して，左下の部分の行列を$\bar{B}^T$とする．双対問題はスラック変数を導入して等式の形式で表すとn行と$(n+m)$列からなり，したがって，n個の基底変数をもつ．

主問題の基底行列Bに対して双対問題は実行可能であると仮定する．すなわち

$$\boldsymbol{\pi}=\boldsymbol{c}_B B^{-1} \tag{7.6}$$

を双対問題の制約式に代入すると$\bar{c}_j=c_j-\boldsymbol{\pi}\boldsymbol{p}_j \geqq 0$となるとしよう．$\boldsymbol{\pi}$を(7.6)のように選ぶと$\bar{c}_j=0,\ j=1,\cdots,m$となるから，$\pi_1,\cdots,\pi_m$に加えて変数$\bar{c}_j,\ j=m+1,\cdots,n$を基底変数にとることができる．これらの変数に対応した双対問題の基底行列は次のようになる．

$$B_d=\begin{matrix} m \\ n-m \end{matrix}\left\{\begin{bmatrix} \overbrace{B^T}^{m} & \overbrace{O}^{n-m} \\ \bar{B}^T & I \end{bmatrix}\right. \tag{7.7}$$

B と B_d は1対1の対応関係にあり，主問題の各々の基底行列に対して双対問題の一意的な正方三角ブロックの基底行列が対応することに注意しよう．B_d の逆行列が次のようになることは，それぞれを掛けてやれば単位行列になることより，容易に証明できる．

$$B_d^{-1} = \left[\begin{array}{c|c} (B^{-1})^T & O \\ \hline -(B^{-1}\bar{B})^T & I \end{array}\right] \tag{7.8}$$

さて，双対問題を正準形に導こう．双対問題のタブローは行列形式を用いて書くと次のようになる．

$$\left[\begin{array}{c|c} B^T & O \\ \hline \bar{B}^T & I \end{array}\right] \left[\begin{array}{c} \boldsymbol{\pi}^T \\ \hline \bar{c}_{m+1} \\ \vdots \\ \bar{c}_n \end{array}\right] + \left[\begin{array}{c} I \\ \hline O \end{array}\right] \begin{bmatrix} \bar{c}_1 \\ \vdots \\ \bar{c}_m \end{bmatrix} = \begin{bmatrix} c_1 \\ \vdots \\ c_n \end{bmatrix} \tag{7.9}$$

両辺に B_d^{-1} を掛けて目的関数の行を追加すれば

$$\begin{array}{l} \begin{matrix} \pi_1 & & & & & \\ & \ddots & & & & \\ & & \pi_m & & & \\ & & & \bar{c}_{m+1} & & \\ & & & & \ddots & \\ & & & & & \bar{c}_n \end{matrix} + \left[\begin{array}{c} (B^{-1})^T \\ \hline -(B^{-1}\bar{B})^T \end{array}\right] \begin{bmatrix} \bar{c}_1 \\ \vdots \\ \bar{c}_m \end{bmatrix} = \left[\begin{array}{c} (\boldsymbol{c}_B B^{-1})^T \\ \hline c_{m+1} - \boldsymbol{\pi}\boldsymbol{p}_{m+1} \\ \vdots \\ c_n - \boldsymbol{\pi}\boldsymbol{p}_n \end{array}\right] \\ b_1\pi_1 + \cdots + b_m\pi_m \qquad\qquad\qquad\qquad -v = 0 \end{array} \tag{7.10}$$

正準形にするためには，$\pi_1, \cdots, \pi_m$ を v の式から消去しなければならない．そのためには，最初の式に b_1，2番目の式に b_2，…，m 番目の式に b_m を掛け，それらを加えて v の式から引けばよい．このとき，$\bar{c}_1, \cdots, \bar{c}_m$ に関する目的関数の係数の行ベクトルは次のようになる．

$$-\boldsymbol{b}^T(B^{-1})^T = -(B^{-1}\boldsymbol{b})^T = -\bar{\boldsymbol{b}}^T \tag{7.11}$$

したがって，最終的な正準形は次のようになる．

$$\begin{array}{l} \begin{matrix} \pi_1 & & & & & \\ & \ddots & & & & \\ & & \pi_m & & & \\ & & & \bar{c}_{m+1} & & \\ & & & & \ddots & \\ & & & & & \bar{c}_n \end{matrix} + \left[\begin{array}{c} (B^{-1})^T \\ \hline -(B^{-1}\bar{B})^T \end{array}\right] \begin{bmatrix} \bar{c}_1 \\ \vdots \\ \bar{c}_m \end{bmatrix} = \left[\begin{array}{c} (\boldsymbol{c}_B B^{-1})^T \\ \hline c_{m+1} - \boldsymbol{\pi}\boldsymbol{p}_{m+1} \\ \vdots \\ c_n - \boldsymbol{\pi}\boldsymbol{p}_n \end{array}\right] \\ \qquad\qquad\qquad -\bar{b}_1\bar{c}_1 - \cdots - \bar{b}_m\bar{c}_m - v = -\boldsymbol{c}_B B^{-1}\boldsymbol{b} \end{array} \tag{7.12}$$

v の現在の値は

$$\boldsymbol{c}_B B^{-1}\boldsymbol{b} = \boldsymbol{c}_B \boldsymbol{x}_B \tag{7.13}$$

であり，現在の主問題の基底解における z の値と等しいことに注意しよう．

さて，この正準形にシンプレックス法を適用してみよう．v は最大化されるから，ピボット項として

$$-\bar{b}_r = \max(-\bar{b}_i) \tag{7.14}$$

となる r を選べばよい．このような r は

$$\bar{b}_r = \min \bar{b}_i \tag{7.15}$$

によって得られるが，これは双対シンプレックス法の手順1に対応している．もし

$$\max(-\bar{b}_i) \leqq 0 \tag{7.16}$$

あるいは等価的に

$$\min \bar{b}_i \geqq 0 \tag{7.17}$$

であれば，現在の解は最適である．これは双対シンプレックス法における手順1の最適性の判定に対応している．もし $\bar{b}_r < 0$ であれば，非退化の仮定のもとで $\bar{c}_r$ を双対問題の基底に入れて双対問題の目的関数の値を増加させることが可能である．$\pi_1, \cdots, \pi_m$ は符号に制約がないので，$\bar{c}_r$ が基底に入るとき基底から出る必要はない．したがって $\bar{c}_{m+1}, \cdots, \bar{c}_n$ が基底から出る候補になり，ピボット項は最後の $(n-m)$ 行から選ばれる．ところで一般のシンプレックス法のピボット項の選定規則は

$$\frac{\bar{b}_r}{\bar{a}_{rs}} = \min_{\bar{a}_{is}>0} \frac{\bar{b}_i}{\bar{a}_{is}} \tag{7.18}$$

であるが，双対問題の正準形(7.12)より $\bar{b}_i$ は $\bar{c}_{m+i}$ に置き換えればよいことがわかる．また $\bar{c}_r$ に対応したピボット列の最後の$(n-m)$個の要素は $-(B^{-1}\bar{B})^T$ の r 番目の列であり

$$-(\bar{a}_{r,m+1}, \bar{a}_{r,m+2}, \cdots, \bar{a}_{rn})^T \tag{7.19}$$

となる．このベクトルの第 i 要素 $-\bar{a}_{r,m+i}$ が $\bar{a}_{is}$ に対応している．したがってピボット選択規則は

$$\frac{\bar{c}_{m+k}}{-\bar{a}_{r,m+k}} = \min_{-\bar{a}_{r,m+i}>0} \frac{\bar{c}_{m+i}}{-\bar{a}_{r,m+i}} \tag{7.20}$$

となるが，$i \leqq m$ のとき $\bar{a}_{ri}$ は $\bar{a}_{rr}=1$ を除いてすべて零であることを考慮すれば，(7.20) は次のように表すことができる．

$$\frac{\bar{c}_s}{-\bar{a}_{rs}}=\min_{\bar{a}_{ri}<0}\frac{\bar{c}_i}{-\bar{a}_{ri}} \tag{7.21}$$

これは双対シンプレックス法の手順3に対応している．もしすべての $\bar{a}_{ri} \geqq 0$ ならば，双対問題は有界ではないので，双対定理により主問題は実行可能ではない．

7.3 初期双対実行可能正準形の求め方

シンプレックス法の第1段階では初期の実行可能基底解を求めるために人為変数を導入した．これに対して，双対シンプレックス法では初期の双対実行可能基底解を求めるために**人為制約式** (artificial constraint) を導入する方法が用いられる．

標準形の線形計画問題

$$\left.\begin{array}{ll}\text{minimize} & z=\boldsymbol{cx}\\ \text{subject to} & A\boldsymbol{x}=\boldsymbol{b}\\ & \boldsymbol{x}\geqq \boldsymbol{0}\end{array}\right\} \tag{7.22}$$

に対して B を基底行列とし $\boldsymbol{x}_B=(x_{j_1}, x_{j_2}, \cdots, x_{j_m})^T$ を基底変数とするある正準形が次のように与えられているとしよう．

$$\begin{array}{l} x_{j_1} \\ \quad\ddots \\ \qquad x_{j_m} \end{array} + \sum_{j:\text{ 非基底}} \bar{\boldsymbol{p}}_j x_j = \begin{array}{c}\bar{b}_1\\ \vdots\\ \bar{b}_m\end{array}$$
$$-z+\sum_{j:\text{ 非基底}}\bar{c}_j x_j=-\bar{z} \tag{7.23}$$

この正準形は実行可能正準形でも双対実行可能正準形でもないものとする．

このとき，まず次の制約不等式を導入する．

$$\sum_{j:\text{ 非基底}} x_j \leqq M \tag{7.24}$$

ここで M は十分に大きな正の実数である．したがってこの不等式を制約条件としてつけ加えても問題にはなんら影響を与えない．

この不等式にスラック変数 x_0 を入れて

$$x_0+\sum_{j:\text{ 非基底}} x_j=M \tag{7.25}$$

とし，これを正準形 (7.23) につけ加えれば

$$
\begin{array}{llllll}
x_0 & & & + \sum_{j:\ \text{非基底}} x_j & = M \\
& x_{j_1} & & & \bar{b}_1 \\
& & \ddots & + \sum_{j:\ \text{非基底}} \bar{\boldsymbol{p}}_j x_j = & \vdots \\
& & x_{j_m} & & \bar{b}_m \\
& & -z+ & \sum_{j:\ \text{非基底}} \bar{c}_j x_j & = -\bar{z}
\end{array}
\tag{7.26}
$$

この制約式を追加した問題は**拡大問題** (extended problem or augmented problem) と呼ばれる．

この問題は双対実行可能正準形ではないので，$\bar{c}_j$ の中には負のものが存在している．その最小のものを選び，それを例えば $\bar{c}_k$ としよう．すなわち

$$
\bar{c}_k = \min_{\bar{c}_j < 0} \bar{c}_j \tag{7.27}
$$

そこで x_k を基底に入れ，その代わりに x_0 を基底から出すピボット操作を行えば，その結果得られる新しい正準形における相対費用係数 $\bar{c}_j^*$ は

$$
\begin{aligned}
\bar{c}_0^* &= -\bar{c}_k > 0 \\
\bar{c}_j^* &= \bar{c}_j - \bar{c}_k \geqq 0
\end{aligned}
\tag{7.28}
$$

となり，すべての相対費用係数が非負となり，拡大問題の双対実行可能正準形が得られたことになって，双対シンプレックス法が適用できる．

この双対実行可能正準形から出発して双対シンプレックス法により拡大問題を解けば，次の 3 つのいずれかの場合で終了する．

（1） 拡大問題は実行不可能である．

このとき，もとの問題もまた実行不可能である．なぜならば，もし，もとの問題に実行可能解 $\bar{\boldsymbol{x}} = (\bar{x}_1, \bar{x}_2, \cdots, \bar{x}_n)^T$ があるとすれば $\bar{x}_0 = M - \sum_{j:\ \text{非基底}} \bar{x}_j$ とおくことにより $(\bar{x}_0, \bar{x}_1, \bar{x}_2, \cdots, \bar{x}_n)^T$ は拡大問題の実行可能解となるからである．

（2） 拡大問題は最適基底解をもち x_0 が基底に入っている．

このとき拡大問題の基底は次の形をしている．

$$
\hat{B} = \left[\begin{array}{c|c} 1 & \boldsymbol{a}_0 \\ \hline \boldsymbol{0} & B \end{array}\right]
$$

ここでBはもとの問題の基底である.

$$\hat{B}^{-1}=\left[\begin{array}{c|c}1 & -\boldsymbol{a}_0B^{-1}\\ \hline \boldsymbol{0} & B^{-1}\end{array}\right]$$

であるから，基底解

$$\hat{B}^{-1}\left[\begin{array}{c}M\\ \hline \bar{\boldsymbol{b}}\end{array}\right]=\left[\begin{array}{c}M-\boldsymbol{a}_0B^{-1}\bar{\boldsymbol{b}}\\ \hline B^{-1}\bar{\boldsymbol{b}}\end{array}\right]$$

には x_0 のところだけにMが入り，他の基底変数はMの項を含まない．また明らかにzの値もMとは無関係である．したがって，拡大問題の最適解から x_0 を除いた解がもとの問題の最適解である.

(3)　拡大問題は最適解をもち x_0 は非基底変数である.

このとき拡大問題の最適基底解にはMの項が含まれる．もし拡大問題の最適な目的関数値にMの項が含まれるならば，$M\to\infty$ とすれば $z\to-\infty$ になり非有界となる．もし拡大問題の最適な目的関数値にMの項が含まれないならば，拡大問題の最適基底解はまたもとの問題の最適基底解である.

人為制約式を導入する方法を次の数値例に適用してみよう.

$$\begin{array}{lrl}\text{minimize} & z= & -x_1-2x_2+3x_3\\ \text{subject to} & & 2x_1-2x_2-4x_3\leqq -5\\ & & 3x_1\ \ -x_2+4x_3\leqq\ \ 4\\ & & 3x_1+2x_2+3x_3\leqq\ \ 4\end{array}$$

スラック変数 x_4，x_5，x_6 を導入して正準形に変換すれば

$$\begin{array}{lcl}2x_1-2x_2-4x_3+x_4 & = & -5\\ 3x_1\ \ -x_2+4x_3\qquad +x_5 & = & 4\\ 3x_1+2x_2+3x_3\qquad\qquad +x_6 & = & 4\\ -x_1-2x_2+3x_3\qquad\qquad\qquad -z & = & 0\end{array}$$

x_4，x_5，x_6 を基底変数とするこの正準形は $\bar{c}_1=-1<0$，$\bar{c}_2=-2<0$ であるから，双対実行可能正準形ではない．（同時に $\bar{b}_1=-5<0$ であるから（主）実行可能正準形でもない.）

そこで

$$x_0+x_1+x_2+x_3=M\quad (M\text{は十分に大きな正の実数})$$

という制約式をつけ加えた拡大問題のタブローは表7.3のサイクル0の位置に示されている．

表 7.3 拡大問題のタブロー（双対シンプレックス法）

サイクル	基底	x_0	x_1	x_2	x_3	x_4	x_5	x_6	定　数
0	x_0	1	1	[1]	1				M
	x_4		2	-2	-4	1			-5
	x_5		3	-1	4		1		4
	x_6		3	2	3			1	4
	$-z$		-1	-2	3				0
1	x_2	1	1	1	1				M
	x_4	2	4		-2	1			$-5+2M$
	x_5	1	4		5		1		$4+M$
	x_6	[-2]	1		1			1	$4-2M$
	$-z$	2	1		5				$2M$
2	x_2		1.5	1	1.5			0.5	2
	x_4		5		[-1]	1		1	-1
	x_5		4.5		5.5		1	0.5	6
	x_0	1	-0.5		-0.5			-0.5	$M-2$
	$-z$		2		6			1	4
3	x_2		9	1		1.5		2	0.5
	x_3		-5		1	-1		-1	1
	x_5		32			5.5	1	6	0.5
	x_0	1	-3			-0.5		-1	$M-1.5$
	$-z$		32			6		7	-2

サイクル0において

$$\min(-1, -2) = -2$$

であるから x_2 を基底に入れ，その代わりに x_0 を基底から出すピボット操作を行えばサイクル1の結果を得る．ここで，すべての相対費用係数は非負となり拡大問題の双対実行可能正準形が得られている．

サイクル1において，$(M, -5+2M, 4+M, 4-2M)$ のうち負のものは $4-2M$ だけであるから x_6 が非基底変数となる．さらに，この行における負の係数は -2 だけであるから，[　] で囲まれた -2 がピボット項となって x_0 が基底変数となり，ピボット操作によりサイクル2の結果を得る．

サイクル2において負の定数は -1 だけであるから x_4 が非基底変数となる．

さらにその行における負の係数は -1 だけであるから，[ ] で囲まれた -1 がピボット項となり，ピボット操作によりサイクル 3 の結果を得る．

サイクル 3 では，すべての定数 $\bar{b}_i$ は正となり，拡大問題は最適基底解をもち x_0 が基底に入っている．

したがって，もとの問題の最適解は x_0 を除いて

$$x_1 = 0,\ x_2 = 0.5,\ x_3 = 1 \quad (x_4 = 0,\ x_5 = 0.5,\ x_6 = 0)$$
$$\min z = 2$$

で与えられる．

問　題　7

1. 第3章の「問題3」の6で解いた次の線形計画問題を双対シンプレックス法で解け．

$$\begin{aligned}
&\text{minimize} && 26x_1+20x_2+30x_3\\
&\text{subject to} && 5x_1+6x_2+10x_3 \geqq 925\\
& && 15x_1+13x_2+20x_3 \geqq 1975\\
& && 18x_1+11x_2+20x_3 \geqq 2000\\
& && x_j \geqq 0 \quad j=1,2,3
\end{aligned}$$

また，この問題の制約条件式にさらに

$$10x_1+13x_2+30x_3 \leqq 300$$

を加えた問題を双対シンプレックス法で解け．

2. 次の線形計画問題を双対シンプレックス法で解け．

$$\begin{aligned}
&\text{minimize} && 2x_1+3x_2+x_3+2x_4+6x_5\\
&\text{subject to} && -x_1+3x_2+x_3-4x_4+x_5 \leqq -1\\
& && x_1+4x_2+2x_3+x_4+3x_5 \leqq 5\\
& && -x_1-2x_2-x_3+3x_4-x_5 \leqq -2\\
& && x_j \geqq 0 \quad j=1,2,3,4,5
\end{aligned}$$

3. 次の問題に人為制約式を導入して双対シンプレックス法で解け．

$$\begin{aligned}
&\text{minimize} && -1.5x_1-2x_2+3x_3+x_4-x_5\\
&\text{subject to} && x_1-x_2-x_3+3x_4+4x_5 \leqq 12\\
& && 2x_1-3x_2+3x_3-x_4-2x_5 \leqq 10\\
& && 2x_2-x_3-2x_4+4x_5 \leqq 8\\
& && x_j \geqq 0 \quad j=1,2,3,4,5
\end{aligned}$$

8. 感度解析

ある線形計画問題の最適解が得られている場合，この問題の係数が変化したり，新しい変数や制約式が付加されたときに最適解がどのように変化するかを知りたいことが少なくない．この場合，最初からわざわざ解き直さなくても，前の最適解からはじめに行った計算の結果を修正して，変更後の新しい最適解を簡明に得ることができる場合が多い．感度解析は，このことを解決するための手法である．

8.1 はじめに

標準形の線形計画問題

$$\left.\begin{array}{ll}\text{minimize} & z = \boldsymbol{cx} \\ \text{subject to} & A\boldsymbol{x} = \boldsymbol{b} \\ & \boldsymbol{x} \geqq \boldsymbol{0}\end{array}\right\} \qquad (8.1)$$

をシンプレックス法あるいは双対シンプレックス法で解いた結果，最適解が得られているとしよう．その後，この問題の係数が変化したり，新しい変数や制約式が付加されたときに，前の最適解がどのような影響を受けるかということや，はじめに行った計算の結果を簡単に修正して新しい問題の最適解を得るにはどのようにすればよいかについて考えてみよう．

このとき，対象となる問題はいくつかに分類されるが，次の5つの場合の**感度解析** (sensitivity analysis) の手法について述べよう．

1) 定数項 $\boldsymbol{b}$ が変化した場合
2) 目的関数の係数 $\boldsymbol{c}$ が変化した場合
3) 新しい変数が追加された場合
4) 新しい制約式が追加された場合
5) 制約式の係数が変化した場合

以上のいずれの場合に対しても，5.1節で述べた改訂シンプレックス法における基本式が重要な役割を果たす．

標準形の線形計画問題 (8.1) の最適基底行列 B は既知であり，したがって最適基底解

$$\boldsymbol{x}_B = \bar{\boldsymbol{b}} = B^{-1}\boldsymbol{b} \tag{8.2}$$

シンプレックス乗数

$$\boldsymbol{\pi} = \boldsymbol{c}_B B^{-1} \tag{8.3}$$

目的関数値

$$\bar{z} = \boldsymbol{c}_B \bar{\boldsymbol{b}} = \boldsymbol{\pi}\boldsymbol{b} \tag{8.4}$$

も既知であるとする．

このとき最適性規準

$$\bar{c}_j = c_j - \boldsymbol{\pi}\boldsymbol{p}_j \geqq 0 \qquad j:\ \text{非基底} \tag{8.5}$$

が成立している．また

$$\bar{\boldsymbol{p}}_j = B^{-1}\boldsymbol{p}_j \tag{8.6}$$

である．

8.2 定数項が変化した場合

定数項 $\boldsymbol{b}$ の変化分を $\Delta\boldsymbol{b}$ とし，もとの問題が次のように変化したとする．

$$\left.\begin{array}{ll} \text{minimize} & z = \boldsymbol{c}\boldsymbol{x} \\ \text{subject to} & A\boldsymbol{x} = \boldsymbol{b} + \Delta\boldsymbol{b} \\ & \boldsymbol{x} \geqq \boldsymbol{0} \end{array}\right\} \tag{8.7}$$

制約条件式の右辺が $\boldsymbol{b}$ から $\boldsymbol{b}+\Delta\boldsymbol{b}$ に変化しても，シンプレックス乗数および最適性規準は変化しない．変化するのは基底解 $\boldsymbol{x}_B$ および目的関数値 $\bar{z}$ だけであり，変化後の値に * を付けて表せば

$$\boldsymbol{x}_B^* = B^{-1}(\boldsymbol{b} + \Delta\boldsymbol{b}) = \boldsymbol{x}_B + B^{-1}\Delta\boldsymbol{b} \tag{8.8}$$

$$\bar{z}^* = \boldsymbol{\pi}(\boldsymbol{b} + \Delta\boldsymbol{b}) = \bar{z} + \boldsymbol{\pi}\Delta\boldsymbol{b} \tag{8.9}$$

したがって

(1) もし $\boldsymbol{x}_B^* \geqq \boldsymbol{0}$ ならば $\boldsymbol{x}_B^*$ がそのまま最適解となり，目的関数の変化値は $\boldsymbol{\pi}\Delta\boldsymbol{b}$ である．

(2) もし $\boldsymbol{x}_B^* \geqq \boldsymbol{0}$ でなければ基底変数に負のものが現れたことになるが，

最適性規準 $\bar{c}_j \geqq 0$ (j: 非基底) は成立しているので，双対シンプレックス法を適用することができる.

逆に $\boldsymbol{x}_B^* = \boldsymbol{x}_B + B^{-1}\Delta \boldsymbol{b} \geqq \boldsymbol{0}$ である限り現在の基底が最適であることを考慮すれば，もとの問題の右辺の各 b_i に対して現在の基底が最適であるための Δb_i の範囲を，次のように定めることができる.

$$\min\{\Delta b_i | \boldsymbol{x}_B + (B^{-1})_i \Delta b_i \geqq \boldsymbol{0}\} \leqq \Delta b_i \leqq \max\{\Delta b_i | \boldsymbol{x}_B + (B^{-1})_i \Delta b_i \geqq \boldsymbol{0}\} \quad (8.10)$$

ここで $(B^{-1})_i$ は B^{-1} の第 i 列を表している.

例 1.1 の生産計画の問題において，利用可能な原料の最大量が次のように変更されたときの最適解を求めてみよう.

（1） M_1 の利用可能な最大量が 425 トンから 450 トンになったとき

（2） M_1 の利用可能な最大量が 425 トンから 350 トン，M_2 の最大量が 400 トンから 420 トンになったとき

もとの問題の最適解は表 3.3 のサイクル 3 に示されているが，ここで便宜上，表 3.3 の標準形に対するタブロー（サイクル 0）と最適タブロー（サイクル 3）を次の表 8.1 に再び示しておく.

表 8.1 例 1.1 の標準形と最適タブロー

	基 底	x_1	x_2	x_3	x_4	x_5	x_6	定 数
標準形	x_4	2	10	4	1			425
	x_5	6	5	8		1		400
	x_6	7	10	8			1	600
	$-z$	-2.5	-5	-3.4				0
最適タブロー	x_2		1		0.08	-0.12	0.08	34
	x_3			1	0.25	0.5	-0.5	6.25
	x_1	1			-0.4	-0.4	0.6	30
	$-z$				0.25	0.1	0.2	266.25

最適タブローにおける基底解は $\boldsymbol{x}_B = (x_2, x_3, x_1)^T$ で基底変数は x_2, x_3, x_1 であるから

$$B = \begin{bmatrix} 10 & 4 & 2 \\ 5 & 8 & 6 \\ 10 & 8 & 7 \end{bmatrix}, \quad B^{-1} = \begin{bmatrix} 0.08 & -0.12 & 0.08 \\ 0.25 & 0.5 & -0.5 \\ -0.4 & -0.4 & 0.6 \end{bmatrix}$$

$$\boldsymbol{\pi} = (-0.25, -0.1, -0.2)$$

である．標準形に対するタブローの x_4, x_5, x_6 の列は単位行列であるから，各サイクルにおける B^{-1} は単位行列の場所に入っている行列として得られる．$-\boldsymbol{\pi}$ も同様に x_4, x_5, x_6 の $-z$ の行に現れている†.

（1） $\Delta\boldsymbol{b} = \begin{pmatrix} 25 \\ 0 \\ 0 \end{pmatrix}$ とおけば　$\boldsymbol{b} = \begin{pmatrix} 425 \\ 400 \\ 600 \end{pmatrix}$ であるから

$$\boldsymbol{x}_B^* = B^{-1}(\boldsymbol{b}+\Delta\boldsymbol{b}) = B^{-1}\begin{pmatrix} 450 \\ 400 \\ 600 \end{pmatrix} = \begin{bmatrix} 0.08 & -0.12 & 0.08 \\ 0.25 & 0.5 & -0.5 \\ -0.4 & -0.4 & 0.6 \end{bmatrix}\begin{pmatrix} 450 \\ 400 \\ 600 \end{pmatrix} = \begin{pmatrix} 36 \\ 12.5 \\ 20 \end{pmatrix}$$

$$\bar{z}^* = \boldsymbol{\pi}(\boldsymbol{b}+\Delta\boldsymbol{b}) = (-0.25, -0.1, -0.2)\begin{pmatrix} 450 \\ 400 \\ 600 \end{pmatrix} = -272.5$$

したがって $\boldsymbol{x}_B^* \geqq \boldsymbol{0}$ であり，$\boldsymbol{x}_B^*$ がそのまま最適基底解となり，最適解

$$x_1 = 20,\ x_2 = 36,\ x_3 = 12.5 \quad (x_4 = x_5 = x_6 = 0)$$

$$\min z = -272.5$$

を得る．

（2） $\Delta\boldsymbol{b} = \begin{pmatrix} -75 \\ 20 \\ 0 \end{pmatrix}$ とおけば　$\boldsymbol{b} = \begin{pmatrix} 425 \\ 400 \\ 600 \end{pmatrix}$ であるから

$$\boldsymbol{x}_B^* = B^{-1}(\boldsymbol{b}+\Delta\boldsymbol{b}) = B^{-1}\begin{pmatrix} 350 \\ 420 \\ 600 \end{pmatrix} = \begin{pmatrix} 25.6 \\ -2.5 \\ 52 \end{pmatrix}$$

$$\bar{z}^* = \boldsymbol{\pi}(\boldsymbol{b}+\Delta\boldsymbol{b}) = (-0.25, -0.1, -0.2)\begin{pmatrix} 350 \\ 420 \\ 600 \end{pmatrix} = -249.5$$

---

† 不等式制約の場合，不等号の向き $\leqq$ あるいは $\geqq$ に応じて導入されるスラック変数あるいは余裕変数に対応するそれぞれの部分行列は I（単位行列）あるいは $-I$ となるので，各サイクルにおける B^{-1} あるいは $-B^{-1}$ がこれらの I あるいは $-I$ の場所に現れる．またスラック変数あるいは余裕変数 x_{n+i} に対する最初の費用係数 c_{n+i} は零であることを考慮すれば，$\bar{c}_j = c_j - \boldsymbol{\pi}\boldsymbol{p}_j$ より不等号の向き $\leqq$ あるいは $\geqq$ に応じてそれぞれ $\pi_i = -\bar{c}_{n+i}$ あるいは $\pi_i = \bar{c}_{n+i}$ となることに注意しよう．

$\boldsymbol{x}_B^*$ の中に負のものが存在するから，双対シンプレックス法を適用すれば，表 8.2 の結果が得られる．

表 8.2 $b_1=350$，$b_2=420$ に変更されたときのシンプレックス・タブロー

サイクル	基底	x_1	x_2	x_3	x_4	x_5	x_6	定数
I	x_2		1		0.08	−0.12	0.08	25.6
	x_3			1	0.25	0.5	[−0.5]	−2.5
	x_1	1			−0.4	−0.4	0.6	52
	$-z$				0.25	0.1	0.2	249.5
II	x_2		1	0.16	0.12	−0.04		25.2
	x_6			−2	−0.5	−1	1	5
	x_1	1		1.2	−0.1	0.2		49
	$-z$			0.4	0.35	0.3		248.5

この例では 1 回のピボット操作で最適解

$$x_1=49,\quad x_2=25.2,\quad x_3=0\quad (x_4=0,\quad x_5=0,\quad x_6=5)$$

$$\min z=-248.5$$

が得られている．

8.3 目的関数の係数が変化した場合

目的関数の係数 $\boldsymbol{c}$ の変化分を $\Delta\boldsymbol{c}$ とし，もとの問題が次のように変化したとする．

$$\left.\begin{array}{ll}\text{minimize} & z=(\boldsymbol{c}+\Delta\boldsymbol{c})\boldsymbol{x}\\ \text{subject to} & A\boldsymbol{x}=\boldsymbol{b}\\ & \boldsymbol{x}\geqq\boldsymbol{0}\end{array}\right\}\tag{8.11}$$

$\boldsymbol{c}$ が変化した場合，影響を受けるのは最適性規準と目的関数値だけであり，変化後の値に * を付けて表せば

$$\begin{aligned}\bar{c}_j^*&=(c_j+\Delta c_j)-(\boldsymbol{c}_B+\Delta\boldsymbol{c}_B)B^{-1}\boldsymbol{p}_j\\&=c_j-\boldsymbol{c}_BB^{-1}\boldsymbol{p}_j+\Delta c_j-\Delta\boldsymbol{c}_BB^{-1}\boldsymbol{p}_j\\&=\bar{c}_j+(\Delta c_j-\Delta\boldsymbol{c}_B\bar{\boldsymbol{p}}_j)\end{aligned}\tag{8.12}$$

$$\bar{z}^*=(\boldsymbol{c}_B+\Delta\boldsymbol{c}_B)\boldsymbol{x}_B=\bar{z}+\Delta\boldsymbol{c}_B\boldsymbol{x}_B\tag{8.13}$$

したがって

（1） もし $\bar{c}_j^* \geqq 0$ ならば，もとの基底解はそのまま変化せず，目的関数の変化値は $\Delta \boldsymbol{c}_B \boldsymbol{x}_B$ である．

（2） もし $\bar{c}_j^*$ の中に負のものがあれば，シンプレックス法を適用することができる．

なお $\boldsymbol{c}$ が変化することは，もとの問題の双対問題を考えれば $\boldsymbol{b}$ が変化した場合と同じになるから，8.2 節の方法をそのまま適用することができることに注意しよう．

例 1.1 の生産計画の問題において，製品 P_1, P_2, P_3 の 1 トン当りの利潤が次のように変更されたときの最適解を求めてみよう．

（1） P_1 の利潤が 2.5 万円から 3 万円，P_3 の利潤が 3.4 万円から 4 万円になったとき

（2） P_1 の利潤が 2.5 万円から 2 万円，P_3 の利潤が 3.4 万円から 4 万円になったとき

もとの問題の標準形と最適タブローは表 8.1 に示されている．

（1） $\Delta \boldsymbol{c} = (-0.5, 0, -0.6, 0, 0, 0)$ とおく．

$\boldsymbol{c}_B = (-5, -3.4, -2.5)$，$\Delta \boldsymbol{c}_B = (0, -0.6, -0.5)$ であるから

$$\bar{c}_4^* = \bar{c}_4 + (\Delta c_4 - \Delta \boldsymbol{c}_B \bar{\boldsymbol{p}}_4)$$

$$= 0.25 + 0 - (0, -0.6, -0.5)\begin{pmatrix} 0.08 \\ 0.25 \\ -0.4 \end{pmatrix} = 0.2$$

$$\bar{c}_5^* = \bar{c}_5 + (\Delta c_5 - \Delta \boldsymbol{c}_B \bar{\boldsymbol{p}}_5)$$

$$= 0.1 + 0 - (0, -0.6, -0.5)\begin{pmatrix} -0.12 \\ 0.5 \\ -0.4 \end{pmatrix} = 0.2$$

$$\bar{c}_6^* = \bar{c}_6 + (\Delta c_6 - \Delta \boldsymbol{c}_B \bar{\boldsymbol{p}}_6)$$

$$= 0.2 + 0 - (0, -0.6, -0.5)\begin{pmatrix} 0.08 \\ -0.5 \\ 0.6 \end{pmatrix} = 0.2$$

$$\bar{z}^* = (\boldsymbol{c}_B + \Delta \boldsymbol{c}_B)\boldsymbol{x}_B = (-5, -4, -3)\begin{pmatrix} 34 \\ 6.25 \\ 30 \end{pmatrix} = -285$$

したがって $\bar{c}_j^* \geqq 0$ $(j=4,5,6)$ であり，$\boldsymbol{x}_B$ がそのまま最適基底解となり，最適解

$$x_1 = 34,\ \ x_2 = 6.25,\ \ x_3 = 30 \quad (x_4 = x_5 = x_6 = 0)$$
$$\min z = -285$$

を得る．

（2） $\Delta\boldsymbol{c} = (0.5, 0, -0.6, 0, 0, 0)$ とおく．

$\boldsymbol{c}_B = (-5, -3.4, -2.5),\quad \Delta\boldsymbol{c}_B = (0, -0.6, 0.5)$

であるから

$$\bar{c}_4^* = \bar{c}_4 + (\Delta c_4 - \Delta\boldsymbol{c}_B\bar{\boldsymbol{p}}_4)$$
$$= 0.25 + 0 - (0, -0.6, 0.5)\begin{pmatrix} 0.08 \\ 0.25 \\ -0.4 \end{pmatrix} = 0.6$$

$$\bar{c}_5^* = \bar{c}_5 + (\Delta c_5 - \Delta\boldsymbol{c}_B\bar{\boldsymbol{p}}_5)$$
$$= 0.1 + 0 - (0, -0.6, 0.5)\begin{pmatrix} -0.12 \\ 0.5 \\ -0.4 \end{pmatrix} = 0.6$$

$$\bar{c}_6^* = \bar{c}_6 + (\Delta c_6 - \Delta\boldsymbol{c}_B\bar{\boldsymbol{p}}_6)$$
$$= 0.2 + 0 - (0, -0.6, 0.5)\begin{pmatrix} 0.08 \\ -0.5 \\ 0.6 \end{pmatrix} = -0.4$$

$$\bar{z}^* = (\boldsymbol{c}_B + \Delta\boldsymbol{c}_B)\boldsymbol{x}_B = (-5, -4, -2)\begin{pmatrix} 34 \\ 6.75 \\ 30 \end{pmatrix} = -255$$

表 8.3 $c_1 = -2$, $c_3 = -4$ に変更されたときのシンプレックス・タブロー

サイクル	基底	x_1	x_2	x_3	x_4	x_5	x_6	定数
I	x_2		1		0.08	−0.12	0.08	34
	x_3			1	0.25	0.5	−0.5	6.25
	x_1	1			−0.4	−0.4	[0.6]	30
	$-z$				0.6	0.6	−0.4	255
II	x_2	−2/15	1		2/15	−1/15		30
	x_3	5/6		1	1/12	1/6		31.25
	x_6	5/3			−2/3	−2/3	1	50
	$-z$	2/3			1/3	1/3		275

$\bar{c}_6^* = -0.4 < 0$ であるから，最適性の条件は満たされないのでシンプレックス法を適用すれば，表8.3の結果が得られる．

本例では1回のピボット操作で最適解

$$x_1 = 0,\ x_2 = 30,\ x_3 = 31.25 \quad (x_4 = 0,\ x_5 = 0,\ x_6 = 50)$$

$$\min z = -275$$

が得られている．

8.4 新しい変数が追加された場合

追加される新しい非負変数を x_{n+1}，制約式における係数ベクトルを $\boldsymbol{p}_{n+1}$，目的関数の係数を c_{n+1} とすれば，問題は次のように変化する．

$$\left.\begin{array}{ll} \text{minimize} & z = \sum_{j=1}^{n+1} c_j x_j \\ \text{subject to} & \sum_{j=1}^{n+1} \boldsymbol{p}_j x_j = \boldsymbol{b} \\ & x_j \geqq 0 \qquad j = 1, 2, \cdots, n, n+1 \end{array}\right\} \quad (8.14)$$

この場合

（1） もし $\bar{c}_{n+1} = c_{n+1} - \boldsymbol{\pi} \boldsymbol{p}_{n+1} \geqq 0$ ならば，新しい変数はもとの問題の最適値に何の影響も与えない．

（2） もし $\bar{c}_{n+1} < 0$ であれば，シンプレックス法により x_{n+1} を基底に入れるピボット操作を行えばよい．

例1.1の生産計画の問題において，3種類の製品 P_1，P_2，P_3 のほかに新しい製品 P_4 を生産することになった．製品 P_4 の生産条件が次のように与えられたとき，利潤を最大にするためには製品 P_1，P_2，P_3，P_4 をそれぞれ何トンずつ生産すればよいかについて考えてみよう．

（1） P_4 を1トン生産するには，原料 M_1 が5トン，原料 M_2 が4トン，原料 M_3 が2トン必要で，1トン当りの利潤は1万円である．

（2） P_4 を1トン生産するには，原料 M_1 が4トン，原料 M_2 が4トン，原料 M_3 が2トン必要で，1トン当りの利潤は2万円である．

もとの問題の標準形と最適タブローは表8.1に示されている．

（1） P_4 の生産量を x_7（トン）とする．

$$\boldsymbol{p}_7 = \begin{pmatrix} 5 \\ 4 \\ 2 \end{pmatrix}, \quad c_7 = -1$$

であるから

$$\bar{c}_7 = c_7 - \boldsymbol{\pi}\boldsymbol{p}_7 = -1-(-0.25, -0.1, -0.2)\begin{pmatrix} 5 \\ 4 \\ 2 \end{pmatrix} = 1.05 > 0$$

となり，新しい変数 x_7 はもとの問題の最適値に何の影響も与えない．

（2） P_4 の生産量を x_7（トン）とする．

$$\boldsymbol{p}_7 = \begin{pmatrix} 4 \\ 4 \\ 2 \end{pmatrix}, \quad c_7 = -2$$

であるから

$$\bar{c}_7 = c_7 - \boldsymbol{\pi}\boldsymbol{p}_7 = -2-(-0.25, -0.1, -0.2)\begin{pmatrix} 4 \\ 4 \\ 2 \end{pmatrix} = -0.2$$

$\bar{c}_7 < 0$ であるから，シンプレックス法により x_7 を基底に入れるピボット操作を行う．ここで

$$\bar{\boldsymbol{p}}_7 = B^{-1}\boldsymbol{p}_7 = \begin{bmatrix} 0.08 & -0.12 & 0.08 \\ 0.25 & 0.5 & -0.5 \\ -0.4 & -0.4 & 0.6 \end{bmatrix}\begin{pmatrix} 4 \\ 4 \\ 2 \end{pmatrix} = \begin{pmatrix} 0 \\ 2 \\ -2 \end{pmatrix}$$

となるので，シンプレックス法を適用すれば表 8.4 の結果が得られる．

表 8.4 x_7 の列を付加したときのシンプレックス・タブロー

サイクル	基底	x_1	x_2	x_3	x_4	x_5	x_6	x_7	定数
I	x_2		1		0.08	−0.12	0.08	0	34
	x_3			1	0.25	0.5	−0.5	[2]	6.25
	x_1	1			−0.4	−0.4	0.6	−2	30
	$-z$				0.25	0.1	0.2	−0.2	266.25
II	x_2		1		0.08	−0.12	0.08		34
	x_7			0.5	0.125	0.25	−0.25	1	3.125
	x_1	1			−0.15	0.1	0.1		36.25
	$-z$			0.1	0.275	0.55	0.15		266.875

本例では，1回のピボット操作で最適解

$$x_1 = 36.25,\ x_2 = 34,\ x_3 = 0,\ x_7 = 3.125 \quad (x_4 = x_5 = x_6 = 0)$$
$$\min z = -266.875$$

が得られている.

8.5 新しい制約式が追加された場合

追加される新しい制約式を

$$\sum_{j=1}^{n} a_{m+1,j}\, x_j = b_{m+1} \tag{8.15}$$

とすれば問題は次のように変化する.

$$\left.\begin{array}{ll} \text{minimize} & z = \boldsymbol{cx} \\ \text{subject to} & \boldsymbol{Ax} = \boldsymbol{b},\ \boldsymbol{x} \geqq \boldsymbol{0} \\ & \displaystyle\sum_{j=1}^{n} a_{m+1,j}\, x_j = b_{m+1} \end{array}\right\} \tag{8.16}$$

もとの問題の最適解が新しく追加された制約式 (8.15) を満たすならば，それは (8.16) の最適解となり話は簡単であるので，満たさない場合を考えることにしよう.

まず (8.15) から基底変数の項を消去するために最適正準形の第 i 行 $(i = 1, 2, \cdots, m)$

$$\sum_{j=1}^{n} \bar{a}_{ij}\, x_j = \bar{b}_i \tag{8.17}$$

を a_{m+1,j_i} 倍して (8.15) から引けば

$$\sum_{j=1}^{n} \bar{a}_{m+1,j}\, x_j = \bar{b}_{m+1} \tag{8.18}$$

ここで

$$\left.\begin{array}{ll} \bar{a}_{m+1,j} = a_{m+1,j} - \displaystyle\sum_{i=1}^{n} a_{m+1,j_i}\, \bar{a}_{ij} & j\text{: 非基底} \\ \bar{a}_{m+1,j} = 0 & j\text{: 基底} \\ \bar{b}_{m+1} = b_{m+1} - \displaystyle\sum_{i=1}^{n} a_{m+1,j_i}\, \bar{b}_i & \end{array}\right\} \tag{8.19}$$

また仮定より $\bar{b}_{m+1} \neq 0$ である. もし $\bar{b}_{m+1} > 0$ であれば，(8.18) の両辺に (-1) を掛けた後，人為変数 x_{n+1} を導入して追加された制約式を

$$\sum_{j=1}^{n} \bar{a}_{m+1,j} x_j + x_{n+1} = \bar{b}_{m+1} \quad (\bar{b}_{m+1} < 0) \tag{8.20}$$

とする．最適タブローの第 $(m+1)$ 行に (8.20) を加えると

$$(x_{j_1}, x_{j_2}, \cdots, x_{j_m}, x_{n+1}) \tag{8.21}$$

を基底とする (8.16) の正準形が得られる．この正準形は実行可能正準形ではないが $\bar{c}_j^* \geqq 0$ であるから双対シンプレックス法が実行できる．$\bar{b}_i$ のうち $\bar{b}_{m+1}$ だけが負であるから，最初に x_{n+1} が基底から出されるのでその後は人為変数 x_{n+1} の列を落とせばよい．

もし，追加される条件式が不等式のときはスラック変数を導入して等式に直すだけでよく，人為変数は不要である．

例 1.1 の生産計画の問題において，3 種類の製品 P_1，P_2，P_3 を生産するには原料 M_1，M_2，M_3 のほかにさらに別の原料 M_4 も必要であることがわかった．すなわち，今までの原料 M_1，M_2，M_3 のほかに，製品 P_1 を 1 トン生産するには原料 M_4 が 1 トン，製品 P_2 を 1 トン生産するには原料 M_4 が 1 トン，製品 P_3 を 1 トン生産するには原料 M_4 が 2 トンそれぞれ必要であり，さらに原料 M_4 は 70 トンまでしか利用できないことが判明した．このように条件が変更されたときの最適解を求めてみよう．

追加される制約式は

$$x_1 + x_2 + 2x_3 \leqq 70$$

である．表 8.1 の最適解 $x_1 = 30$，$x_2 = 34$，$x_3 = 6.25$ はこの制約式を満足していない．スラック変数 x_7 を導入して等式に変換すれば

$$x_1 + x_2 + 2x_3 + x_7 = 70$$

基底変数の項を消去するために，この式から最適タブローの第 1 行を 1 倍，第 2 行を 2 倍，第 3 行を 1 倍してそれらを引けば

$$-0.18x_4 - 0.48x_5 + 0.32x_6 + x_7 = -6.5$$

この式と x_7 の列を追加したシンプレックス・タブローから出発して双対シンプレックス法を適用すると，表 8.5 の結果が得られる．

本例では，2 回のピボット操作で最適解

$$x_1 = 34.375,\ x_2 = 35.625,\ x_3 = 0 \quad (x_4 = 0,\ x_5 = 15.625,$$
$$x_6 = 3.125,\ x_7 = 0)$$

表 8.5　$x_1+x_2+2x_3 \leqq 70$ を追加したときのシンプレックス・タブロー

サイクル	基底	x_1	x_2	x_3	x_4	x_5	x_6	x_7	定数
I	x_2		1		0.08	−0.12	0.08		34
	x_3			1	0.25	0.5	−0.5		6.25
	x_1	1			−0.4	−0.4	0.6		30
	x_7				−0.18	[−0.48]	0.32	1	−6.5
	$-z$				0.25	0.1	0.2		266.25
II	x_2		1		0.125		0	−0.25	35.625
	x_3			1	0.0625		[−1/6]	25/24	−25/48
	x_1	1			−0.25		1/3	−5/6	425/12
	x_5				0.375	1	−2/3	−25/12	325/24
	$-z$				17/80		4/15	5/24	12715/48
III	x_2		1	0	0.125			−0.25	35.625
	x_6			−6	−0.375		1	−6.25	3.125
	x_1	1		2	−0.125			1.25	34.375
	x_5			−4	0.125	1		−6.25	15.625
	$-z$			1.6	0.3125			1.875	264.0625

$$\min z = -264.0625$$

が得られている.

8.6　制約式の係数が変化した場合

条件式の x_k における係数ベクトル $\boldsymbol{p}_k$ の変化分を $\Delta\boldsymbol{p}_k$ とし，もとの問題が次のように変化したとする.

$$\left.\begin{array}{ll}\text{minimize} & z = \boldsymbol{cx} \\ \text{subject to} & \displaystyle\sum_{j \neq k} \boldsymbol{p}_j x_j + (\boldsymbol{p}_k + \Delta\boldsymbol{p}_k) x_k = \boldsymbol{b} \\ & \boldsymbol{x} \geqq \boldsymbol{0}\end{array}\right\} \tag{8.22}$$

この場合

(1)　x_k が非基底変数のときは

$$\bar{c}_k = c_k - \boldsymbol{\pi p}_k \geqq 0$$

である限りもとの基底解には影響を与えない.

もし

$$\bar{c}_k = c_k - \boldsymbol{\pi p}_k < 0$$

であればシンプレックス法を実行すればよい．

（2） x_k が基底変数のときは新しい変数 x_{n+1} を加え，この変数に対する係数を

$$\left.\begin{aligned} \boldsymbol{p}_{n+1} &= \boldsymbol{p}_k + \Delta\boldsymbol{p}_k \\ c_{n+1} &= c_k \end{aligned}\right\} \tag{8.23}$$

とおく．そしてもとの x_k に対する目的関数の係数を c_k+M（M は十分大きな正数）とおき，$\boldsymbol{c}$ が変化した場合と同じ操作を行えば，x_k は基底から出るから x_{n+1} を x_k に置き換えればよい．

例 1.1 の生産計画の問題において，製品 P_1 を 1 トン生産するには，原料 M_3 は 5 トンあればよいことがわかった．このときの最適解を求めてみよう．

$$\boldsymbol{p}_1 = \begin{pmatrix} 2 \\ 6 \\ 7 \end{pmatrix}, \quad \Delta\boldsymbol{p}_1 = \begin{pmatrix} 0 \\ 0 \\ -2 \end{pmatrix}$$

表 8.1 の最適タブローにおいて，x_1 は基底変数であるから，新しい変数 x_7 を加え，この変数に対する係数を

$$\boldsymbol{p}_7 = \begin{pmatrix} 2 \\ 6 \\ 5 \end{pmatrix}, \quad c_7 = -2.5$$

とおけば

$$\bar{\boldsymbol{p}}_7 = B^{-1}\boldsymbol{p}_7 = \begin{bmatrix} 0.08 & -0.12 & 0.08 \\ 0.25 & 0.5 & -0.5 \\ -0.4 & -0.4 & 0.6 \end{bmatrix} \begin{pmatrix} 2 \\ 6 \\ 5 \end{pmatrix} = \begin{pmatrix} -0.16 \\ 1 \\ -0.2 \end{pmatrix}$$

$$\bar{c}_7 = c_7 - \boldsymbol{\pi}\boldsymbol{p}_7 = -2.5 - (-0.25, -0.1, -0.2) \begin{pmatrix} 2 \\ 6 \\ 5 \end{pmatrix} = -0.4$$

さらに，もとの x_1 に対する目的関数の係数を

$$c_1 = -2.5 + M$$

とおけば

$$\boldsymbol{c}_B = (-5, -3.4, -2.5), \quad \Delta\boldsymbol{c}_B = (0, 0, M)$$

であるから

$$\bar{c}_4^* = \bar{c}_4 + (\Delta c_4 - \Delta\boldsymbol{c}_B \bar{\boldsymbol{p}}_4)$$

$$= 0.25+0-(0,0,M)\begin{pmatrix}0.08\\0.25\\-0.4\end{pmatrix} = 0.25+4M$$

$$\bar{c}_5^* = \bar{c}_5 + (\Delta c_5 - \Delta \boldsymbol{c}_B \bar{\boldsymbol{p}}_5)$$

$$= 0.1+0-(0,0,M)\begin{pmatrix}-0.12\\0.5\\-0.4\end{pmatrix} = 0.1+0.4M$$

$$\bar{c}_6^* = \bar{c}_6 + (\Delta c_6 - \Delta \boldsymbol{c}_B \bar{\boldsymbol{p}}_6)$$

$$= 0.2+0-(0,0,M)\begin{pmatrix}0.08\\-0.5\\0.6\end{pmatrix} = 0.2-0.6M$$

$$\bar{c}_7^* = \bar{c}_7 + (\Delta c_7 - \Delta \boldsymbol{c}_B \bar{\boldsymbol{p}}_7)$$

$$= -0.4+0-(0,0,M)\begin{pmatrix}-0.16\\1\\-0.2\end{pmatrix} = -0.4+0.2M$$

$$\bar{z}^* = 266.25-(0,0,M)\begin{pmatrix}34\\6.25\\30\end{pmatrix} = 266.25-30M$$

シンプレックス法を適用すれば，表 8.6 の結果が得られる．

表 8.6　$a_{31}=5$ に変更されたときのシンプレックス・タブロー

サイクル	基底	x_1	x_2	x_3	x_4	x_5	x_6	x_7	定数
I	x_2		1		0.08	−0.12	0.08	−0.16	34
	x_3			1	0.25	0.5	−0.5	1	6.25
	x_1	1			−0.4	−0.4	[0.6]	−0.2	30
	$-z$				0.25+0.4M	0.1+0.4M	0.2−0.6M	−0.4+0.2M	266.25-30M
II	x_2	−2/15	1		2/15	−1/15		−2/15	30
	x_3	5/6		1	−1/12	1/6		[5/6]	31.25
	x_6	5/3			−2/3	−2/3	1	−1/3	50
	$-z$	−1/3+M			23/60	7/30		−1/3	256.25
III	x_2	0	1	0.16	0.12	−0.04			35
	x_7	1		1.2	−0.1	0.2		1	37.5
	x_6	2		0.4	−0.7	−0.6	1		62.5
	$-z$	M		0.4	0.35	0.3			268.75

本例では 2 回のピボット操作で最適性の条件が満たされており，x_7 を x_1 に置き換えれば最適解

$$x_1 = 37.5,\ x_2 = 35,\ x_3 = 0 \quad (x_4 = 0,\ x_5 = 0,\ x_6 = 62.5)$$
$$\min z = -268.75$$

が得られる．

問題 8

例 1.2 の栄養の問題の標準形に対するタブロー（サイクル 0）と最適タブロー（サイクル 4）が次のように与えられている（表 3.9 参照）．

	基底	x_1	x_2	x_3	x_4	x_5	x_6	定数
標準形	x_7	2	5	3	−1			185
	x_8	3	2.5	8		−1		155
	x_9	8	10	4			−1	600
	$-z$	4	8	3				0
最適タブロー	x_3		1.25	1	−0.5		0.125	17.5
	x_1	1	0.625		0.25		−0.1875	66.25
	x_5		9.375		−3.25	1	0.4375	183.75
	$-z$		1.75		0.5		0.375	−317.5

このとき，例 1.2 の条件が以下の 1〜5 の場合のように変更されたときの最適解を感度解析の手法により求めよ．

1. 定数項 $\boldsymbol{b}$ の変化

（1） $(185, 155, 600)^T$ から $(185, 155, 700)^T$ に変化した場合

（2） $(185, 155, 600)^T$ から $(185, 155, 800)^T$ に変化した場合

2. 目的関数の係数 $\boldsymbol{c}$ の変化

（1） $(4, 8, 3, 0, 0, 0)$ から $(5, 7, 3, 0, 0, 0)$ に変化した場合

（2） $(4, 8, 3, 0, 0, 0)$ から $(5.4, 7, 3, 0, 0, 0)$ に変化した場合

3. 新しい変数の追加

（1） 新しい変数 x_7 が追加され，その係数が $\boldsymbol{p}_7 = (1, 1, 4)^T$，$c_7 = 2.5$ の場合

（2） 新しい変数 x_7 が追加され，その係数が $\boldsymbol{p}_7 = (2, 1, 4)^T$，$c_7 = 2.1$ の場合

4. 新しい制約式の追加

（1） $2x_1 + 7x_2 + 6x_3 \leqq 250$ が追加された場合

（2） $2x_1 + 6x_2 + 6x_3 \leqq 200$ が追加された場合

5. 制約式の x_3 の係数 $\boldsymbol{p}_3$ が $(3, 8, 4)^T$ から $(4, 8, 4)^T$ に変化した場合

9. 線形目標計画法

本章では，与えられた制約条件のもとで複数個の目的関数に対して設定された目標値に可能な限り近づけるため，目的関数との差異の絶対値の和を最小化するという線形目標計画法について述べる．線形目標計画法の特徴は，設定される目標が達成可能であろうとなかろうと，設定された目標値に可能な限り近づけるような結果が得られる点にあり，最適化というよりもむしろ満足化の概念に基づいているといえる．ここでは，まず，線形目標計画モデルについての解説を行い，次に互いに相競合する多目標が存在する場合の取り扱い方法について述べ，最後に目標計画法における修正シンプレックス・アルゴリズムについての説明を行う．

9.1 線形目標計画モデル

線形計画法の手法を産業問題に応用する過程で，A. Charnes と W. W. Cooper は，**目標計画法** (goal programming) の概念を導入した．彼らは，1961 年に出版された "Management Models and Industrial Applications of Linear Programming" という周知の書物において，目標計画法という名称をはじめて用いた．彼らは，制約条件式が矛盾して実行可能解が存在しないので解くことのできない線形計画問題に関する討議の結果，**目標達成** (goal attainment) の概念を用いて目標計画法について次のように説明している．『解くことのできない問題における矛盾の解析に密接に関連しているのは，目標達成と呼ばれる概念である．管理者はときどきいろいろな理由により，利用可能な資源の範囲内では達成不可能なときでさえこのような目標を設定することがある．……
…（中略）………組み込まれるいかなる制約条件も「目標」と呼ばれるであろう．そのとき目的は，目標が達成可能であろうとなかろうと，最適化により設定された目標に可能な限り近づけるような結果を得ることである．』

目標計画法は線形計画法を修正・拡張したものであると考えられるが，単一目的よりもむしろ複数個の目的を同時に考慮する問題を取り扱うことができる．通常これらの複数個の目的は，他の目的を犠牲にしてのみ達成可能であるという意味において，相競合しており，また通約可能（同一単位で計れること）ではない．目標計画法ではこのように目的が**多目的**（multiobjective）で**通約性がなく**（noncommensurable）相**競合する**（conflict）場合を対象としている．

与えられた制約条件のもとで，線形計画法のように単一の目的関数を直接最小（大）化する代わりに，目標計画法では各目的関数に対して設定された目標値に可能な限り近づけるため，目的関数との差異の絶対値の和を最小化する．したがってただ1つの目的だけが含まれる場合は，実質的には線形計画法と変わらないが，相競合する通約性のない2つ以上の目的が含まれる場合には，主たる相異が生じる．

いま k 個の線形の目的関数

$$\left.\begin{aligned} z_1 &= \boldsymbol{c}_1\boldsymbol{x} \\ z_2 &= \boldsymbol{c}_2\boldsymbol{x} \\ &\vdots \\ z_k &= \boldsymbol{c}_k\boldsymbol{x} \end{aligned}\right\} \tag{9.1}$$

が存在し，これらの各目的関数 $z_1, z_2, \cdots, z_k$ に対する目標値がそれぞれ $g_1, g_2, \cdots, g_k$ で与えられており，さらに $\boldsymbol{x}$ は次の線形の制約条件を満足するものとする．

$$\left.\begin{aligned} A\boldsymbol{x} &\leqq \boldsymbol{b}^{\dagger} \\ \boldsymbol{x} &\geqq \boldsymbol{0} \end{aligned}\right\} \tag{9.2}$$

ここで

$$\boldsymbol{c}_i = (c_{i1}, c_{i2}, \cdots, c_{in}) \qquad i = 1, \cdots, k \tag{9.3}$$

$$\boldsymbol{x} = (x_1, x_2, \cdots, x_n)^T \tag{9.4}$$

$$A = \begin{bmatrix} a_{11} \cdots\cdots a_{1n} \\ \cdots\cdots \\ a_{m1} \cdots\cdots a_{mn} \end{bmatrix} \tag{9.5}$$

$$\boldsymbol{b} = (b_1, b_2, \cdots, b_m)^T \tag{9.6}$$

このとき，ノルムとして各目標値からの差異の絶対値の和を利用して，目標

† 以下の章では記述の簡明化のため，$A\boldsymbol{x} = \boldsymbol{b}$ の代わりに $A\boldsymbol{x} \leqq \boldsymbol{b}$ から出発している．

値にできる限り近づけるような実行可能解を求める問題は次のように定式化される．

$$\text{minimize} \quad \sum_{i=1}^{k} |\boldsymbol{c}_i\boldsymbol{x} - g_i| \tag{9.7}$$

$$\text{subject to} \quad A\boldsymbol{x} \leqq \boldsymbol{b} \tag{9.8}$$

$$\boldsymbol{x} \geqq \boldsymbol{0} \tag{9.9}$$

この定式化では，目的関数以外は通常の線形計画問題である．この問題を等価な線形の形式に変換するために次の2つの補助変数 d_i^+ と d_i^- を各 $i=1, \cdots, k$ に対して導入する．

$$d_i^+ = \frac{1}{2}\{|\boldsymbol{c}_i\boldsymbol{x} - g_i| + (\boldsymbol{c}_i\boldsymbol{x} - g_i)\} \qquad i = 1, \cdots, k \tag{9.10}$$

$$d_i^- = \frac{1}{2}\{|\boldsymbol{c}_i\boldsymbol{x} - g_i| - (\boldsymbol{c}_i\boldsymbol{x} - g_i)\} \qquad i = 1, \cdots, k \tag{9.11}$$

このとき次の関係が成立することに注意しよう．

$$d_i^+ + d_i^- = |\boldsymbol{c}_i\boldsymbol{x} - g_i| \tag{9.12}$$

$$d_i^+ - d_i^- = \boldsymbol{c}_i\boldsymbol{x} - g_i \tag{9.13}$$

$$d_i^+ \cdot d_i^- = 0 \tag{9.14}$$

$$d_i^+ \geqq 0 \tag{9.15}$$

$$d_i^- \geqq 0 \tag{9.16}$$

したがって (9.7)～(9.9) で与えられる問題は，次の**線形目標計画問題** (linear goal programming problem) に変換される．

$$\text{minimize} \quad \sum_{i=1}^{k} (d_i^+ + d_i^-) \tag{9.17}$$

$$\text{subject to} \quad \boldsymbol{c}_i\boldsymbol{x} - d_i^+ + d_i^- = g_i \qquad i = 1, \cdots, k \tag{9.18}$$

$$A\boldsymbol{x} \leqq \boldsymbol{b} \tag{9.19}$$

$$d_i^+ \cdot d_i^- = 0 \qquad i = 1, \cdots, k \tag{9.20}$$

$$\boldsymbol{x} \geqq \boldsymbol{0} \tag{9.21}$$

$$d_i^+ \geqq 0, \quad d_i^- \geqq 0 \qquad i = 1, \cdots, k \tag{9.22}$$

このような線形目標計画法の定式化は $d_i^+ \cdot d_i^- = 0$ の制約のため完全な線形計画問題ではないが，次の理由により，容易にシンプレックス法で解くことができる．すなわち，変数 d_i^+ と d_i^- に対応する制約式の列ベクトルは線形従属であるから，実行可能基底解においては d_i^+ と d_i^- が同時に基底変数にはなりえないことにより，唯一の非線形等式制約 (9.20) は，シンプレックス法で解を求める途中の手続きで自動的に満たされているわけである．

さて d_i^+ と d_i^- の実際の意味について考えてみよう．(9.10) より

$$d_i^+ = \begin{cases} \boldsymbol{c}_i\boldsymbol{x} - g_i & (\boldsymbol{c}_i\boldsymbol{x} \geqq g_i \text{ の場合}) \\ 0 & (\boldsymbol{c}_i\boldsymbol{x} \leqq g_i \text{ の場合}) \end{cases} \tag{9.23}$$

(9.11) より

$$d_i^- = \begin{cases} g_i - \boldsymbol{c}_i\boldsymbol{x} & (g_i \geqq \boldsymbol{c}_i\boldsymbol{x} \text{ の場合}) \\ 0 & (g_i \leqq \boldsymbol{c}_i\boldsymbol{x} \text{ の場合}) \end{cases} \tag{9.24}$$

であるから，d_i^+ と d_i^- はそれぞれ i 番目の目標値に対する**超過達成** (over-attainment) と**不足達成** (under-attainment) を表している．このことから変数 d_i^+ と d_i^- はしばしば**差異（偏差）変数** (deviational variable) と呼ばれる．

超過達成値と不足達成値は，明らかに，同時には起こらない．すなわち，もし $d_i^+>0$ ならば $d_i^-=0$ でなければならないし，$d_i^->0$ ならば $d_i^+=0$ でなければならない．このことは線形目標計画法の制約条件 (9.20) に反映されているが，この条件はすでに述べたように，シンプレックス法による最小化の過程では自動的に満たされるので，実際には書いておく必要はないものである．

問題 (9.17)～(9.22) で与えられる線形目標計画法の定式化においては，目的を目標にできる限り近づけるために，ノルムとして各目標値からの差異の絶対値の和を最小化する場合を考慮した．ところが対象とする問題の目的関数の種類によっては，目標値からの超過や目標値への不足をできるだけ避けたい場合や，目標値とは無関係にできるだけ小さくしたい場合などが考えられる．しかし，ここで目的関数の d_i^+ および d_i^- の係数を $+1$, 0, -1 のいろいろな組合せにすることにより，このようなさまざまな状況を取り扱うことができる．ただし d_i^+ および d_i^- の係数の少なくとも一方が $+1$ 以外の場合は目標達成に関する何らの意味ももたないことに注意しよう．

いま，第 i 目標に注目すれば，制約条件は

$$\boldsymbol{c}_i\boldsymbol{x} - d_i^+ + d_i^- = g_i \tag{9.25}$$

$$d_i^+ \geqq 0, \quad d_i^- \geqq 0 \tag{9.26}$$

である．このとき目的関数 $(d_i^+ + d_i^-)$ の係数を $+1,\ 0,\ -1$ と変化させることにより，さまざまな目的を表現できることが表 9.1 に要約されている．

表 9.1　目標計画法の目的関数

目的関数（最小化）	その実際の効果	その結果得られる d_i^+ と d_i^- の値
$d_i^+ + d_i^-$	$\|c_i x - g_i\|$ を最小化する	$c_i x \geqq g_i$ の場合，$d_i^+ = c_i x - g_i$，$d_i^- = 0$ $c_i x \leqq g_i$ の場合，$d_i^+ = 0$，$d_i^- = g_i - c_i x$
d_i^+	$c_i x > g_i$ である限り $c_i x - g_i$ を最小化する	$c_i x \geqq g_i$ の場合，$d_i^+ = c_i x - g_i$，$d_i^- = 0$ $c_i x \leqq g_i$ の場合，$d_i^+ = 0$，$d_i^- \geqq 0$
d_i^-	$c_i x < g_i$ である限り $g_i - c_i x$ を最小化する	$c_i x \geqq g_i$ の場合，$d_i^+ \geqq 0$，$d_i^- = 0$ $c_i x \leqq g_i$ の場合，$d_i^+ = 0$，$d_i^- = g_i - c_i x$
$d_i^+ - d_i^-$	$c_i x$ を最小化する	$d_i^+ - d_i^- = c_i x - g_i$
$-d_i^+ + d_i^-$	$c_i x$ を最大化する	$-d_i^+ + d_i^- = g_i - c_i x$

9.2　多目標の付順と加重

Charnes と Cooper の導入した目標計画法において，互いに相競合する多目標が存在する場合，一般には，すべての目標を同時に達成することができない．井尻は，Cooper を指導教授とする彼の博士論文に基づき，1965 年に出版された“Management Goals and Accounting for Control”(日本語版：計数管理の基礎）という本において，このような相競合する多目標を，順序づけること(**付順**：ordering) および相対的な重みを与えること(**加重**：weighting) によって解決することを提案した．

付順と加重を与えるにさきだって，まずはじめに，k 個の各々の目標を

（1）目標値をちょうど達成することが望ましい場合（この場合は d_i^+ と d_i^- をともに目的関数に入れる）

（2）目標値を超過してはいけないが，不足することはかまわない場合（この場合は d_i^+ だけを目的関数に入れる）

（3）目標値を不足してはいけないが，超過することはかまわない場合（この場合は d_i^- だけを目的関数に入れる）

（4）目標値にかかわりなく最小または最大にする場合（この場合は $d_i^+ - d_i^-$ または $-d_i^+ + d_i^-$ を目的関数に入れる）

のいずれかに分類して，補助変数 d_i^+ と d_i^- の係数（$+1$, 0, -1）が定められていなければならない．

井尻の導入した付順とは，目的関数に入れられる d_i^+ と d_i^- $(i=1,2,\cdots,k)$ に対して最も重要なものから最も重要でないものへ順序づけることである．もちろん2つ以上の d_i^+ または d_i^- に同じ優先順位を与えてもよい．このようにしてL個（$1 \leqq L \leqq k$）のクラスに各差異変数が分類されたとき，この各々のクラスに**絶対優先順位係数**（preemptive priority factor）と呼ばれるものを与える．ここで，絶対優先順位係数 P_i は P_j と比べてもし $i<j$ ならば，どのような自然数nをもってきても $nP_j \geqq P_i$ とはならない性質をもった数である．（非アルキメデス数ともいう．）これを用いて最も重要なクラスに属する差異変数（d_i^+ または d_i^-）には P_1 を係数として与え，次に重要なクラスに属する差異変数には P_2 を与え，最後に，最も重要でないクラスの差異変数には P_L を与える．

このように付順が与えられると，目標をその重要さの順に逐次的に達成すること，すなわち，最も優先順位の高い目標が達成されたか，あるいはそれ以上の改善が望まれない場合に，次の優先順位の目標を考えるという，逐次的な解の達成を行うことができる．

次に，目標過不足を表す差異変数 d_i^+ および d_i^- のうち順序づけの同じクラスに属する差異変数（同じ P_i をもつもの）をどのように取り扱うかという，加重の問題について考えてみよう．ここで考えるべき基準は，ある差異変数が1単位増加した場合，他の差異変数の何単位の増加，または減少に相当するか，ということである．つまり，これらの差異変数が意味するところの目標不達成度による残念度が考えられる．そこで同じクラス i の差異変数に付加される加重係数 $w_i\,(>0)$ は，それが1単位目標値から遠ざかることによる残念度を他の差異変数との比較において表現したものといってよい．この意味において同じクラスの変数で表される目標不達成は，**通約性**（commensurability）をもつことが前提とされている．

しかし，この加重係数は最初から確定したものを入れる必要はない．すなわち，最初，$w_i=1$ とおいて形式上総計した問題を解き，もしこのクラスに属する変数がすべて0になれば，加重係数は考える必要がない．しかし，もしいずれかの変数が正になれば，そこではじめて加重係数を考えればよい．このように逐次的に問題を解析する方法は，付順に対しても適用できる．すなわち，まず多目標を2つか3つのクラスに順序づけて問題を解き，変数がすべて0になっているクラスを無視し，残りのクラスに対してのみ付順をさらにくわしく検討すればよい．

(9.17)〜(9.22) で与えられる線形目標計画法の定式化に付順と加重を取り入れて，目標間の優先順位構造を定め，各目標からの差異を最小化するという，より一般的な目標計画法は，次のように表される．

$$\text{minimize} \quad \sum_{l=1}^{L} P_l\left(\sum_{i \in I_l} (w_i^+ d_i^+ + w_i^- d_i^-)\right) \tag{9.27}$$

$$\text{subject to} \quad \boldsymbol{c}_i \boldsymbol{x} - d_i^+ + d_i^- = g_i \qquad i = 1, \cdots, k \tag{9.28}$$

$$A\boldsymbol{x} \leqq \boldsymbol{b} \tag{9.29}$$

$$d_i^+ \cdot d_i^- = 0 \qquad i = 1, \cdots, k \tag{9.30}$$

$$\boldsymbol{x} \geqq \boldsymbol{0} \tag{9.31}$$

$$d_i^+ \geqq 0, \quad d_i^- \geqq 0 \qquad i = 1, \cdots, k \tag{9.32}$$

ここで，$I_l \neq \phi$ は l 番目の優先順位のクラスの目的関数の添字の集合である．もし k 個の異なる優先順位のクラスがあり，g_i が i 番目のクラスに属する場合(すなわち $L = k$)，(9.27) で与えられている目的関数は，次のように簡単に表される．

$$\sum_{i=1}^{k} P_i(w_i^+ d_i^+ + w_i^- d_i^-) \tag{9.33}$$

9.3 線形目標計画法のシンプレックス法

絶対優先順位のある線形目標計画問題を解くためには，まず1番目の優先順位のクラスの目標を達成することから始める．もし，1番目の目標が達成されると，次にこの第1番目の目標が満足されることを保ちながら，2番目の優先順位のクラスの目標を達成することを試みる．このような過程が，ある段階で一意的な解が得られるか，あるいは，すべての優先順位のクラスが考慮されるまで続けられる．このことは，たかだか L 個の線形計画問題を解くことと等価であり，シンプレックス法を適用することができる．ただし，シンプレックス・タブローの $-z$ の行を L 個の優先順位のクラスを考慮するための L 個の行で置き換えてやる必要がある．ここでの l 番目の行は，l 番目の優先順位のクラスに対応する目的関数を表しており，各係数は通常の方法で計算される．

以下では，1972 年に S. M. Lee が出版した "Goal Programming for Decision Analysis" という本において最初に提案された，目標計画法における修正シンプレックス・アルゴリズムについて説明しよう．

手順 1 (問題設定)：

l 番目の優先順位のクラスに対応する目的関数を次式により計算する．

$$z_l = \sum_{i \in I_l} (w_i^+ d_i^+ + w_i^- d_i^-) \qquad l = 1, \cdots, L \tag{9.34}$$

ここでは，一般性を失うことなく $I_1 = \{1\}$，$I_2 = \{2\}, \cdots, I_{L-1} = \{L-1\}$ で $I_L = \{L, \cdots, k\}$ としよう．このとき

$$z_l = w_l^+ d_l^+ + w_l^- d_l^- \qquad l = 1, \cdots, L-1 \tag{9.35}$$

$$z_L = (w_L^+ d_L^+ + w_L^- d_L^-) + (w_{L+1}^+ d_{L+1}^+ + w_{L+1}^- d_{L+1}^-) + \cdots + (w_k^+ d_k^+ + w_k^- d_k^-) \tag{9.36}$$

となり，対応する線形目標計画問題の初期タブローが表 9.2 に示されている．

表 9.2 線形目標計画法の初期のデータを示すタブロー

基　底	$x_1 \cdots\cdots x_n$ d_1^+ $d_1^- \cdots\cdots d_{L-1}^+$ d_{L-1}^- d_L^+ $d_L^- \cdots\cdots d_k^+$ d_k^- $s_1 \cdots\cdots s_m$	定　数
	$c_{11} \cdots\cdots c_{1n}$ -1 1 $\cdots\cdots$	g_1
	$\vdots$ $\vdots$	$\vdots$
	$c_{k1} \cdots\cdots c_{kn}$ $\cdots\cdots$ -1 1	g_k
$\boldsymbol{x}_B$	$a_{11} \cdots\cdots a_{1n}$ 1	b_1
	$\vdots$ $\vdots$ $\ddots$	$\vdots$
	$a_{m1} \cdots\cdots a_{mn}$ 1	b_m
$-z_1$	w_1^+ w_1^-	$-\bar{z}_1$
$\vdots$	$\ddots$	$\vdots$
$-z_{L-1}$	w_{L-1}^+ w_{L-1}^-	$-\bar{z}_{L-1}$
$-z_L$	w_L^+ $w_L^- \cdots\cdots w_k^+$ w_k^-	$-\bar{z}_L$

手順 2 (初期基底解と初期シンプレックス・タブローの設定)：

表 9.2 から容易にわかるように，もしすべての g_i が正であれば，$d_1^-, \cdots, d_k^-$ を基底変数の一部として採用できる．もしある g_i が負であれば，d_i^- の代わりに d_i^+ を用いればよい．さらに，もし，すべての $b_i > 0$ $(i = 1, \cdots, m)$

であれば，スラック変数 $s_1, \cdots, s_m$ を残りの m 個の基底変数として用いることができる．ただし，制約条件式が等式 $A\boldsymbol{x}=\boldsymbol{b}$ で与えられる場合は，人為変数を導入して第1段階を行う必要がある．求められた初期の基底変数 $\boldsymbol{x}_B$ に対する初期のシンプレックス・タブローは必要なピボット操作を行うことによって得られる．

手順 3（l 番目の優先順位のクラスの問題を解く）：

第1番目から第（$l-1$）番目の優先順位のクラスの問題の目標からの差異を最小にするような解集合が得られたならば，次に，目的関数として $-z_l$ の行を用いて l 番目の優先順位のクラスの問題を解く．この問題を解くためには，シンプレックス・アルゴリズムの基底に入る変数と基底から出る変数を選ぶ規則を次のように若干修正すればよい．

新しく基底に入る変数の選択規則——

（1） 現在の目的関数に対する $-z_l$ の行の相対費用係数を調べ，負であるようなすべての非基底変数の列を求める．もしそのような列が存在しなければ l 番目のクラスの目標は達成されているので，次の（$l+1$）番目のクラスの $-z_{l+1}$ の行へ移る．

（2） いま，注目している $-z_l$ の行の相対費用係数が負であるような非基底変数の列で，さらにより上位の目的関数に対する $-z_1, -z_2, \cdots, -z_{l-1}$ の行の相対費用係数の値がすべて0であるような列を求める．もしそのような列が存在しなければ次の目標へ進む．

（3） (2) で得られた列の中で負の最大の値をもつ列に対応する変数を新しく基底に入る変数として選ぶ．もし負で最大の値のものが複数個存在すれば，下位の $-z_{l+1}$ の行の値が負で大きい方を選べばよい．さらに複数個の候補があれば，より下位の $-z_{l+2}$ を同様に比較していき，最下位の $-z_L$ でも同等の場合は任意の基準で選べばよい．

この規則の (1) と (3) の前半は通常のシンプレックス法とまったく同じであるが，(2) を追加することにより，l 番目のクラスの問題を解くとき，より上位のクラスの最適性が保持される．すなわち，$-z_l$ の行が負で大きな値であっても，その列の上位の $-z_1, \cdots, -z_{l-1}$ の行の値が正であれば，その列の変数を基底に入れる候補にはしない．

現在の基底から出る変数の選択規則——

（1）　新しく基底に入る列の係数で正のものをすべて見つけて，対応する右辺定数の列の値をこれらの正の係数で割る．

（2）　(1) で求めた割った値の最小の非負値を与える行に対する変数を基底から出す．もし割った値で非負の最小のものが複数個あれば退化が生じるわけであるが，より上位の優先順位を割り当てられた変数の方を基底から出すことにより，より上位の目標がまず達成され，反復回数が減ることになる．

手順 4（最適性の判定）：

l 番目の優先順位の問題の解が一意であるか，あるいは $l=L$ ならば終了．さもなければ $l=l+1$ とおいて手順3へもどる．

線形目標計画法のシンプレックス法を説明するために，付順と加重が次のように与えられた，3目的2変数の数値例を取り上げてみよう．

$$
\begin{aligned}
\text{minimize}\quad & P_1(d_1^+ + d_1^-) + P_2(d_2^+ + 3d_2^- + d_3^+) \\
\text{subject to}\quad & 2x_1 + x_2 - d_1^+ + d_1^- = 4 \\
& 2x_1 + 5x_2 - d_2^+ + d_2^- = 15 \\
& -x_1 + 3x_2 - d_3^+ + d_3^- = -1 \\
& x_1 + 2x_2 \leqq 10 \\
& -x_1 + x_2 \leqq 3.5 \\
& 2x_1 - x_2 \leqq 10 \\
& x_1,\ x_2 \geqq 0
\end{aligned}
$$

表 9.3　数値例の初期のデータを示すタブロー

基　底	x_1	x_2	d_1^+	d_1^-	d_2^+	d_2^-	d_3^+	d_3^-	s_1	s_2	s_3	定　数
	2	1	−1	1								4
	2	5			−1	1						15
$\boldsymbol{x}_B$	−1	3					−1	1				−1
	1	2							1			10
	−1	1								1		3.5
	2	−1									1	10
$-z_1$			1	1								0
$-z_2$					1	3	1	0				0

$$d_i^+ \geqq 0,\ d_i^- \geqq 0 \qquad i = 1, 2, 3$$

不等式制約条件にそれぞれスラック変数 s_1, s_2, s_3 を導入すれば，この問題の初期のデータを示すタブローは表 9.3 のように表される．

$g_1 = 4 > 0$, $g_2 = 15 > 0$, $g_3 = -1 < 0$ であるから，基底変数の一部とし

表 9.4　数値例に対する線形目標計画法のシンプレックス・タブロー

サイクル	基底	x_1	x_2	d_1^+	d_1^-	d_2^+	d_2^-	d_3^+	d_3^-	s_1	s_2	s_3	定数
1	d_1^-	2	1	−1	1								4
	d_2^-	2	5			−1	1						15
	d_3^+	[1]	−3					1	−1				1
	s_1	1	2							1			10
	s_2	−1	1								1		3.5
	s_3	2	−1									1	10
	$-z_1$	−2	−1	2									−4
	$-z_2$	−7	−12	0		4			1				−46
2	d_1^-		[7]	−1	1			−2	2				2
	d_2^-		11			−1	1	−2	2				13
	x_1	1	−3					1	−1				1
	s_1		5					−1	1	1			9
	s_2		−2					1	−1		1		4.5
	s_3		5					−2	2			1	8
	$-z_1$		−7	2		0		2	−2				−2
	$-z_2$		−33			4		7	−6				−39
3	x_2		1	−1/7	1/7			−2/7	2/7				2/7
	d_2^-			11/7	−11/7	−1	1	[8/7]	−8/7				69/7
	x_1	1		−3/7	3/7			1/7	−1/7				13/7
	s_1			5/7	−5/7			3/7	−3/7	1			53/17
	s_2			−2/7	2/7			3/7	−3/7		1		71/14
	s_3			5/7	−5/7			−4/7	4/7			1	46/7
	$-z_1$			1	1	0		0	0				0
	$-z_2$			−33/7	33/7	4		−17/7	24/7				−207/7
4	x_2		1	0.25	−0.25	−0.25	0.25						2.75
	d_3^+			1.375	−1.375	−0.875	0.875	1	−1				8.625
	x_1	1		−0.625	0.625	0.125	−0.125						0.625
	s_1			0.125	−0.125	0.375	−0.375			1			3.875
	s_2			−0.875	0.875	0.375	−0.375				1		1.375
	s_3			1.5	−1.5	−0.5	0.5					1	11.5
	$-z_1$			1	1	0	0		0				0
	$-z_2$			−1.375	1.375	1.875	2.125		1				−8.625

て d_1^-, d_2^-, d_3^+，さらに，残りの基底変数として s_1, s_2, s_3 を採用することができる．すなわち，初期の基底解 $\boldsymbol{x}_B = (d_1^-, d_2^-, d_3^+, s_1, s_2, s_3)^T$ に対する初期のシンプレックス・タブローは，必要なピボット操作を行うことによって得られるが，これは，表 9.4 のサイクル 1 の位置に示されている．

サイクル 1 において，まず，1 番目の優先順位の問題を解くために $-z_1$ の行の負の相対費用係数を調べれば

$$\min(-2, -1) = -2$$

であるから，x_1 が新しく基底変数になる．次に

$$\min\left(\frac{4}{2}, \frac{15}{2}, \frac{1}{1}, \frac{10}{1}, \frac{10}{2}\right) = 1$$

となるから，d_3^+ が非基底変数となり［　］で囲まれた 1 がピボット項として定まり，ピボット操作を行えば，サイクル 2 の位置に示されている結果を得る．

サイクル 2 において再び $-z$ の行の負の相対費用係数を調べれば

$$\min(-7, -2) = -7$$

であるから，x_2 が基底変数となる．次に

$$\min\left(\frac{2}{7}, \frac{13}{11}, \frac{9}{5}, \frac{8}{5}\right) = \frac{2}{7}$$

となるから，［　］で囲まれた 7 をピボット項としてピボット操作を行えば，d_1^- が基底から取り出されて，サイクル 3 の結果を得る．

サイクル 3 では $-z_1$ の行のすべての相対費用係数は正となり，1 番目の優先順位のクラスの目標は達成されている．さらに，2 番目の優先順位の問題を解くために，$-z_2$ の行の相対費用係数が負でさらに $-z_1$ の行の相対費用係数の値が 0 であるような列を調べれば，d_3^+ に対応する列だけなので，d_3^+ が基底変数となる．次に

$$\min\left(\frac{69/7}{8/7}, \frac{13/7}{1/7}, \frac{53/7}{3/7}, \frac{71/14}{3/7}\right) = \frac{69/7}{8/7}$$

となるから，［　］で囲まれた 8/7 をピボット項として，ピボット操作をすれば d_2^- が非基底変数となり，サイクル 4 の結果を得る．

サイクル 4 においては，まだ，$-z_2$ の行に負の相対費用係数 -1.375 が存在するが，対応する $-z_1$ の相対費用係数は（0 ではなくて）1 であるので，

これは明らかに最終タブローとなる．したがって現在の解，

$$x_1 = 0.625, \quad x_2 = 2.75$$

が最適解となる．ここで，$d_1^+ = 0$，$d_1^- = 0$ であるので，1番目の優先順位の目標は達成されている．また，2番目の優先順位の目標の一部，すなわち，$d_2^+ = 0$，$d_2^- = 0$ に対応する目標も達成されているが，$d_3^+ = 8.625$ であるから，これに対応する2番目の優先順位の目標は達成されていない．

問題 9

1. 本文中の表 9.3 で与えられる数値例の解を図式的に求めてみよ．

2. 付順と加重が与えられた次の問題を線形目標計画問題のシンプレックス法により解け．

(1)

$$\begin{aligned}
\text{minimize} \quad & P_1(d_1^+ + d_1^-) + P_2(2d_2^+ + d_3^-) \\
\text{subject to} \quad & x_1 + 3x_2 - d_1^+ + d_1^- = 18 \\
& x_1 - x_2 - d_2^+ + d_2^- = -2 \\
& x_1 - 2x_2 - d_3^+ + d_3^- = -5 \\
& x_1 + x_2 \leqq 10 \\
& x_1 + 5x_2 \leqq 30 \\
& x_1 - 2x_2 \leqq 2 \\
& x_1,\ x_2 \geqq 0 \\
& d_i^+ \geqq 0,\ d_i^- \geqq 0 \qquad i = 1, 2, 3
\end{aligned}$$

(2)

$$\begin{aligned}
\text{minimize} \quad & P_1(d_1^+ + d_1^-) + P_2(d_2^- + d_3^+ + d_3^-) \\
\text{subject to} \quad & 2x_1 + 3x_2 - d_1^+ + d_1^- = 22.5 \\
& 2x_1 + x_2 - d_2^+ + d_2^- = 13.5 \\
& -x_1 + x_2 - d_3^+ + d_3^- = 2 \\
& -x_1 + 2x_2 \leqq 8 \\
& x_1 + x_2 \leqq 10 \\
& -2x_1 + x_2 \leqq 3 \\
& x_1,\ x_2 \geqq 0 \\
& d_i^+ \geqq 0,\ d_i^- \geqq 0 \qquad i = 1, 2, 3
\end{aligned}$$

(3)

$$\begin{aligned}
\text{minimize} \quad & P_1(d_1^+ + 3d_1^- + d_3^+) + P_2(d_2^+ + d_2^-) + P_3(d_4^+ + d_4^-) \\
\text{subject to} \quad & 5x_1 + 6x_2 + 8x_3 - d_1^+ + d_1^- = 170 \\
& x_1 - d_2^+ + d_2^- = 5 \\
& x_2 - d_3^+ + d_3^- = 6
\end{aligned}$$

$$x_3 - d_4^+ + d_4^- = 10$$

$$x_i \geqq 0 \qquad i = 1, 2, 3$$

$$d_i^+ \geqq 0, \quad d_i^- \geqq 0 \qquad i = 1, 2, 3, 4$$

3. 前問で解いた最初の2つの目標計画問題（(1) と (2)）の解を図式的に求めてみよ．

10. 多目的線形計画法

本章では，複数個の線形の目的関数を線形の制約条件のもとで同時に最小化しようとする多目的線形計画問題について考察する．このような多目的線形計画問題の目的関数はベクトルになり，大小関係 $\geqq$ によっては必ずしも比較できないので，1目的の場合の最適解と同様に論ずることはできない．その代わりにある目的関数を改善するためには少なくとも他の1つの目的関数を改悪せざるをえないような解，すなわちパレート最適解の概念が用いられているが，目的関数が相競合する場合には，パレート最適解は唯一には定まらず，ある集合となる．しかし，ここで考察する多目的線形計画問題の場合には，すべてのパレート最適解は，パレート最適解であるような有限個の端点，すなわちパレート最適端点の凸結合で表される．通常のシンプレックス法を素直に拡張することによってパレート最適端点をすべて求めるというアルゴリズムの中でも特に M. Zeleny により提案された多目的シンプレックス法がよく知られている．本章では多目的線形計画問題に対するパレート最適解の概念について説明するとともに，Zeleny によって提案された多目的シンプレックス法についての解説を試みる．

10.1 解の概念：パレート最適解

いま k 個の線形の目的関数

$$\left.\begin{aligned} z_1(\boldsymbol{x}) &= \boldsymbol{c}_1\boldsymbol{x} \\ z_2(\boldsymbol{x}) &= \boldsymbol{c}_2\boldsymbol{x} \\ &\vdots \\ z_k(\boldsymbol{x}) &= \boldsymbol{c}_k\boldsymbol{x} \end{aligned}\right\} \tag{10.1}$$

を線形の制約条件

$$\left.\begin{aligned} A\boldsymbol{x} &\leqq \boldsymbol{b} \\ \boldsymbol{x} &\geqq \boldsymbol{0} \end{aligned}\right\} \tag{10.2}$$

のもとで同時に最小化しようとする問題について考えてみよう．ここで

$$\boldsymbol{c}_i = (c_{i1}, c_{i2}, \cdots, c_{in}) \qquad i = 1, \cdots, k \tag{10.3}$$

$$\boldsymbol{x} = (x_1, x_2, \cdots, x_n)^T \tag{10.4}$$

$$A = \begin{bmatrix} a_{11}\cdots\cdots a_{1n} \\ \cdots\cdots \\ a_{m1}\cdots\cdots a_{mn} \end{bmatrix} \tag{10.5}$$

$$\boldsymbol{b} = (b_1, b_2, \cdots, b_m)^T \tag{10.6}$$

このように複数個の線形の目的関数を線形の制約条件のもとで最小化する問題は**多目的線形計画問題** (multiobjective linear programming problem) と呼ばれているが，形式的にはベクトル最小化問題として次のように表すことができる．

$$\left.\begin{array}{ll} \text{minimize} & \boldsymbol{z}(\boldsymbol{x}) = C\boldsymbol{x} \\ \text{subject to} & \boldsymbol{x}\in X = \{\boldsymbol{x}\in E^n | A\boldsymbol{x} \leqq \boldsymbol{b},\ \boldsymbol{x} \geqq \boldsymbol{0}\} \end{array}\right\} \tag{10.7}$$

ここで $\boldsymbol{z}(\boldsymbol{x}) = (z_1(\boldsymbol{x}), z_2(\boldsymbol{x}), \cdots, z_k(\boldsymbol{x}))^T$ は k 次元列ベクトルで $C = (\boldsymbol{c}_1, \boldsymbol{c}_2, \cdots, \boldsymbol{c}_k)^T$ は $k \times n$ 行列である．

このように多目的線形計画問題では目的関数がベクトルとなるため，通常のスカラー値の目的関数をもつ単一目的の場合の最適解と同じように論ずることはできない．なぜなら，通常のスカラー値の目的関数をもつ単一目的の最適解は大小関係$\geqq$によって定義されているが，多目的線形計画問題の目的関数はベクトルとなるため，大小関係 $\geqq$ によって比較できるとは限らないからである．

ここで，便宜上２つのベクトル $\boldsymbol{x} = (x_1, x_2, \cdots, x_n)^T$, $\boldsymbol{y} = (y_1, y_2, \cdots, y_n)^T$ の大小関係を表す記号を次のように定義する．

$$\boldsymbol{x} = \boldsymbol{y} \iff x_i = y_i, \quad i = 1, 2, \cdots, k$$

$$\boldsymbol{x} \geqq \boldsymbol{y} \iff x_i \geqq y_i, \quad i = 1, 2, \cdots, k$$

$$\boldsymbol{x} \geq \boldsymbol{y} \iff x_i \geqq y_i, \quad i = 1, 2, \cdots, k \text{ かつ } \boldsymbol{x} \neq \boldsymbol{y}$$

$$\boldsymbol{x} > \boldsymbol{y} \iff x_i > y_i, \quad i = 1, 2, \cdots, k$$

$$\boldsymbol{x} \sim \boldsymbol{y} \iff \boldsymbol{x} \text{ と } \boldsymbol{y} \text{ が比較できない．}$$

多目的線形計画問題に対してまず考えられる解の概念として，次の**完全最適解** (complete optimal solution) を定義することができる．

定義 10.1 (完全最適解)

すべての $\boldsymbol{x} \in X$ に対して $\boldsymbol{z}(\boldsymbol{x}^*) \leqq \boldsymbol{z}(\boldsymbol{x})$ となる $\boldsymbol{x}^* \in X$ が存在すると

き，$\boldsymbol{x}^*$ を完全最適解であるという．

しかし，完全最適解は複数個の目的関数を同時に最小化する解であり，目的関数が相**競合** (conflict) する場合には一般には存在しないことに注意しよう．

完全最適解の定義からも明らかなように，目的関数がベクトルであるため，多目的線形計画問題の解は通常のスカラー値の目的関数の最適解と同様に論ずることはできない．その代わりに消極的な解として，ある目的関数の値を改善するためには少なくとも他の1つの目的関数の値を改悪せざるをえないような解が経済学者 V. Pareto によって初めて定義され，**パレート最適解** (Pareto optimal solution) と呼ばれている．

定義 10.2 (**パレート最適解**)

$\boldsymbol{x}^* \in X$ に対して $\boldsymbol{z}(\boldsymbol{x}) \leq \boldsymbol{z}(\boldsymbol{x}^*)$ となる $\boldsymbol{x} \in X$ が存在しないとき，$\boldsymbol{x}^*$ をパレート最適解であるという．

ここで定義からも明らかなように，パレート最適解は一般には唯一に定まるとは限らず，ある集合となって現れることに注意しよう．

パレート最適解は，最適制御の分野に多目的の導入を喚起した L. A. Zadeh によれば，他よりも劣っていない解という意味で**非劣解** (noninferior solution) と呼ばれ，また多目的シンプレックス法の提唱者である M. Zeleny によれば，他のどの解にも支配されない解という意味で，**非支配解** (nondominated solution) とも呼ばれている．ただし，非支配解はパレート最適解を拡張したような解を意味することもあるので注意する必要がある．

また，パレート最適解より若干弱い解の概念として次の**弱パレート最適解** (weak Pareto optimal solution) が定義されている．

定義 10.3 (**弱パレート最適解**)

$\boldsymbol{x}^* \in X$ に対して $\boldsymbol{z}(\boldsymbol{x}) < \boldsymbol{z}(\boldsymbol{x}^*)$ となる $\boldsymbol{x} \in X$ が存在しないとき，$\boldsymbol{x}^*$ を弱パレート最適解であるという．

これまで述べてきた解の概念などは一般の非線形の場合にも適用できるが，特に多目的線形計画問題 (*10.7*) に対するパレート最適解の基本的な性質を次に示す．

補助定理 10.1

多目的線形計画問題のパレート最適解の集合を X^P で表し，パレート最適解ではない実行可能解の集合を $\overline{X^P}=X-X^P$ とおく．このとき2つの実行可能解 $\boldsymbol{x}^1, \boldsymbol{x}^2 \in X$ に対して

(1) もし $\boldsymbol{x}^1, \boldsymbol{x}^2 \in \overline{X^P}$ ならば $[\boldsymbol{x}^1, \boldsymbol{x}^2] \subset \overline{X^P}$

(2) もし $\boldsymbol{x}^1 \in X$, $\boldsymbol{x}^2 \in \overline{X^P}$ ならば $(\boldsymbol{x}^1, \boldsymbol{x}^2] \subset \overline{X^P}$

(3) もし $\boldsymbol{x} \in (\boldsymbol{x}^1, \boldsymbol{x}^2)$ で $\boldsymbol{x} \in X^P$ ならば $[\boldsymbol{x}^1, \boldsymbol{x}^2] \subset X^P$

(4) もし $\boldsymbol{x} \in (\boldsymbol{x}^1, \boldsymbol{x}^2)$ で $\boldsymbol{x} \in \overline{X^P}$ ならば $(\boldsymbol{x}^1, \boldsymbol{x}^2) \subset \overline{X^P}$

ここで $\boldsymbol{x}^1$ と $\boldsymbol{x}^2$ を結ぶ線分 $\{\boldsymbol{x} | \boldsymbol{x}=\lambda \boldsymbol{x}^1+(1-\lambda)\boldsymbol{x}^2\}$ を $0 \leqq \lambda \leqq 1$, $0<\lambda \leqq 1$, $0<\lambda<1$ の場合に対してそれぞれ $[\boldsymbol{x}^1, \boldsymbol{x}^2]$, $(\boldsymbol{x}^1, \boldsymbol{x}^2]$, $(\boldsymbol{x}^1, \boldsymbol{x}^2)$ で表している．

証明

(1) $\boldsymbol{x}^1, \boldsymbol{x}^2 \in \overline{X^P}$ だから $C\bar{\boldsymbol{x}}^1 \leq C\boldsymbol{x}^1$, $C\bar{\boldsymbol{x}}^2 \leq C\boldsymbol{x}^2$ となるような $\bar{\boldsymbol{x}}^1, \bar{\boldsymbol{x}}^2 \in X$ が存在する．したがって $0 \leqq \lambda \leqq 1$ に対して

$$\lambda C\bar{\boldsymbol{x}}^1+(1-\lambda)C\bar{\boldsymbol{x}}^2 \leq \lambda C\boldsymbol{x}^1+(1-\lambda)C\boldsymbol{x}^2$$

となり $[\boldsymbol{x}^1, \boldsymbol{x}^2] \subset \overline{X^P}$ が成立する．

(2) $\boldsymbol{x}^2 \in \overline{X^P}$ だから $C\bar{\boldsymbol{x}}^2 \leq C\boldsymbol{x}^2$ となるような $\bar{\boldsymbol{x}}^2 \in X$ が存在する．したがって $0 \leqq \lambda < 1$ に対して

$$\lambda C\boldsymbol{x}^1+(1-\lambda)C\bar{\boldsymbol{x}}^2 \leq \lambda C\boldsymbol{x}^1+(1-\lambda)C\boldsymbol{x}^2$$

となり $(\boldsymbol{x}^1, \boldsymbol{x}^2] \subset \overline{X^P}$ が成立する．

(3) $\boldsymbol{x}^1, \boldsymbol{x}^2 \in \overline{X^P}$ と仮定すれば，(1) より $\boldsymbol{x} \in \overline{X^P}$ となり $\boldsymbol{x} \in X^P$ に矛盾する．また $\boldsymbol{x}^1 \in \overline{X^P}$, $\boldsymbol{x}^2 \in X^P$ あるいは $\boldsymbol{x}^1 \in X^P$, $\boldsymbol{x}^2 \in \overline{X^P}$ と仮定すれば，(2) より $\boldsymbol{x} \in \overline{X^P}$ となり $\boldsymbol{x} \in X^P$ に矛盾する．さらに $\bar{\boldsymbol{x}} \in \overline{X^P}$ となるような $\bar{\boldsymbol{x}} \in (\boldsymbol{x}^1, \boldsymbol{x}^2)$ があるとすれば，$\boldsymbol{x} \in X^P$ であるから $\boldsymbol{x} \in (\boldsymbol{x}^1, \bar{\boldsymbol{x}})$ あるいは $\boldsymbol{x} \in (\bar{\boldsymbol{x}}, \boldsymbol{x}^2)$ となる．このとき (2) より $(\boldsymbol{x}^1, \bar{\boldsymbol{x}}] \subset \overline{X^P}$ かつ $[\bar{\boldsymbol{x}}, \boldsymbol{x}^2) \subset \overline{X^P}$ となり，このことは $\boldsymbol{x} \in \overline{X^P}$ を意味し $\boldsymbol{x}$

$\in X^P$ に矛盾する．以上のことより $[\boldsymbol{x}^1, \boldsymbol{x}^2] \subset X^P$ が成立する．

（4） (3) と同様に証明できる．　　　　Q. E. D.

さてパレート最適解の概念の理解を助けるため次の簡単な数値例を取り上げてみよう．

$$
\begin{array}{ll}
\text{minimize} & z_1(x_1, x_2) = x_1 - 2x_2 \\
\text{minimize} & z_2(x_1, x_2) = -2x_1 - x_2 \\
\text{subject to} & -x_1 + 3x_2 \leqq 21 \\
 & x_1 + 3x_2 \leqq 27 \\
 & 4x_1 + 3x_2 \leqq 45 \\
 & 3x_1 + x_2 \leqq 30 \\
 & x_1, x_2 \geqq 0
\end{array}
$$

x_1 - x_2 平面におけるこの問題の実行可能領域 X は図 10.1 に示されている．6 つの端点 A, B, C, D, E, F のうち明らかに z_1 の最小値は端点 $F(0,7)$ で与えられるが，z_2 の最小値は端点 $C(9,3)$ で与えられる．これらの 2 つの端点 F, C はそれぞれ目的関数 z_1, z_2 の値をこれ以上改善することができないの

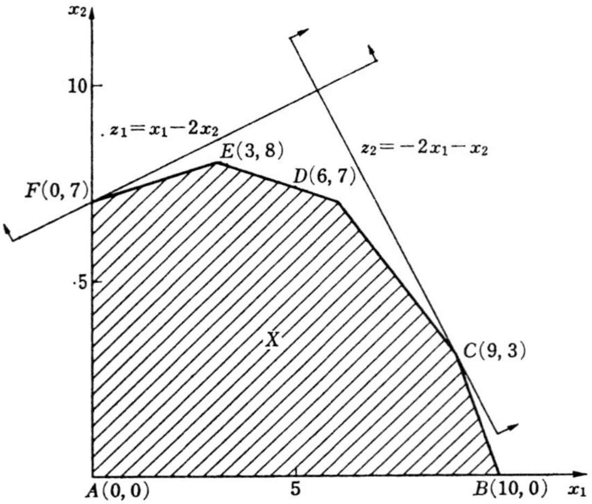

図 10.1　x_1 - x_2 平面における実行可能領域とパレート最適解

で，明らかにパレート最適解である．端点 C, F に加えて端点 D, E および線分 CD, DE, EF 上の点はすべて z_1, z_2 のどちらかの値を改良(小さく)するためには他方の値を改悪(大きく)せざるをえないのでパレート最適解である．しかし残りの実行可能解に対しては，すべて少なくともいずれかの目的関数の値がより小さくなるような実行可能解が存在するのでパレート最適解ではない．

いま述べてきたことは z_1-z_2 平面における実行可能領域 $Z=\{(z_1, z_2)|\boldsymbol{x}\in X\}$ を示す図 10.2 を見ればより明白になるであろう．また補助定理 10.1 の結果が成立することは図 10.1 において容易に確かめられる．

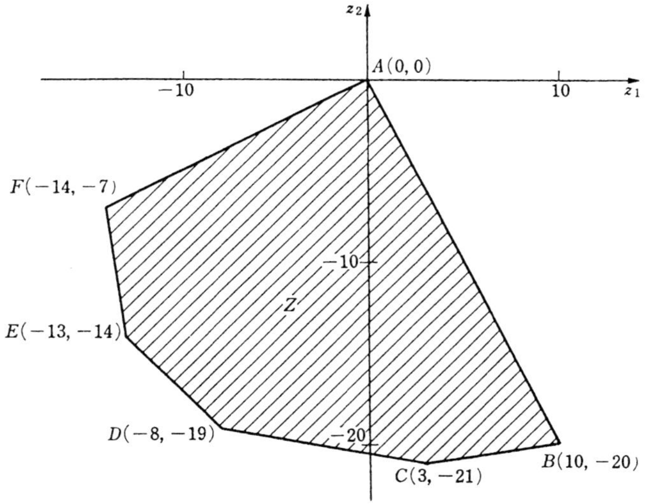

図 10.2 z_1-z_2 平面における実行可能領域とパレート最適解

一方，もしこの問題の目的関数が

$$z_1(x_1, x_2)=x_1-5x_2, \quad z_2(x_1, x_2)=-x_1-4x_2$$

に変更されたときは完全最適解が存在し，

$$z_1(x_1, x_2)=x_1-3x_2, \quad z_2(x_1, x_2)=-4x_1-3x_2$$

に変更されたときは弱パレート最適解が存在することも容易に確かめられる．

10.2 多目的シンプレックス法

前節では多目的線形計画問題に対するパレート最適解の概念について述べて

きたが，本節ではさらに線形の場合のパレート最適解の性質にふれた後，通常のシンプレックス法を拡張することによりパレート最適解を求めようとする手法について述べる．なお，本節では簡単のため，実行可能領域

$$X=\{\boldsymbol{x}\in E^n|A\boldsymbol{x}\leqq \boldsymbol{b},\ \boldsymbol{x}\geqq \boldsymbol{0}\} \tag{10.8}$$

が有界である場合を取り扱うが，X が非有界の場合への拡張も若干の修正により容易に行えることに注意しよう．

X が有界のとき，X は凸多面体であるから，第4章の定理 4.4 より X の端点を $X_{ex}=\{\boldsymbol{v}^1,\boldsymbol{v}^2,\cdots,\boldsymbol{v}^l\}$ とおけば

$$X=\left\{\sum_{i=1}^{l}\lambda_i\boldsymbol{v}^i\,\middle|\,\sum_{i=1}^{l}\lambda_i=1,\ \lambda_i\geqq 0,\ \ i=1,2,\cdots,l\right\} \tag{10.9}$$

と表すことができる．

ここで，パレート最適解であるような端点（基底解）のことを**パレート最適端点**（基底解）と呼び，X_{ex}^P と書けば

$$X_{ex}^P=X^P\cap X_{ex} \tag{10.10}$$

であり，また，X_{ex}^P は明らかに有限個である．このときパレート最適解とパレート最適端点との関係は次の定理で与えられる．

定理 10.1

すべてのパレート最適解はパレート最適端点の凸結合で表される．

証明

$\boldsymbol{x}\in X$ がパレート最適端点の凸結合で表すことができないと仮定すれば，$\boldsymbol{x}$ はパレート最適解ではないことを示せばよい．

もし $\boldsymbol{x}$ が X_{ex}^P の凸結合で表せないならば，少なくとも1つの $\boldsymbol{v}^j\in\overline{X^P}\cap X_{ex}$ と $\lambda_j\in(0,1]$ $(1\leqq j\leqq l)$ が存在して，$\boldsymbol{x}$ は

$$\boldsymbol{x}=\lambda_j\boldsymbol{v}^j+\sum_{\substack{i=1\\ i\neq j}}^{l}\lambda_i\boldsymbol{v}^i$$

$$\lambda_i\geqq 0 \qquad i=1,\cdots,l \qquad \sum_{i=1}^{l}\lambda_i=1$$

と表されることになる．

このとき，もし $\lambda_j=1$ ならば，$\boldsymbol{x}=\boldsymbol{v}^j$ となり明らかに $\boldsymbol{x}$ はパレート最

適解ではない．

また，もし $\lambda_j < 1$ ならば

$$\boldsymbol{x} = \lambda_j \boldsymbol{v}^j + \alpha \sum_{\substack{i=1 \\ i \neq j}}^{l} \frac{\lambda_i}{\alpha} \boldsymbol{v}^i, \quad \alpha = \sum_{\substack{i=1 \\ i \neq j}}^{l} \lambda_i$$

となり，このとき，

$$\sum_{\substack{i=1 \\ i \neq j}}^{l} (\lambda_i/\alpha) \boldsymbol{v}^i \in X, \quad \lambda_j + \alpha = 1$$

が成立するから，補助定理 10.1 の (2) を適用すれば，$\boldsymbol{x}$ はパレート最適解ではないことがわかる． Q. E. D.

この定理 10.1 によれば，有限個のパレート最適端点 X_{ex}^P を求めれば，この X_{ex}^P を用いてすべてのパレート最適解の集合 X^P が求められることがわかる．

1974 年，M. Zeleny は通常のシンプレックス法を素直に拡張して，すべてのパレート最適端点を求めるためのアルゴリズムを開発し，**多目的シンプレックス法** (multiobjective simplex method) と呼んだ．彼はさらにパレート最適端点を用いて，すべてのパレート最適解の集合を求める手法も提案している．

以下では，1974 年に M. Zeleny が P. L. Yu を指導教授とする彼の博士論文に基づいて出版した "Linear Multiobjective Programming" という本に述べられている多目的シンプレックス法のアルゴリズムの概要について説明しよう．

いま，表 3.1 の単一目的のシンプレックス・タブローを，k 個の目的関数が存在する場合に，どのように変更すればよいかについて考えてみよう．

明らかに $-z$ の行より上の部分は，制約条件のみに依存しているから，単一目的のシンプレックス・タブローとまったく同じで変化はないが，$-z$ の行は k 個の目的関数 $z_1(\boldsymbol{x}), z_2(\boldsymbol{x}), \cdots, z_k(\boldsymbol{x})$ に対して，$-z_1$ から $-z_k$ まで目的関数の数だけ存在することになる．このような典型的な多目的シンプレックス・タブローが表 10.1 に示されている．

表 10.1 多目的シンプレックス・タブロー

基底	x_1	x_2	$\cdots\cdots x_m$	x_{m+1}	$\cdots\cdots x_j$	$\cdots x_n$	定数
x_1	1			$\bar{a}_{1,m+1}$	$\cdots\cdots\bar{a}_{1j}$	$\cdots\bar{a}_{1n}$	$\bar{b}_1$
x_2		1		$\bar{a}_{2,m+1}$	$\cdots\cdots\bar{a}_{2j}$	$\cdots\bar{a}_{2n}$	$\bar{b}_2$
$\vdots$				$\vdots$	$\vdots$	$\vdots$	$\vdots$
x_m			1	$\bar{a}_{m,m+1}$	$\cdots\cdots\bar{a}_{mj}$	$\cdots\bar{a}_{mn}$	$\bar{b}_m$
$-z_1$	0	0	$\cdots\cdots 0$	$\bar{c}_{1,m+1}$	$\cdots\cdots\bar{c}_{1j}$	$\cdots\bar{c}_{1n}$	$-\bar{z}_1$
$-z_2$	0	0	$\cdots\cdots 0$	$\bar{c}_{2,m+1}$	$\cdots\cdots\bar{c}_{2j}$	$\cdots\bar{c}_{2n}$	$-\bar{z}_2$
$\vdots$	$\vdots$	$\vdots$	$\vdots$	$\vdots$	$\vdots$	$\vdots$	$\vdots$
$-z_k$	0	0	$\cdots\cdots 0$	$\bar{c}_{k,m+1}$	$\cdots\cdots\bar{c}_{kj}$	$\cdots\bar{c}_{kn}$	$-\bar{z}_k$

ここで追加された $-z$ の行の計算は今までの $-z$ の行とまったく同様に計算されることに注意しよう．したがって i 番目の目的関数に対応している $-z_i$ の行は

$$\left.\begin{aligned} \bar{c}_{ij} &= 0 \qquad j: \text{基底}, \\ \bar{c}_{ij} &= c_{ij} - \sum_{r=1}^{m} c_{ir}\bar{a}_{rj} \qquad j: \text{非基底} \end{aligned}\right\} \tag{10.11}$$

であり，このとき i 番目の目的関数の値は

$$z_i = \bar{z}_i = \sum_{r=1}^{m} c_{ir}x_r \qquad i = 1, \cdots, k \tag{10.12}$$

で与えられる．

さて，表 10.1 の各非基底変数に対する $-z_1$ から $-z_k$ の列を

$$\bar{\boldsymbol{c}}_j = (\bar{c}_{1j}, \bar{c}_{2j}, \cdots, \bar{c}_{kj})^T \tag{10.13}$$

とおき，このときの実行可能基底解に対する k 個の目的関数の値を表す列ベクトルを

$$\bar{\boldsymbol{z}} = (\bar{z}_1, \bar{z}_2, \cdots, \bar{z}_k)^T \tag{10.14}$$

とおく．

このとき，$-z_i$ の行において $\bar{c}_{ij} \geqq 0$（j: 非基底）ならば i 番目の目的関数は最小値をとるが，さらに，もしこの実行可能基底解が一意的であるならば，すなわち，$\bar{c}_{ij} > 0$（j: 非基底）ならば，i 番目の目的関数はこれ以上改善することはできないので，この解はパレート最適解であることに注意しよう．

任意の非基底変数 x_j の列に対して通常のシンプレックス法と同様に

$$\theta_j = \min_{\bar{a}_{ij}>0} \frac{\bar{b}_i}{\bar{a}_{ij}} \tag{10.15}$$

とおく．このとき，ある実行可能基底解 $\bar{\boldsymbol{x}}$ と対応する目的関数値のベクトル $\bar{\boldsymbol{z}}$ に対して，j 番目の非基底変数 x_j を基底に入れることによって新しい実行可能基底解 $\bar{\boldsymbol{x}}^*$ が得られ，そのときの目的関数の値のベクトルを $\bar{\boldsymbol{z}}^*$ とすれば，明らかに次の関係が成立する．

$$\bar{\boldsymbol{z}}^* = \bar{\boldsymbol{z}} + \theta_j \bar{\boldsymbol{c}}_j \tag{10.16}$$

Zeleny によって示された以下の2つの定理は，(10.16) を利用して容易に証明できるが，探索する必要のない実行可能基底解をふるいにかけるための簡単な結果を与えてくれる．

定理 10.2

ある実行可能基底解 $\bar{\boldsymbol{x}}$ が与えられ $\theta_j > 0$ (j: 非基底) であるとき

(1)　もし $\bar{\boldsymbol{c}}_j \leq \boldsymbol{0}$ ならば，$\bar{\boldsymbol{x}}$ はパレート最適解ではない．

(2)　もし $\bar{\boldsymbol{c}}_j \geq \boldsymbol{0}$ ならば，j 番目の非基底変数を基底に入れて得られる実行可能基底解はパレート最適解にはならない．

証明

(1)　j 番目の列を基底に入れて新しい実行可能解 $\bar{\boldsymbol{x}}^*$ が得られたとすれば，$\bar{\boldsymbol{z}}^* = \bar{\boldsymbol{z}} + \theta_j \bar{\boldsymbol{c}}_j$ において，$\theta_j \bar{\boldsymbol{c}}_j \leq \boldsymbol{0}$ であるから $\bar{\boldsymbol{z}}^* \leq \bar{\boldsymbol{z}}$ となり，$\bar{\boldsymbol{x}}$ はパレート最適解ではない．

(2)　j 番目の列を基底に入れて新しい実行可能解 $\bar{\boldsymbol{x}}^*$ が得られたとすれば，$\bar{\boldsymbol{z}}^* = \bar{\boldsymbol{z}} + \theta_j \bar{\boldsymbol{c}}_j$ において，$\theta_j \bar{\boldsymbol{c}}_j \geq \boldsymbol{0}$ であるから $\bar{\boldsymbol{z}}^* \geq \bar{\boldsymbol{z}}$ となり，$\bar{\boldsymbol{x}}^*$ はパレート最適解にはならない．　Q.E.D.

定理 10.3

ある実行可能基底解 $\bar{\boldsymbol{x}}$ が与えられたとき，もし $\theta_j \bar{\boldsymbol{c}}_j \geq \theta_k \bar{\boldsymbol{c}}_k (j \neq k)$ を満たすような非基底変数の列 j, k が存在すれば，j 番目の非基底変数を基底に入れて得られる実行可能基底解はパレート最適解にはならない．

証明

j 番目の非基底変数を基底に入れることにより $\bar{\boldsymbol{z}}^*$ が得られ，k 番目の非基底変数を基底に入れることによって $\bar{\boldsymbol{z}}^{**}$ が得られたとすれば，

$$\bar{\boldsymbol{z}}^* = \bar{\boldsymbol{z}} + \theta_j \bar{\boldsymbol{c}}_j, \quad \bar{\boldsymbol{z}}^{**} = \bar{\boldsymbol{z}} + \theta_k \bar{\boldsymbol{c}}_k$$

ここで $\theta_j\bar{\boldsymbol{c}}_j \geq \theta_k\bar{\boldsymbol{c}}_k$ であるから $\bar{\boldsymbol{z}}^* \geq \bar{\boldsymbol{z}}^{**}$　　Q. E. D.

いま，ある実行可能基底解 $\bar{\boldsymbol{x}}$ に対して $\bar{\boldsymbol{c}}_j \leq \boldsymbol{0}$ であるような列は存在しないと仮定する．このとき定理 10.2 (2) と定理 10.3 より $\bar{\boldsymbol{c}}_j \geq \boldsymbol{0}$ かつ $\theta_j > 0$ であるような非基底変数の列 j や $\theta_j\bar{\boldsymbol{c}}_j \geq \theta_k\bar{\boldsymbol{c}}_k (j \neq k)$ であるような非基底変数の列 j は，決して基底には入らない．またすべての j（非基底）に対して $\bar{c}_{ij} \geqq 0$ であるような行 i は存在しないとしよう．（もし存在すれば i 番目の目的関数は最小値をとる．）このとき $\boldsymbol{0}$ ベクトルと比較できない列，すなわち，$\bar{\boldsymbol{c}}_j \sim \boldsymbol{0}$（$j$: 非基底）でかつ $\theta_j\bar{\boldsymbol{c}}_j \sim \theta_k\bar{\boldsymbol{c}}_k (j \neq k)$ であるような非基底変数の列だけが基底に入る候補となりうるわけである．

今まで述べてきた結果に基づけば，ある実行可能基底解が得られたときに，この解がパレート最適解であるかどうかを簡単に判定できる場合があることがわかった．しかし，これらの結果は手軽で有益ではあるが，残念ながらすべての場合をつくしてはいない．したがって次にすべての場合に対して，ある実行可能基底解がパレート最適解であるかどうかを判定するためのパレート最適性の定義に基づく簡単な手法を Zeleny に従って述べる．

いま，基底の入れ替えによりある実行可能基底解 $\bar{\boldsymbol{x}}$ を得たとする．しかしこの解がパレート最適解であるかどうかは，今までの結果からは判定できないものとする．このとき，この解のパレート最適性を調べるために次のような線形計画問題を考える．

$$\text{minimize} \qquad v = -\sum_{i=1}^{k} \varepsilon_i \tag{10.17}$$

$$\text{subject to} \qquad A\boldsymbol{x} \leqq \boldsymbol{b}, \quad \boldsymbol{x} \geqq \boldsymbol{0} \tag{10.18}$$

$$\boldsymbol{c}_i\boldsymbol{x} + \varepsilon_i = \boldsymbol{c}_i\bar{\boldsymbol{x}}, \quad \varepsilon_i \geqq 0;\ i = 1, 2, \cdots, k \tag{10.19}$$

この線形計画問題を解いたとき，もし $\min v < 0$ となれば，少なくとも 1 つの ε_i は正の値をとり，このとき $\boldsymbol{c}_i\boldsymbol{x} + \varepsilon_i = \boldsymbol{c}_i\bar{\boldsymbol{x}}$ より少なくとも 1 つの i に対して $\boldsymbol{c}_i\boldsymbol{x} < \boldsymbol{c}_i\bar{\boldsymbol{x}}$ となる．したがって $C\boldsymbol{x} \leq C\bar{\boldsymbol{x}}$ となり，$\bar{\boldsymbol{x}}$ はパレート最適解ではない．しかし，もし $\min v = 0$ となれば，すべての ε_i は 0 となり $C\boldsymbol{x} \leq C\bar{\boldsymbol{x}}$ となるような実行可能解 $\boldsymbol{x}$ は存在しないことになり，$\bar{\boldsymbol{x}}$ はパレート最適解であることがわかる．

以上の議論をまとめると次の定理 10.4 のようになる.

定理 10.4

いま次の線形計画問題を解く.

$$\left.\begin{array}{ll} \text{minimize} & v = -\mathbf{1}\cdot\boldsymbol{\varepsilon} \\ \text{subject to} & A\boldsymbol{x} \leqq \boldsymbol{b}, \quad \boldsymbol{x} \geqq \mathbf{0} \\ & C\boldsymbol{x}+\boldsymbol{\varepsilon} = C\bar{\boldsymbol{x}}, \quad \boldsymbol{\varepsilon} \geqq \mathbf{0} \end{array}\right\} \tag{10.20}$$

ここで $\boldsymbol{\varepsilon} = (\varepsilon_1, \varepsilon_2, \cdots, \varepsilon_k)^T$

$\mathbf{1} = (1, 1, \cdots, 1)$ (k 次元行ベクトル)

このとき

(1) $\bar{\boldsymbol{x}}$ がパレート最適解であるための必要十分条件は $\min v = 0$ である.

(2) $\bar{\boldsymbol{x}}$ がパレート最適解でないための必要十分条件は $\min v < 0$ である.

さて, 定理 10.4 における線形計画問題の目的関数 v が 0 になるかどうかの判定には, それほど余分な労力を必要とはしないことも Zeleny により示されている.

このことを確かめるために, いま $\bar{\boldsymbol{x}}$ に対する $m\times m$ 基底行列を B とし, 対応する目的関数の係数の $k\times m$ 行列を C_B とする. ここで便宜上, I, O をそれぞれ適当な次元の単位行列, 零行列とし, その次元を添字で, 例えば $I_{m\times m}$ のように表す. また k 次元のベクトル $\mathbf{1} = (1, 1, \cdots, 1)$, $\mathbf{0} = (0, 0, \cdots, 0)$ もそれぞれ $\mathbf{1}_{1\times k}$, $\mathbf{0}_{1\times k}$ のように表す.

このとき, まずもとの多目的線形計画問題にパレート最適性の判定のための制約式 $C\boldsymbol{x}+\boldsymbol{\varepsilon} = C\bar{\boldsymbol{x}}(= C_B B^{-1}\boldsymbol{b})$ を付加した問題を考えてみよう. この問題のシンプレックス・タブローは行列形式で次のように表される.

$$\left[\begin{array}{c:c:c:c} A & I_{m\times m} & O_{m\times k} & \boldsymbol{b} \\ \hdashline C & O_{k\times m} & I_{k\times k} & C\bar{\boldsymbol{x}} \\ \hdashline C & O_{k\times m} & O_{k\times k} & \mathbf{0}_{k\times 1} \end{array}\right] \tag{10.21}$$

ここで, 第1行, 第2行および第3行は, それぞれ制約式 $A\boldsymbol{x} \leqq \boldsymbol{b}$, $C\boldsymbol{x}+\boldsymbol{\varepsilon} = C\bar{\boldsymbol{x}}$ および目的関数 $C\boldsymbol{x}$ に対応している. 一方, 第1列と第2列はもとの変数 $\boldsymbol{x}$ とスラック変数に対応しており, 第3列は新しい変数 $\boldsymbol{\varepsilon}$ に対応してい

る．第4列は制約式の右辺に対応している．

$\bar{\boldsymbol{x}}$ に対する基底行列Bと対応する目的関数の係数行列 C_B を用いれば，この問題の $(m+2k)\times(m+2k)$ の拡大基底行列は次のように表される．

$$\begin{bmatrix} B & O_{m\times k} & O_{m\times k} \\ C_B & I_{k\times k} & O_{k\times k} \\ C_B & O_{k\times k} & I_{k\times k} \end{bmatrix} \tag{10.22}$$

したがって対応する拡大基底逆行列は次のようになることが容易にわかる．

$$\begin{bmatrix} B^{-1} & O_{m\times k} & O_{m\times k} \\ -C_B B^{-1} & I_{k\times k} & O_{k\times k} \\ -C_B B^{-1} & O_{k\times k} & I_{k\times k} \end{bmatrix} \tag{10.23}$$

この拡大基底逆行列を (10.21) のシンプレックス・タブローの左から掛けると，次のような正準形に対するシンプレックス・タブローが得られる．

$$\begin{bmatrix} B^{-1}A & B^{-1} & O_{m\times k} & B^{-1}\boldsymbol{b} \\ C-C_B B^{-1}A & -C_B B^{-1} & I_{k\times k} & \boldsymbol{0}_{k\times 1} \\ C-C_B B^{-1}A & -C_B B^{-1} & O_{k\times k} & -C_B B^{-1}\boldsymbol{b} \end{bmatrix} \tag{10.24}$$

ここで第2行第4列が $\boldsymbol{0}_{k\times 1}$ になることは，$C\bar{\boldsymbol{x}}=C_B B^{-1}\boldsymbol{b}$ に注意すれば明らかである．

一方，定理 10.4 の問題に対するシンプレックス・タブローは，シンプレックス・タブロー (10.24) の第3行を目的関数 $-\boldsymbol{1}_{1\times k}\,\boldsymbol{\varepsilon}$ に対応する行に置き換えることによって，次のように表される．

$$\begin{bmatrix} B^{-1}A & B^{-1} & O_{m\times k} & B^{-1}\boldsymbol{b} \\ C-C_B B^{-1}A & -C_B B^{-1} & I_{k\times k} & \boldsymbol{0}_{k\times 1} \\ \boldsymbol{0}_{1\times n} & \boldsymbol{0}_{1\times m} & -\boldsymbol{1}_{1\times k} & 0 \end{bmatrix} \tag{10.25}$$

正準形にするためには目的関数の式から $\boldsymbol{\varepsilon}$ を消去しなければならない．したがって (10.25) の第2行の和をとり第3行に加えれば，次のような正準形に対するシンプレックス・タブローが得られる．

$$\begin{bmatrix} B^{-1}A & B^{-1} & O_{m\times k} & B^{-1}\boldsymbol{b} \\ C-C_B B^{-1}A & -C_B B^{-1} & I_{k\times k} & \boldsymbol{0}_{k\times 1} \\ \boldsymbol{1}_{1\times k}(C-C_B B^{-1}A) & -\boldsymbol{1}_{1\times k}(C_B B^{-1}) & \boldsymbol{0}_{1\times k} & 0 \end{bmatrix} \tag{10.26}$$

シンプレックス・タブロー (*10.26*) は，定理 10.4 の問題 (*10.17*) に対する実行可能タブローであり，実行可能基底解は $(\boldsymbol{x}, \boldsymbol{\varepsilon}) = (\bar{\boldsymbol{x}}, \boldsymbol{0})$ であることに注意しよう．

シンプレックス・タブロー (*10.26*) と (*10.24*) を比較すれば，定理 10.4 の問題に対するタブロー (*10.26*) は (*10.24*) から直ちに構成され，余分な労力はいらないことがわかる．タブロー (*10.26*) の第 3 行により定理 10.4 の問題の最適性の判定が行われ，もしこの行がすべて非負ならば，$\bar{\boldsymbol{x}}$ がパレート最適端点であることがわかる．このことは次の定理に示されている．

定理 10.5

実行可能基底解 $\bar{\boldsymbol{x}}$ に対して，もし (*10.26*) の第 3 行がすべて非負，すなわち，$\mathbf{1}_{1\times k}(C-C_BB^{-1}A) \geqq \boldsymbol{0}$ かつ $-\mathbf{1}_{1\times k}(C_BB^{-1}) \geqq \boldsymbol{0}$ ならば，$\bar{\boldsymbol{x}}$ はパレート最適端点である．

証明

(*10.26*) の第 3 行の非負性の仮定より，$(\bar{\boldsymbol{x}}, \boldsymbol{0})$ は定理 10.4 の問題 (*10.20*) の解であり，このとき $v=0$ であるので，$\bar{\boldsymbol{x}}$ はパレート最適端点である． Q.E.D.

さて，(*10.26*) の第 3 行に負の要素が存在すると仮定し，それを j 番目としよう．このとき，第 2 行の j 列目の要素 $\bar{\boldsymbol{c}}_j$ がすべて非正で $\theta_j>0$ ならば，定理 10.2 により $\bar{\boldsymbol{x}}$ はパレート最適解ではないことがわかる．もし，$\bar{\boldsymbol{c}}_j$ に正のものがあったとしても，シンプレックス・タブロー (*10.26*) は特別な構造をしているので，定理 10.4 の問題は比較的少ないピボット操作で解くことができる．

これまで述べてきた定理 10.4，10.5 およびタブロー (*10.26*) などの結果を有効に利用するために，表 10.1 の多目的シンプレックス・タブローに，さらに k 個の目的関数の和 $\sum_{i=1}^{k} \boldsymbol{c}_i\boldsymbol{x} (= \mathbf{1}_{1\times k}C\boldsymbol{x})$ に対応する行 Σ を最下段に追加しよう．このときの多目的シンプレックス・タブローが表 10.2 に示されている．

ここで，枠で囲まれている部分は後で示すように，パレート最適性の判定のためのシンプレックス・タブローを構成するときに利用される．

表 10.2　多目的シンプレックス・タブロー

基　底	x_1	$x_2 \cdots\cdots x_m$	$x_{m+1} \cdots\cdots x_j \cdots\cdots x_n$	定　数
x_1	1		$\bar{a}_{1,m+1} \cdots\cdots \bar{a}_{1j} \cdots\cdots \bar{a}_{1n}$	$\bar{b}_1$
x_2		1	$\bar{a}_{2,m+1} \cdots\cdots \bar{a}_{2j} \cdots\cdots \bar{a}_{2n}$	$\bar{b}_2$
$\vdots$		$\ddots$	$\vdots \quad \vdots \quad \vdots$	$\vdots$
x_m		1	$\bar{a}_{m,m+j} \cdots \bar{a}_{mj} \cdots\cdots \bar{a}_{mn}$	$\bar{b}_m$
$-z_1$	0	$0 \cdots\cdots 0$	$\bar{c}_{1,m+1} \cdots\cdots \bar{c}_{1j} \cdots\cdots \bar{c}_{1n}$	$-\bar{z}_1$
$-z_2$	0	$0 \cdots\cdots 0$	$\bar{c}_{2,m+1} \cdots\cdots \bar{c}_{2j} \cdots\cdots \bar{c}_{2n}$	$-\bar{z}_2$
$\vdots$	$\vdots$	$\vdots \quad \vdots$	$\vdots \quad \vdots \quad \vdots$	$\vdots$
$-z_k$	0	$0 \cdots\cdots 0$	$\bar{c}_{k,m+1} \cdots\cdots \bar{c}_{kj} \cdots\cdots \bar{c}_{kn}$	$-\bar{z}_k$
Σ	0	$0 \cdots\cdots 0$	$\bar{c}_{k+1,m+1} \cdots \bar{c}_{k+1,j} \cdots \bar{c}_{k+1,n}$	$-\bar{z}_{k+1}$

さて，ある実行可能基底解 $\boldsymbol{x}^h$ が与えられたとき，すべての j (非基底) に対して $\bar{c}_{ij} > 0$ となるような $-z_i$ の行は存在せず，しかも非基底変数の列の $\bar{\boldsymbol{c}}_j$ は $\bar{\boldsymbol{c}}_j \geq \boldsymbol{0}$ または $\bar{\boldsymbol{c}}_j \sim \boldsymbol{0}$ であったとしよう．このとき，この解 $\boldsymbol{x}^h$ がパレート最適解であるかどうかの判定は，定理 10.4 以降の議論に基づいて行うことができるが，そのためのサブルーチンを次に要約しておこう．ここで簡単のため $\theta_j = 0$ となる場合は省略されていることに注意しよう．

パレート最適性の判定のためのサブルーチン:

(1)　タブローの最後の行 (Σ の行) を調べて，最も小さな負の要素を選ぶ．もし負の要素がなければ (すべて非負ならば)，定理 10.5 より $\boldsymbol{x}^h \in X^P$ となる．

(2)　(1) で選ばれた最も小さな負の要素を $\bar{c}_{k+1,j}$ とすれば，次の 2 つの場合が起こりうる．ただし，サブルーチンを用いる前には $\bar{\boldsymbol{c}}_j \geq \boldsymbol{0}$ または $\bar{\boldsymbol{c}}_j \sim \boldsymbol{0}$ であるので，(a) はサブルーチンを用いてピボット操作を行った後の場合である．

(a)　もしすべての $i = 1, 2, \cdots, k$ に対して $\bar{c}_{ij} \leqq 0$ (このとき $\bar{c}_{k+1,j} < 0$ であるから $\bar{\boldsymbol{c}}_j \leq \boldsymbol{0}$ となる) で，さらに $\theta_j > 0$ ならば，j 番目の列を基底に入れると $\min v < 0$ となるので $\boldsymbol{x}^h \in \overline{X^P}$ である．

(b)　少なくとも 1 つの $\bar{c}_{ij} > 0$ ならば，多目的シンプレックス・タブロー (表 10.2) の $-z_i (i = 1, 2, \cdots, k)$ と Σ の，枠に囲まれている行を用いて，表 10.3 の枠に囲まれている所に示されている問題を構成する．もし $\theta_j>0$ ならば，最も大きな $\bar{c}_{ij}>0$ をピボット項に選び，ピボット操作を行って (1) へもどる．

表 10.3　パレート最適性の判定のためのシンプレックス・タブロー

基　底	$x_1\cdots\cdots x_m$	$x_{m+1}\ \cdots\cdots x_n$	$\varepsilon_1\cdots\cdots\varepsilon_k$	定　数
x_1	$1\cdots\cdots 0$	$\bar{a}_{1,\,m+1}\cdots\cdots\bar{a}_{1n}$	$0\cdots\cdots 0$	$\bar{b}_1$
$\vdots$	$\vdots\quad\vdots$	$\vdots\quad\vdots$	$\vdots\quad\vdots$	$\vdots$
x_m	$0\cdots\cdots 1$	$\bar{a}_{m,\,m+1}\cdots\cdots\bar{a}_{mn}$	$0\cdots\cdots 0$	$\bar{b}_m$
ε_1	$0\cdots\cdots 0$	$\bar{c}_{1,\,m+1}\cdots\cdots\bar{c}_{1n}$	$1\cdots\cdots 0$	0
$\vdots$	$\vdots\quad\vdots$	$\vdots\quad\vdots$	$\vdots\quad\vdots$	$\vdots$
ε_k	$0\cdots\cdots 0$	$\bar{c}_{k,\,m+1}\cdots\cdots\bar{c}_{kn}$	$0\cdots\cdots 1$	0
Σ	$0\cdots\cdots 0$	$\bar{c}_{k+1,\,m+1}\cdots\bar{c}_{k+1,\,n}$	$0\cdots\cdots 0$	0

以上の準備のもとで，多目的シンプレックス法のアルゴリズムの流れ図を Zeleny に従って構成すると，図 10.3 のようになる．

ここでこの流れ図について，図の番号に対比させて説明を加えておこう．

(1)　ある実行可能基底解 $\boldsymbol{x}^h$ に対して，いずれかの目的関数が最小化されているかどうかを調べる．

(2)　もし $\boldsymbol{x}^h$ が少なくとも 1 つの目的関数を一意的に最小にするような解であれば，$\boldsymbol{x}^h\in X^P$ であるから $\boldsymbol{x}^h$ を出力する．

(3)　ここで定理 10.2 (1) を利用する．すなわち，少なくとも 1 つの $\bar{\boldsymbol{c}}_j\leq\boldsymbol{0}$ (j: 非基底) が存在し，$\theta_j>0$ なら $\boldsymbol{x}^h\in\overline{X^P}$ である．このとき，j 番目の変数を基底に入れることによって未探索基底になるならば，ピボット操作を行って (1) へ．そうでなければ (8) へ．

(4)　パレート最適性の判定のためのサブルーチンを利用する．

(5)　すべての k (非基底) に対して $\theta_k\bar{\boldsymbol{c}}_k>\theta_j\bar{\boldsymbol{c}}_j$ となるような列 j (非基底) があるかどうか調べる．もしこのような列があって未探索基底になれば，基底の変換を行う．そうでなければ (8) へ．

(6)　$\boldsymbol{x}^h$ と比較できない解を導くような列を探す．もしなければ (8) へ．もし存在して $\boldsymbol{x}^h\in\overline{X^P}$ なら (8) へ．

(7)　新しい解を導くような j 列と基底を選び記録する．これらはパレート最適端点 (基底解) かもしれない．

(8)　未探索基底の欄に貯えられている基底がなければ終了．

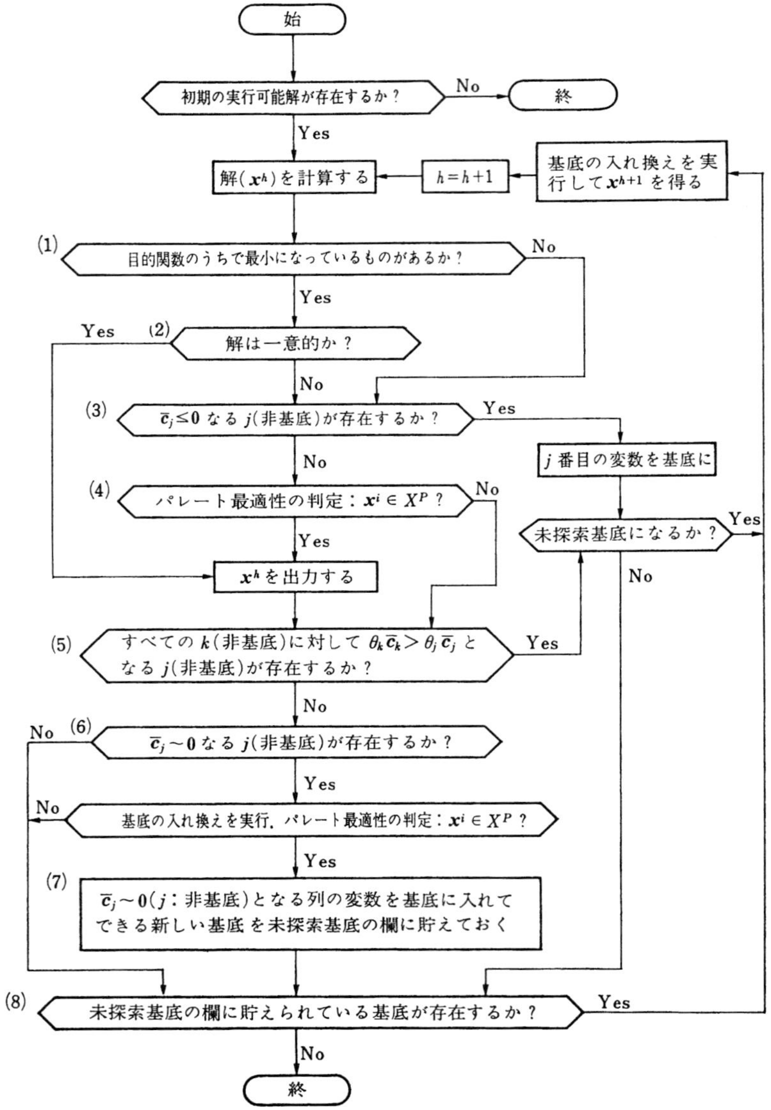

図 10.3　多目的シンプレックス法の流れ図

さて，多目的シンプレックス法の数値例として，図 10.1 や図 10.2 で考察した次の簡単な 2 目的の問題を取り上げてみよう．

$$
\begin{aligned}
&\text{minimize} && z_1(x_1, x_2) = x_1 - 2x_2 \\
&\text{minimize} && z_2(x_1, x_2) = -2x_1 - x_2 \\
&\text{subject to} && -x_1 + 3x_2 \leqq 21 \\
& && x_1 + 3x_2 \leqq 27 \\
& && 4x_1 + 3x_2 \leqq 45 \\
& && 3x_1 + x_2 \leqq 30 \\
& && x_1, x_2 \geqq 0
\end{aligned}
$$

この問題のパレート最適端点は，図 10.1 や図 10.2 から明らかなように，次に示す 4 点 C, D, E, F である．

点 C:　$(x_1, x_2) = (9, 3)$,　　$(z_1, z_2) = (3, -21)$

点 D:　$(x_1, x_2) = (6, 7)$,　　$(z_1, z_2) = (-8, -19)$

点 E:　$(x_1, x_2) = (3, 8)$,　　$(z_1, z_2) = (-13, -14)$

点 F:　$(x_1, x_2) = (0, 7)$,　　$(z_1, z_2) = (-14, -7)$

スラック変数 x_4, x_5, x_6, x_7 を導入すれば，表 10.4 のサイクル 0 に示されている最初の実行可能基底解 $\boldsymbol{x}^1 = (x_1, x_2)^T = (0, 0)^T$ を得るが，このとき，x_2 の列を見れば $\bar{\boldsymbol{c}}_2 = (-2, -1)^T < \boldsymbol{0}$ であるから，定理 10.2 (1) より $\boldsymbol{x}^1 \in \overline{X^P}$ であることがわかる．

サイクル 0 において [　] で囲まれた 3 がピボット項として定まり，x_3 と x_2 を入れ替えるピボット操作を行えば，サイクル 1 に示されている実行可能基底解 $\boldsymbol{x}^2 = (0, 7)^T$ が得られる．サイクル 1 の $-z_1$ の行を見れば，$\bar{c}_{11} = 1/3 > 0$, $\bar{c}_{13} = 2/3 > 0$ であり，$\boldsymbol{x}^2$ は $z_1(\boldsymbol{x})$ を一意的に最小にする解であるので，$\boldsymbol{x}^2 \in X^P$ となる．サイクル 1 において，$\bar{\boldsymbol{c}}_1 = (1/3, -7/3)^T \sim \boldsymbol{0}$ であるので，x_1 を基底に入れてみる．[　] で囲まれた 2 をピボット項として x_1 と x_4 を入れ替えるピボット操作を行えば，サイクル 2 に示されている実行可能基底解 $\boldsymbol{x}^3 = (3, 8)^T$ が得られる．サイクル 2 で Σ の行を見れば，$\bar{c}_{33} = 0$, $\bar{c}_{34} > 0$ であるので，パレート最適性の判定のためのサブルーチンの (1) より $\boldsymbol{x}^3 \in X^P$ となる．

表 10.4　2目的の数値例に対する多目的シンプレックス・タブロー

サイクル	基底	x_1	x_2	x_3	x_4	x_5	x_6	定数
0	x_3	−1	[3]	1				21
	x_4	1	3		1			27
	x_5	4	3			1		45
	x_6	3	1				1	30
	$-z_1$	1	−2					0
	$-z_2$	−2	−1					0
	Σ	−1	−3					0
1	x_2	−1/3	1	1/3				7
	x_4	[2]		−1	1			6
	x_5	5		−1		1		24
	x_6	3		−1/3			1	23
	$-z_1$	1/3		2/3				14
	$-z_2$	−7/3		1/3				7
	Σ	−2		1				21
2	x_2		1	1/6	1/6			8
	x_1	1		−0.5	0.5			3
	x_5			[1.5]	−2.5	1		9
	x_6			4/3	−5/3		1	13
	$-z_1$			5/6	−1/6			13
	$-z_2$			−5/6	7/6			14
	Σ			0	1			27
3	x_2		1		8/18	2/18		7
	x_1	1			−1/3	1/3		6
	x_3			1	−5/3	2/3		6
	x_6				[5/9]	−8/9	1	5
	$-z_1$				22/18	−5/9		8
	$-z_2$				−4/18	5/9		19
	Σ				1	0		27
4	x_2		1			0.6	−0.8	3
	x_1	1				−0.2	0.6	9
	x_3			1		−2	3	21
	x_4				1	−1.6	1.8	9
	$-z_1$					1.4	−2.2	−3
	$-z_2$					0.2	0.4	21
	Σ					1.6	1.8	18

サイクル 2 において $\bar{\boldsymbol{c}}_3 \sim \boldsymbol{0}$, $\bar{\boldsymbol{c}}_4 \sim \boldsymbol{0}$ であるので，まず x_3 を基底に入れてみる．[　] で囲まれた 1.5 をピボット項として x_3 と x_5 を入れ替えるピボット操作を行えば，サイクル 3 の実行可能基底解 $\boldsymbol{x}^4 = (6,7)^T$ が得られる．サイクル 3 で Σ の行を見れば $\bar{c}_{34} > 0$, $\bar{c}_{35} = 0$ であるので，パレート最適性の判定のためのサブルーチンの (1) より $\boldsymbol{x}^4 \in X^P$ となる．

サイクル 3 において $\bar{\boldsymbol{c}}_4 \sim \boldsymbol{0}$, $\bar{\boldsymbol{c}}_5 \sim \boldsymbol{0}$ であるので x_4 を基底に入れてみる．[　] で囲まれた 5/9 をピボット項として x_6 と x_4 を入れ替えるピボット操作を行えば，サイクル 4 の実行可能基底解 $\boldsymbol{x}^5 = (9,3)^T$ が得られる．サイクル 4 で $-z_2$ の行を見れば $\bar{c}_{25} = 0.2$, $\bar{c}_{26} = 0.4$ であり，$\boldsymbol{x}^5$ は $z_2(\boldsymbol{x})$ を一意的に最小にする解であるので $\boldsymbol{x}^5 \in X^P$ となる．

サイクル 4 において，x_5 の列を見れば $\bar{\boldsymbol{c}}_5 = (1.4, 0.2)^T > \boldsymbol{0}$ であるから定理 10.2 (2) より x_5 を基底に入れてもパレート最適解にはならないことがわかる．さらに x_6 を基底に入れるとすでに探索した基底（サイクル 3）になることがわかり，未探索基底は存在しないので，アルゴリズムは終了する．

このようにして，多目的シンプレックス法により求められたパレート最適端点は，図 10.1 や図 10.2 の 4 点 F, E, D, C に対応した次の 4 点である．

$$\boldsymbol{x}^2 = (0,7)^T, \quad \boldsymbol{z}(\boldsymbol{x}^2) = (-14, -7)^T$$
$$\boldsymbol{x}^3 = (3,8)^T, \quad \boldsymbol{z}(\boldsymbol{x}^3) = (-13, -14)^T$$
$$\boldsymbol{x}^4 = (6,7)^T, \quad \boldsymbol{z}(\boldsymbol{x}^4) = (-8, -19)^T$$
$$\boldsymbol{x}^5 = (9,3)^T, \quad \boldsymbol{z}(\boldsymbol{x}^5) = (3, -21)^T$$

表 10.4 の簡単な数値例では，パレート最適性の判定のためのサブルーチンはほとんど利用されていないが，このサブルーチンが有効に利用されるより複雑な数値例や多目的シンプレックス法の詳細は，紙面の制約のためここではこれ以上述べないが，Zeleny の本にくわしく述べられている．

問　題　10

1. 図 10.1, 図 10.2 で考察した問題の目的関数が

(1)　$z_1(x_1, x_2) = x_1 - 5x_2$, $z_2(x_1, x_2) = -x_1 - 4x_2$

に変更されたときは完全最適解が存在し，

（2） $z_1(x_1, x_2) = x_1 - 3x_2$, $z_2(x_1, x_2) = -4x_1 - 3x_2$

に変更されたときは弱パレート最適解が存在することを確かめてみよ．

2. 補助定理10.1の（4）を証明せよ．

3. 次の問題にはパレート最適端点は存在しないことを確かめよ．

$$\begin{array}{ll} \text{minimize} & z_1(x_1, x_2) = x_1 - x_2 \\ \text{minimize} & z_2(x_1, x_2) = -10x_1 \\ \text{subject to} & -x_1 + x_2 \leqq 2 \\ & x_1 \qquad \geqq 1 \\ & x_1, x_2 \geqq 0 \end{array}$$

4. 次の問題のすべてのパレート最適端点を，まず図式的に求め，次に多目的シンプレックス法により求めよ．

$$\begin{array}{ll} \text{minimize} & z_1(x_1, x_2) = -0.4x_1 - 0.3x_2 \\ \text{minimize} & z_2(x_1, x_2) = -x_1 \\ \text{subject to} & x_1 + x_2 \leqq 400 \\ & 2x_1 + x_2 \leqq 500 \\ & x_1, x_2 \geqq 0 \end{array}$$

11. ファジィ線形計画法

日常生活の会話で用いられる表現は，「だいたいa以下にしたい」などというあいまいな表現で表されるものが多い．このような人間の判断の主観的側面におけるあいまいさを定量的に解析するため，L. A. Zadeh はファジィ集合の概念を提案した．その後，R. E. Bellman と L. A. Zadeh は，与えられたファジィ目標とファジィ制約を統合した決定集合を定義することにより，ファジィ環境における意思決定を試みた．このようなファジィ目標とファジィ制約を考慮した意思決定の考えは，H.-J. Zimmermann により初めて線形計画問題に導入され，多目的線形計画問題への拡張も試みられてきている．

本章では Zadeh により提案されたファジィ集合とその基本的性質について述べた後，Bellman と Zadeh によるファジィ環境における意思決定についての解説を行う．これらの準備のもとにこれまで提案されてきたファジィ線形計画法のうち代表的な手法についての説明を試みる．

11.1 ファジィ集合

われわれの日常生活での会話で用いられる用語には正確な表現よりはむしろ，「だいたいa以上」とか，「だいたいb以下」などというあいまいな表現で表されるものが多い．しかし，このようなあいまいな表現を用いているにもかかわらず，われわれはある意味ではそれに基づいて適切に行動しているように思われる．このことは，あいまいな表現が人間の行動の基準として利用されているものと考えられよう．このような人間の判断の主観的側面におけるあいまいさを定量的に解析するため，L. A. Zadeh は 1965 年以来**ファジィ集合** (fuzzy set) の概念を提案し，その理論を発展させてきた．

Zadeh によって提案されたファジィ集合は，特性関数を一般化した**メンバシップ関数** (membership function) を導入することにより特性づけられており，次のように定義されている．

定義 11.1（ファジィ集合）

全体集合 X におけるファジィ集合 A は

$$\mu_A\colon X \to M$$

なるメンバシップ関数 μ_A によって特性づけられた集合である．ここで M はメンバシップ空間と呼ばれ，値 $\mu_A(x) \in M$ は A における x の帰属度を表す．

以下では簡単のためメンバシップ空間 M を $M=[0,1]$ なる閉区間に限定して議論を進める．すなわち，全体集合 X におけるファジィ集合 A は μ_A: $X \to [0,1]$ なるメンバシップ関数によって特性づけられた集合であるとする．このとき $\mu_A(x)$ の値が1に近ければ x の A に属する度合が大きく，反対に0に近ければ x の A に属する度合が小さいことを示している．

ここで，メンバシップ空間 M が0と1の2点のみを含む場合は，A はファジィ集合ではなく，通常の集合となり $\mu_A(x)$ は通常の集合の特性関数に相当する．すなわち，メンバシップ関数は特性関数の一般化であり，ファジィ集合は，通常の集合の概念の一般化であるとみなすことができる．また通常の集合は要素がその集合に属すれば真，属さなければ偽という二値論理であるのに対して，ファジィ集合はメンバシップ関数の値域が $[0,1]$ であるから，無限多値論理に対応しているといえる．

例えば，若い人の集合といってもどれくらいの年齢より若い人の集合かがはっきりしない．年齢が 20 歳以下の人の集合といえば，それは確定した集合で

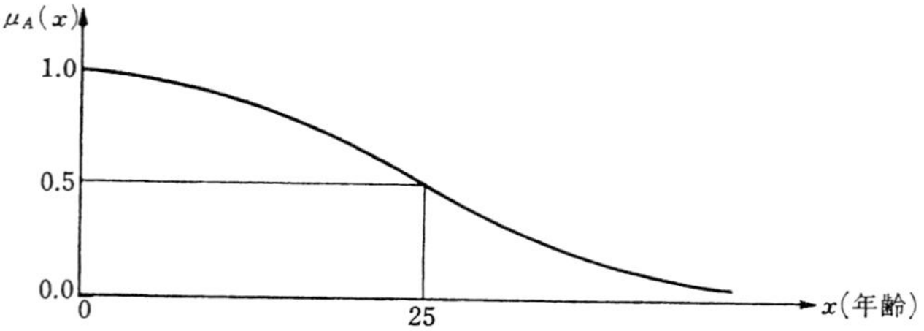

図 11.1　若い人というファジイ集合のメンバシップ関数の例

あるが，単に若い人の集合というのはあいまいな集合である．このとき人の若さを年齢ではかったとして，若い人というファジィ集合 A を特性づけるメンバシップ関数として，もちろん主観的にではあるが，例えば次のように与えることができる．

$$\mu_A(x) = (1+(0.04x)^2)^{-1} \tag{11.1}$$

この $\mu_A(x)$ は図 11.1 のように表される．

また，実軸上で 10 以上の数の集合は通常の集合であるが，10 より十分大きな数の集合 B はファジィ集合であり，やはり主観的にではあるが，次のようなメンバシップ関数で特性づけられる．

$$\mu_B(x) = \begin{cases} 0 & ;\ x \leqq 10 \text{ のとき} \\ 1-(1+(0.1(x-10))^2)^{-1}; & x > 10 \text{ のとき} \end{cases} \tag{11.2}$$

$\mu_B(x)$ を図示すると図 11.2 のようになる．

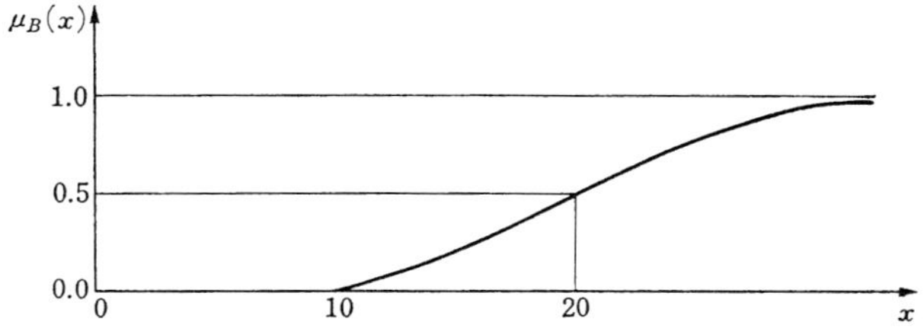

図 11.2　10 より十分大きな数というファジイ集合のメンバシップ関数の例

一方，X が離散空間で

$$X = \{x_1, x_2, \cdots, x_n\}$$

と表されるとき，ファジィ集合 A は

$$A = \{(x_1, \mu_A(x_1)), (x_2, \mu_A(x_2)), \cdots, (x_n, \mu_A(x_n))\}$$

と表される．例えば $X = \{1, 2, 3, 4, 5, 6, 7, 8, 9\}$ のとき，「だいたい 5 ぐらいである」というファジィ集合は，主観的に $A = \{(1, 0), (2, 0), (3, 0.4), (4, 0.8), (5, 1), (6, 0.8), (7, 0.4), (8, 0), (9, 0)\}$ と表される．

次にメンバシップ関数により定義されるファジィ集合における基本的演算を示そう．

（1）　ファジィ集合の等価性

2つのファジィ集合 A, B が等しいことを $A=B$ と書き

$$\mu_A(x) = \mu_B(x), \quad \forall x \in X \tag{11.3}$$

が成立することであると定義する．

（2） ファジィ集合の包含関係

2つのファジィ集合 A, B に対して A が B の部分集合であることを $A \subseteqq B$ と書き，

$$\mu_A(x) \leqq \mu_B(x), \quad \forall x \in X \tag{11.4}$$

が成立することであると定義する．

（3） ファジィ集合の補集合

ファジィ集合 A の補集合を $\bar{A}$ と書き，そのメンバシップ関数は次式で与えられる．

$$\mu_{\bar{A}}(x) = 1 - \mu_A(x) \tag{11.5}$$

（4） ファジィ集合の共通集合

2つのファジィ集合 A, B の共通集合を $A \cap B$ と書き，そのメンバシップ関数は次式で与えられる．

$$\mu_{A \cap B}(x) = \min(\mu_A(x), \mu_B(x)) \tag{11.6}$$

（5） ファジィ集合の和集合

2つのファジィ集合 A, B の和集合を $A \cup B$ と書き，そのメンバシップ関数は次式で与えられる．

$$\mu_{A \cup B}(x) = \max(\mu_A(x), \mu_B(x)) \tag{11.7}$$

11.2 ファジィ環境における意思決定

1970 年，R. E. Bellman と L. A. Zadeh は，ファジィ環境における意思決定として，代替案の集合 X 上に**ファジィ目標** (fuzzy goal) と**ファジィ制約** (fuzzy constraint) が与えられたときに，どのようにして意思決定を行うかに関して以下に述べるようなアプローチを試みた．ここでいう代替案とは決定にあたってとりうる手段や行動のことであり，また，ファジィ目標 G とファジィ制約 C はそれぞれのメンバシップ関数

$$\mu_G\colon X \longrightarrow [0,1] \tag{11.8}$$

$$\mu_C\colon X \longrightarrow [0,1] \tag{11.9}$$

によって特性づけられる代替案の集合 X 上のファジィ集合である．

このとき，ファジィ目標とファジィ制約を統合した決定集合をどのように定義するかという問題が生じる．Bellman と Zadeh は，ファジィ目標 G とファジィ制約 C を同時に満たすことを考慮して，**ファジィ決定**(fuzzy decision) D は，ファジィ目標 G とファジィ制約 C との共通集合であると定義した．すなわちファジィ決定 D は

$$D = G \cap C \tag{11.10}$$

であると定義され，そのメンバシップ関数

$$\mu_D(x) = \min(\mu_G(x), \mu_C(x)) \tag{11.11}$$

で特性づけられる．

さらにより一般の複数個のファジィ目標と複数個のファジィ制約が存在する場合への拡張は，容易に行うことができる．いま，$G_1, G_2, \cdots, G_n$ をファジィ目標とし，$C_1, C_2, \cdots, C_m$ をファジィ制約とすれば，ファジィ決定 D は

$$D = G_1 \cap G_2 \cap \cdots \cap G_n \cap C_1 \cap C_2 \cap \cdots \cap C_m \tag{11.12}$$

と定義され，

$$\begin{aligned}\mu_D(x) &= \min_{\substack{1 \leqq i \leqq n \\ 1 \leqq j \leqq m}} (\mu_{G_i}(x), \mu_{C_j}(x)) \\ &= \min(\mu_{G_1}(x), \mu_{G_2}(x), \cdots, \mu_{G_n}(x), \mu_{C_1}(x), \mu_{C_2}(x), \\ &\qquad \cdots, \mu_{C_m}(x))\end{aligned} \tag{11.13}$$

なるメンバシップ関数で特性づけられる．ここで，ファジィ環境においてはもはや目標と制約の間に差がなくなっていることに注意しよう．

ファジィ決定 D における意思決定としては，D に帰属する度合を最大にするような x を選ぶという**最大化決定** (maximizing decision) が Bellman と Zadeh により提案されている．すなわち最大化決定とは，ファジィ決定 D のメンバシップ関数 $\mu_D(x)$ の値を最大化するような x を選ぶことであり，

$$\mu_D(x^*) = \max_{x \in X} \mu_D(x) \tag{11.14}$$

となるような x^* を求めるものである．ここで，このような x^* は存在しない場合もあれば，無数に存在する場合もあることに注意しよう．

一般に，n 個のファジィ目標 $G_1, G_2, \cdots, G_n$ と m 個のファジィ制約 $C_1, C_2, \cdots, C_m$ を考える場合は，

$$\mu_D(x^*) = \max_{x \in X} \min_{\substack{1 \leqq i \leqq n \\ 1 \leqq j \leqq m}} (\mu_{G_i}(x), \mu_{C_j}(x))$$
$$= \max_{x \in X} \{\min(\mu_{G_1}(x), \mu_{G_2}(x), \cdots, \mu_{G_n}(x), \mu_{C_1}(x), \mu_{C_2}(x), \cdots, \mu_{C_m}(x))\} \quad (11.15)$$

となる x^* を選ぶという決定がファジィ決定 D に対する最大化決定である.

しかし，ファジィ目標 G とファジィ制約 C とを統合する方法は，ファジィ決定以外にも，いろいろ考えられる. Bellman と Zadeh は他のファジィ決定の定義として凸ファジィ決定や積ファジィ決定などが考えられることも述べている. 彼らは，ファジィ目標 $G_1, G_2, \cdots, G_n$ とファジィ制約 $C_1, C_2, \cdots, C_m$ が与えられたとき，**凸ファジィ決定** (convex fuzzy decision) として

$$\left.\begin{aligned} &\mu_D^{co}(x) = \sum_{i=1}^{n} \alpha_i \mu_{G_i}(x) + \sum_{j=1}^{m} \beta_j \mu_{C_j}(x) \\ &\sum_{i=1}^{n} \alpha_i + \sum_{j=1}^{m} \beta_j = 1 \\ &\alpha_i \geqq 0 \qquad i = 1, 2, \cdots, n \\ &\beta_j \geqq 0 \qquad j = 1, 2, \cdots, m \end{aligned}\right\} \quad (11.16)$$

あるいは，**積ファジィ決定** (product fuzzy decision) として

$$\mu_D^{pr}(x) = (\prod_{i=1}^{n} \mu_{G_i}(x)) \cdot (\prod_{j=1}^{m} \mu_{C_j}(x)) \quad (11.17)$$

などを定義している.

これらの凸ファジィ決定や積ファジィ決定に対しても，ファジィ決定 D に対する最大化決定の場合と同様に，それぞれ，

$$\mu_D^{co}(x^*) = \max_{x \in X} \{\sum_{i=1}^{n} \alpha_i \mu_{G_i}(x) + \sum_{j=1}^{m} \beta_j \mu_{C_j}(x)\} \quad (11.18)$$

$$\mu_D^{pr}(x^*) = \max_{x \in X} \{(\prod_{i=1}^{n} \mu_{G_i}(x)) \cdot (\prod_{j=1}^{m} \mu_{C_j}(x))\} \quad (11.19)$$

となるような x^* を選ぶという最大化決定が定義されている.

ここで，これらの $\mu_D^{co}(x), \mu_D^{pr}(x)$ と $\mu_D(x)$ との間には明らかに

$$\mu_D^{pr}(x) \leqq \mu_D(x) \leqq \mu_D^{co}(x) \quad (11.20)$$

なる関係が成立することに注意しよう.

例えば，代替案の集合を $X = [0, \infty)$ として，ファジィ目標 G とファジイ

制約 C を次のように仮定しよう．

G: x を 10 より十分大きくしたい

C: x を 30 よりかなり小さくしたい

これらの 2 つのファジィ集合のメンバシップ関数が，それぞれ，主観的に次のように与えられているとする．

$$\mu_G(x) = \begin{cases} 0 & ;\quad x \leqq 10 \text{ のとき} \\ 1-(1+(0.1(x-10))^2)^{-1}; & \quad x > 10 \text{ のとき} \end{cases}$$

$$\mu_C(x) = \begin{cases} 0 & ;\quad x \geqq 30 \text{ のとき} \\ (1+x(x-30)^{-2})^{-1} & ;\quad x < 30 \text{ のとき} \end{cases}$$

図 11.3 にこのときのファジィ目標 G とファジィ制約 C に対するファジィ決定，凸ファジィ決定，積ファジィ決定とそれぞれの最大化決定が同時に示されている．

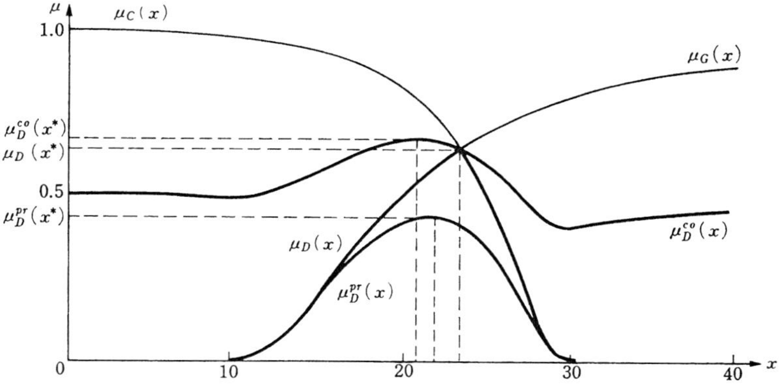

図 11.3　ファジィ決定，凸ファジィ決定，積ファジィ決定とそれらの最大化決定

11.3 ファジィ線形計画法

1976 年，H.-J. Zimmermann は線形計画問題にファジィ集合論の考えを導入した．すなわち，ファジィ目標とファジィ制約のある線形計画問題に対して，意思決定者が主観的に決定するメンバシップ関数が線形の関数であると仮定して，Bellman と Zadeh のファジィ決定に対する最大化決定を採用すれば，通常の線形計画問題として解けることを示した．

彼は，通常の線形計画問題

$$\left.\begin{array}{ll}\text{minimize} & z=\boldsymbol{cx}\\ \text{subject to} & A\boldsymbol{x}\leqq \boldsymbol{b}\\ & \boldsymbol{x}\geqq \boldsymbol{0}\end{array}\right\} \tag{11.21}$$

に対して次のようなファジィ目標とファジィ制約をもつ問題を取り上げた．

$$\left.\begin{array}{r}\boldsymbol{cx}\lesssim z_0\\ A\boldsymbol{x}\lesssim \boldsymbol{b}\\ \boldsymbol{x}\geqq \boldsymbol{0}\end{array}\right\} \tag{11.22}$$

ここで，$\boldsymbol{c}=(c_1, c_2, \cdots, c_n)$，$\boldsymbol{x}=(x_1, x_2, \cdots, x_n)^T$，$\boldsymbol{b}=(b_1, b_2, \cdots, b_m)^T$ で A は $m\times n$ 行列であり，さらに，便宜上用いた記号「$\lesssim$」はファジィ不等号を表しており，例えば「$x\lesssim a$」は，「x はだいたい a 以下」ということを意味している．

この問題には「目的 $\boldsymbol{cx}$ をだいたい z_0 以下にしたい」というファジィ目標と，「制約 $A\boldsymbol{x}$ をだいたい $\boldsymbol{b}$ 以下にしたい」というファジィ制約が与えられている．

ファジィ目標とファジィ制約は決定に対して同じ役割を果たすと考えて，彼は目標と制約をまとめて (11.22) を次のように表した．

$$\begin{cases}B\boldsymbol{x}\lesssim \boldsymbol{b}'\\ \boldsymbol{x}\geqq \boldsymbol{0}\end{cases}\qquad B=\begin{bmatrix}\boldsymbol{c}\\ A\end{bmatrix}\qquad \boldsymbol{b}'=\begin{pmatrix}z_0\\ \boldsymbol{b}\end{pmatrix} \tag{11.23}$$

ファジィ不等式 $B\boldsymbol{x}\lesssim \boldsymbol{b}'$ の i 番目の不等式 $(B\boldsymbol{x})_i\lesssim b'_i$ $(i=0, 1, \cdots, m)$ に対して，彼は，次のような**線形メンバシップ関数** (linear membership function) を用いて意思決定者のあいまい性を表した．

$$\mu_i((B\boldsymbol{x})_i)=\begin{cases}1 & ;\ (B\boldsymbol{x})_i\leqq b'_i \text{ のとき}\\ 1-\dfrac{(B\boldsymbol{x})_i-b'_i}{d_i} & ;\ b'_i\leqq (B\boldsymbol{x})_i\leqq b'_i+d_i \text{ のとき}\\ 0 & ;\ (B\boldsymbol{x})_i\geqq b'_i+d_i \text{ のとき}\end{cases} \tag{11.24}$$

すなわちメンバシップ関数として，i 番目の制約が完全に満たされる場合は 1，幅 d_i 以上に満たされない場合は 0，その中間の場合は 0 と 1 の間の数をとるような線形関数を導入した．もちろん d_i の値は，意思決定者が主観的に設定するものである．このメンバシップ関数を図示すると図 11.4 のようになる．

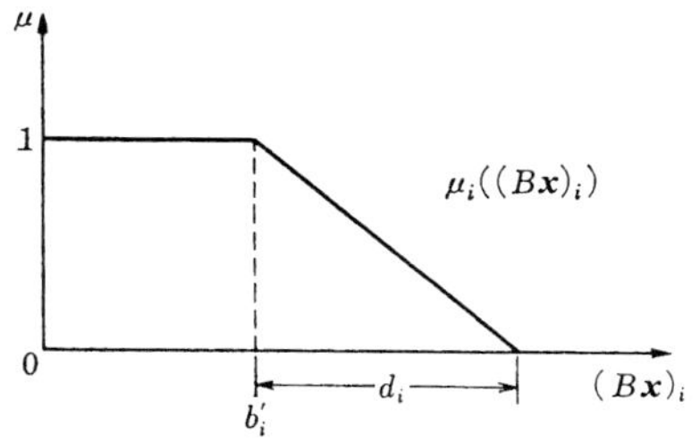

図 11.4 線形メンバシップ関数

このとき，Bellman と Zadeh のファジィ決定に対する最大化決定を採用すれば，与えられたファジィ線形計画問題は

$$\mu_D(\boldsymbol{x}^*) = \max_{\boldsymbol{x} \geqq \boldsymbol{0}} \min_{0 \leqq i \leqq m} \{\mu_i((B\boldsymbol{x})_i)\} \tag{11.25}$$

を満たす $\boldsymbol{x}^*$ を求める問題になる．すなわち最小のメンバシップ関数値を最大にするような $\boldsymbol{x}^* \geqq \boldsymbol{0}$ を求める問題である．

ここで $b''_i = b'_i/d_i$, $(B'\boldsymbol{x})_i = (B\boldsymbol{x})_i/d_i$ とおけば (11.25) は

$$\mu_D(\boldsymbol{x}^*) = \max_{\boldsymbol{x} \geqq \boldsymbol{0}} \min_{0 \leqq i \leqq m} \{1 + b''_i - (B'\boldsymbol{x})_i\} \tag{11.26}$$

となり，この問題は結局，次式で与えられる通常の線形計画問題に変換することができる．

$$\left.\begin{array}{lll} \text{maximize} & \lambda & \\ \text{subject to} & \lambda \leqq 1 + b''_i - (B'\boldsymbol{x})_i & i = 0, 1, \cdots, m \\ & \boldsymbol{x} \geqq \boldsymbol{0} & \end{array}\right\} \tag{11.27}$$

なお，Zimmermann は Bellman と Zadeh のファジィ決定は $\min_{0 \leqq i \leqq m} \{\mu_i((B\boldsymbol{x})_i)\}$ と表されるので，ファジィ決定のことを**最小オペレータ** (minimum-operator) と呼んでいる．

一方，1978 年，G. Sommer と M. A. Pollatschek は，線形のメンバシップ関数を用いる点では Zimmermann と同様であるが，最小オペレータの代わりに，ファジィ目標とファジィ制約を加法的に統合する**和オペレータ** (add-operator) を用いることを主張した．この和オペレータは，凸ファジィ決定のすべての α_i と β_j を 1 とおいた特別な場合であるとみなすことができる．

(11.22) で与えられる問題のファジィ目標とファジィ制約を (11.24) の線

形メンバシップ関数で表し，最小オペレータの代わりに和オペレータを用いる場合は，結局，次の線形計画問題を解くことになる．

$$\left.\begin{array}{ll}\text{maximize} & \sum_{i=0}^{m}\mu_i((B\boldsymbol{x})_i) \\ \text{subject to} & \boldsymbol{x}\geqq\boldsymbol{0}\end{array}\right\} \tag{11.28}$$

1978 年，Zimmermann は，さらに，彼の手法を多目的線形計画問題へ拡張した．一般に，k 個の線形の目的関数の存在する次の多目的線形計画問題について考えてみよう．

$$\left.\begin{array}{ll}\text{minimize} & z_1(\boldsymbol{x})=\boldsymbol{c}_1\boldsymbol{x} \\ \text{minimize} & z_2(\boldsymbol{x})=\boldsymbol{c}_2\boldsymbol{x} \\ \cdots\cdots & \cdots\cdots \\ \text{minimize} & z_k(\boldsymbol{x})=\boldsymbol{c}_k\boldsymbol{x} \\ \text{subject to} & A\boldsymbol{x}\leqq\boldsymbol{b} \\ & \boldsymbol{x}\geqq\boldsymbol{0}\end{array}\right\} \tag{11.29}$$

ここで，$\boldsymbol{c}_i=(c_{i1},c_{i2},\cdots,c_{in})$ $(i=1,\cdots,k)$，$\boldsymbol{x}=(x_1,x_2,\cdots,x_n)^T$，$\boldsymbol{b}=(b_1,b_2,\cdots,b_m)^T$ で A は $m\times n$ の行列である．

この問題の各々の目的関数に対して意思決定者は「だいたい a_i 以下」であればよいというようなファジィ目標をもっているものとする．このような意思決定者のファジィ目標を表す線形メンバシップ関数を決定するために，Zimmermann は，与えられた制約条件のもとでの各目的関数の個別の最小化問題

$$\left.\begin{array}{ll}\text{minimize} & z_i(\boldsymbol{x})=\boldsymbol{c}_i\boldsymbol{x} \\ \text{subject to} & A\boldsymbol{x}\leqq\boldsymbol{b},\quad \boldsymbol{x}\geqq\boldsymbol{0}\end{array}\right\} \tag{11.30}$$

の最適解 $\boldsymbol{x}_i^0$ とそのときの目的関数値 $z_i^0(=z_i^0(\boldsymbol{x}_i^0))$ $(i=1,2,\cdots,k)$ および

$$z_i^m=\max(z_i(\boldsymbol{x}_1^0),\cdots,z_i(\boldsymbol{x}_{i-1}^0),z_i(\boldsymbol{x}_{i+1}^0),\cdots,z_i(\boldsymbol{x}_k^0)) \tag{11.31}$$

の存在を仮定した．

これらの z_i^0 と z_i^m を用いて，彼は，各目的関数に対する意思決定者のファジィ目標を次式で与えられる線形メンバシップ関数で表した．

$$\mu_{z_i}^L(\boldsymbol{x})=\begin{cases}0 & ;\ z_i(\boldsymbol{x})\geqq z_i^m \\ \dfrac{z_i(\boldsymbol{x})-z_i^m}{z_i^0-z_i^m} & ;\ z_i^m\geqq z_i(\boldsymbol{x})\geqq z_i^0 \\ 1 & ;\ z_i(\boldsymbol{x})\leqq z_i^0\end{cases} \tag{11.32}$$

この線形メンバシップ関数 $\mu_{z_i}^L(\boldsymbol{x})$ は図 11.5 に図示されている．

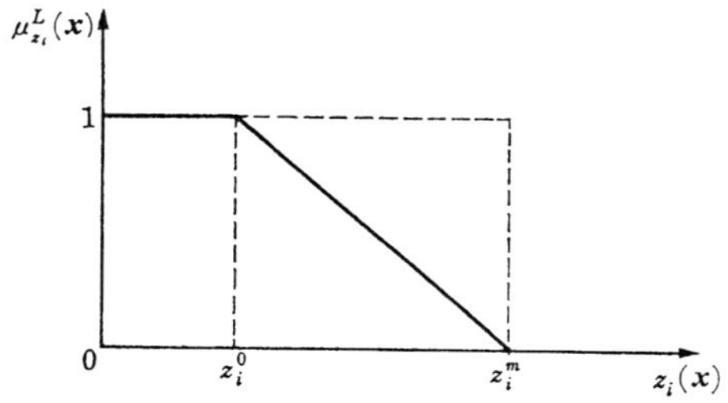

図 11.5 線形メンバシップ関数

このような線形メンバシップ関数と最小オペレータを用いれば，与えられた多目的線形計画問題は次のような通常の線形計画問題に帰着される．

$$\left.\begin{array}{ll} \text{maximize} & \lambda \\ \text{subject to} & \lambda \leqq \mu^L_{z_i}(\boldsymbol{x}) \qquad i = 1, 2, \cdots, k \\ & A\boldsymbol{x} \leqq \boldsymbol{b}, \quad \boldsymbol{x} \geqq \boldsymbol{0} \end{array}\right\} \qquad (11.33)$$

もちろん，ファジィ制約が存在する場合もその制約に対するメンバシップ関数を線形の関数で与えれば，同様に処理できることは明らかである．

Zimmermann は最小オペレータ以外のメンバシップ関数の統合方法について，特に，積ファジィ決定についても考察している．彼は積ファジィ決定のことを**積オペレータ** (product-operator) と呼び，(*11.29*) で与えられる多目的線形計画問題の各目的に対するファジィ目標を (*11.32*) の線形メンバシップ関数で表し，最小オペレータの代わりに積オペレータを用いることも提案している．このとき解くべき問題は次のようになる．

$$\left.\begin{array}{ll} \text{maximize} & \prod_{i=1}^{k} \mu^L_{z_i}(\boldsymbol{x}) \\ \text{subject to} & A\boldsymbol{x} \leqq \boldsymbol{b} \\ & \boldsymbol{x} \geqq \boldsymbol{0} \end{array}\right\} \qquad (11.34)$$

ここで，積オペレータの場合，たとえ線形メンバシップ関数を用いたとしても，目的関数は非線形になり線形計画法が適用できないという問題点が残されている．彼はこの問題を解いて得られる解のパレート最適性についても考察している．

しかし，Zimmermann の導入したメンバシップ関数は線形の場合しか考慮されていない．1981 年，Leberling は満足度に対するメンバシップ関数の増加率は必ずしも一定ではないと考え，特別な種類の非線形関数をメンバシップ関数として採用した場合は，線形計画問題として解けることを示した．彼は多目的線形計画問題 (11.29) の各目的関数 $z_i(\boldsymbol{x})\,(i=1,2,\cdots,k)$ に対する意思決定者のファジィ目標を表すメンバシップ関数として，次のような非線形の**正接双曲線メンバシップ関数** (tangent hyperbolic membership function) を提案した．

$$\mu^H_{z_i}(\boldsymbol{x}) = \frac{1}{2}\tanh((z_i(\boldsymbol{x})-b_i)\alpha_i)+\frac{1}{2} \tag{11.35}$$

ここで $\alpha_i<0$ はパラメータで，b_i は $\mu^H_{z_i}(\boldsymbol{x})=0.5$ となる $z_i(\boldsymbol{x})$ の値である．彼は b_i の値として与えられた制約条件のもとでの各目的関数 $z_i(\boldsymbol{x})$ の個別の最小値 $\boldsymbol{x}^0_i$ に対する目的関数の値 $z^0_i(=z^0_i(\boldsymbol{x}^0_i))$ および (11.31) で定義される $z^m_i=\max(z_i(\boldsymbol{x}^0_1),\cdots,z_i(\boldsymbol{x}^0_{i-1}),z_i(\boldsymbol{x}^0_{i+1}),\cdots,z_i(\boldsymbol{x}^0_k))$ を用いて $b_i=(z^m_i+z^0_i)/2$ と設定した．

Leberling の導入した正接双曲線関数 $\mu^H_{z_i}(\boldsymbol{x})$ は次のような性質をもっている．

（1） $\mu^H_{z_i}(\boldsymbol{x})$ は $\boldsymbol{x}$ に関して強意単調増加関数である．

（2） $z_i(\boldsymbol{x})$ に関して $\mu^H_{z_i}(\boldsymbol{x})$ は $z_i(\boldsymbol{x}) \geqq \frac{1}{2}(z^m_i+z^0_i)$ で凸関数であり $z_i(\boldsymbol{x}) \leqq \frac{1}{2}(z^m_i+z^0_i)$ で凹関数である．

（3） すべての $\boldsymbol{x}$ に対して $0<\mu^H_{z_i}(\boldsymbol{x})<1$ で，$\mu^H_l(\boldsymbol{x})=0$ と $\mu^H_u(\boldsymbol{x})=1$

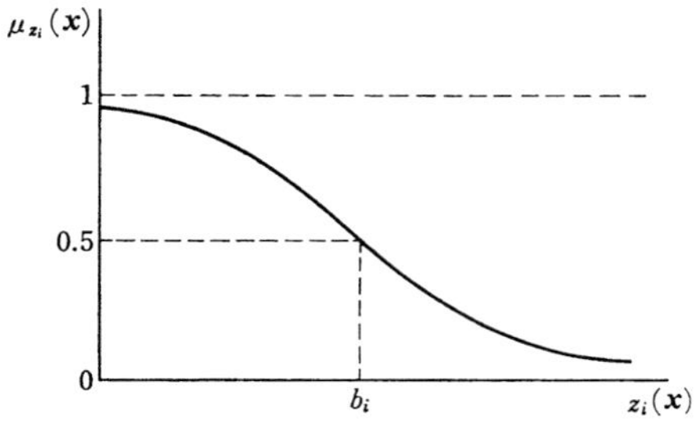

図 11.6　正接双曲線メンバシップ関数

が漸近線である.

$\mu_{z_i}^H(\boldsymbol{x})$ を $z_i(\boldsymbol{x})$ に対して図示すると図 11.6 のようになる.

意思決定者のファジィ目標をこの正接双曲線関数で表し，最小オペレータを採用すれば，(11.33) の場合と同様に次の問題を解くことになる.

$$\left.\begin{array}{lll} \text{maximize} & \lambda & \\ \text{subject to} & \lambda \leqq \mu_{z_i}^H(\boldsymbol{x}) & i=1,2,\cdots,k \\ & A\boldsymbol{x} \leqq \boldsymbol{b} & \\ & \boldsymbol{x} \geqq \boldsymbol{0} & \end{array}\right\} \quad (11.36)$$

ここで，$0 < \mu_{z_i}^H(\boldsymbol{x}) < 1$ であるから，この問題の最適解 $(\lambda^0, \boldsymbol{x}^0)$ に対して明らかに $0 < \lambda^0 < 1$ が成立することに注意しよう.

しかし，$\mu_{z_i}^H(\boldsymbol{x})$ は非線形の関数となっており，このままでは通常の線形計画法を適用することはできない. この問題点を克服するために Leberling は (11.36) に対して以下に示すような変形を試みた.

まず，$\lambda^0 > 0$ であることを考慮して，(11.36) を若干変更すれば

$$\left.\begin{array}{ll} \text{maximize} & \lambda \\ \text{subject to} & \lambda \leqq \dfrac{1}{2}\tanh\left((z_i(\boldsymbol{x})-b_i)\alpha_i\right)+\dfrac{1}{2} \\ & \quad i=1,2,\cdots,k \\ & A\boldsymbol{x} \leqq \boldsymbol{b} \\ & \boldsymbol{x} \geqq \boldsymbol{0}, \quad \lambda \geqq 0 \end{array}\right\} \quad (11.37)$$

あるいは等価的に次のように表せる.

$$\left.\begin{array}{ll} \text{maximize} & \lambda \\ \text{subject to} & \tanh\left((z_i(\boldsymbol{x})-b_i)\alpha_i\right) \geqq 2\lambda-1 \\ & \quad i=1,2,\cdots,k \\ & A\boldsymbol{x} \leqq \boldsymbol{b} \\ & \boldsymbol{x} \geqq \boldsymbol{0}, \quad \lambda \geqq 0 \end{array}\right\} \quad (11.38)$$

ここで，正接双曲線関数 $\tanh(\boldsymbol{x})$ と逆正接双曲線関数 $\tanh^{-1}(\boldsymbol{x})$ はともにすべての $\boldsymbol{x}$ に関して強意単調増加関数であることより

$$\left.\begin{array}{ll} \text{maximize} & \lambda \\ \text{subject to} & (z_i(\boldsymbol{x})-b_i)\alpha_i \geqq \tanh^{-1}(2\lambda-1) \\ & \quad i=1,2,\cdots,k \\ & A\boldsymbol{x} \leqq \boldsymbol{b} \\ & \boldsymbol{x} \geqq \boldsymbol{0}, \quad \lambda \geqq 0 \end{array}\right\} \quad (11.39)$$

と変形できることがわかる.

さらに

$$x_{n+1} = \tanh^{-1}(2\lambda - 1) \tag{11.40}$$

とおけば

$$\lambda = \frac{1}{2}\tanh(x_{n+1}) + \frac{1}{2} \tag{11.41}$$

となるが，$\tanh(x)$ は x に関して強意単調増加関数であるから，λ を最大化することは x_{n+1} を最大化することと等価である．したがって (11.39) は次式で与えられる通常の線形計画問題に変換されることになる．

$$\left.\begin{array}{ll} \text{maximize} & x_{n+1} \\ \text{subject to} & \alpha_i z_i(x) - x_{n+1} \geqq \alpha_i b_i \\ & \quad i = 1, 2, \cdots, k \\ & A\boldsymbol{x} \leqq \boldsymbol{b} \\ & \ \ \boldsymbol{x} \geqq \boldsymbol{0} \end{array}\right\} \tag{11.42}$$

ここで，この問題の最適解を $(x^0_{n+1}, \boldsymbol{x}^0)$ とすれば，(11.41) により (11.37) の最適解 $(\lambda^0, \boldsymbol{x}^0)$ は容易に

$$(\lambda^0, \boldsymbol{x}^0) = \left(\frac{1}{2}\tanh(x^0_{n+1}) + \frac{1}{2}, \boldsymbol{x}^0\right) \tag{11.43}$$

で与えられる．

ところで，(11.36) を解いて得られる解のパレート最適性は次の定理で与えられる．

定理 11.1

(1) $(\lambda^0, \boldsymbol{x}^0)$ を (11.36) の最適解とする．このとき $\boldsymbol{x}^0$ は多目的線形計画問題 (11.29) の弱パレート最適解である．

(2) $(\lambda^0, \boldsymbol{x}^0)$ を (11.36) の一意的な最適解とする．このとき $\boldsymbol{x}^0$ は多目的線形計画問題 (11.29) のパレート最適解である．

証明

(1) $\boldsymbol{x}^0$ が (11.29) の弱パレート最適解ではないとすると，すべての i に対して

$$z_i(\boldsymbol{x}^0) > z_i(\bar{\boldsymbol{x}}) \qquad i = 1, 2, \cdots, k$$

となる実行可能解 $\bar{\boldsymbol{x}}(\neq \boldsymbol{x}^0)$ が存在する．ここで $\mu^H_{z_i}(\boldsymbol{x})$ は $z_i(\boldsymbol{x})$ に

対しては強意単調減少関数であることを考慮すれば

$$\mu_{z_i}^H(\boldsymbol{x}^0) < \mu_{z_i}^H(\bar{\boldsymbol{x}}) \qquad i = 1, 2, \cdots, k$$

となる．これより

$$\lambda^0 = \min_{1 \leq i \leq k} \mu_{z_i}^H(\boldsymbol{x}^0) < \min_{1 \leq i \leq k} \mu_{z_i}^H(\bar{\boldsymbol{x}}) = \bar{\lambda}$$

となり $(\lambda^0, \boldsymbol{x}^0)$ が (11.36) の最適解であることに反する．したがって $\boldsymbol{x}^0$ は (11.29) の弱パレート最適解である．

（2） $\boldsymbol{x}^0$ が (11.29) のパレート最適解ではないとすれば

$$\boldsymbol{z}(\boldsymbol{x}^0) \geq \boldsymbol{z}(\hat{\boldsymbol{x}})$$

となる実行可能解 $\hat{\boldsymbol{x}}(\neq \boldsymbol{x}^0)$ が存在する．ここで $\mu_{z_i}^H(\boldsymbol{x})$ は $z_i(\boldsymbol{x})$ に対しては強意単調減少関数であることを考慮すれば

$$\mu_{\boldsymbol{z}}^H(\boldsymbol{x}^0) \leq \mu_{\boldsymbol{z}}^H(\hat{\boldsymbol{x}}) \qquad (\mu_{\boldsymbol{z}}^H(\boldsymbol{x}) = (\mu_{z_1}^H(\boldsymbol{x}), \mu_{z_2}^H(\boldsymbol{x}), \cdots, \mu_{z_k}^H(\boldsymbol{x}))^T)$$

となる．これより

$$\lambda^0 = \min \mu_{z_i}^H(\boldsymbol{x}^0) \leqq \min \mu_{z_i}^H(\hat{\boldsymbol{x}}) = \hat{\lambda}$$

となり，$\lambda^0 < \hat{\lambda}$, $\lambda^0 = \hat{\lambda}$ のいずれの場合にも，$(\lambda^0, \boldsymbol{x}^0)$ が (11.36) の一意的な最適解であることに反する．したがって $\boldsymbol{x}^0$ は (11.29) のパレート最適解である． Q.E.D.

一方，1981 年，E.L. Hannan は Zimmermann の線形メンバシップ関数の拡張として，Leberling とは別の観点からのアプローチを試みた．すなわち，(11.29) における各目的関数 $z_i(\boldsymbol{x})$ に対して数個の区分点における $z_i(\boldsymbol{x})$ の値と対応するメンバシップ関数の値を，意思決定者が評価することを仮定して，これらの各点を線分で結んだ次のような**区分的線形メンバシップ関数** (piecewise linear membership function) を導入することを提案した．

$$\mu_{z_i}^{PL}(\boldsymbol{x}) = \sum_{j=1}^{N_i} \alpha_{ij} |z_i(\boldsymbol{x}) - g_{ij}| + \beta_i z_i(\boldsymbol{x}) + \gamma_i \qquad (11.44)$$

ここで

$$\alpha_{ij} = (t_{i,j+1} - t_{ij})/2, \qquad \beta_i = (t_{i,N_{i+1}} + t_{i1})/2$$

$$\gamma_i = (s_{i,N_{i+1}} + s_{i1})/2$$

$$i = 1, \cdots, k$$

$$j = 1, \cdots, N_i \quad (N_i \text{ は区分点の数})$$

この区分的線形メンバシップ関数では各閉区間 $g_{i,r-1} \leqq z_i(\boldsymbol{x}) \leqq g_{ir}$ において，$\mu_{z_i}^{PL}(\boldsymbol{x}) = t_{ir} z_i(\boldsymbol{x}) + s_{ir}$ と仮定されており，この直線の傾きは t_{ir} で，s_{ir} は $g_{i,r-1}$ で始まり g_{ir} で終わる直線部分の y 切片である．
$\mu_{z_i}^{PL}(\boldsymbol{x})$ の値は帰属度を表しているので，すべての $z_i(\boldsymbol{x})$ の値に対して $0 \leqq \mu_{z_i}^{PL}(\boldsymbol{x}) \leqq 1$ である．この区分的線形メンバシップ関数は図 11.7 に示されている．

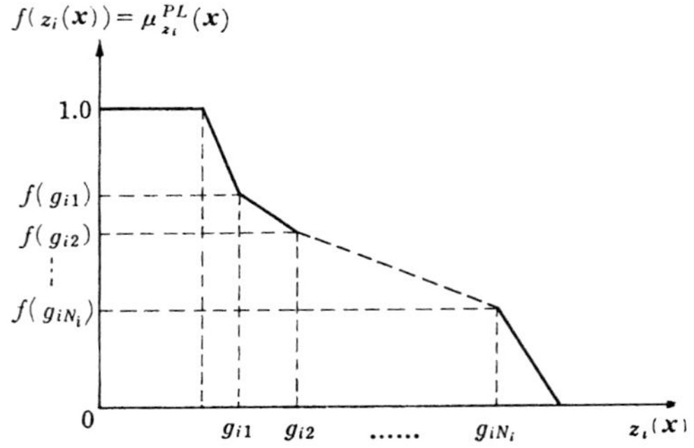

図 11.7　区分的線形メンバシップ関数

(11.29) で与えられる多目的線形計画問題の各目的関数に対するファジィ目標を区分的線形メンバシップ関数で表し，最小オペレータを用いれば，解くべき問題は次のようになる．

$$\left.\begin{array}{ll} \text{maximize} & \lambda \\ \text{subject to} & \lambda \leqq \mu_{z_i}^{PL}(\boldsymbol{x}) \\ & A\boldsymbol{x} \leqq \boldsymbol{b} \\ & \boldsymbol{x} \geqq \boldsymbol{0}, \quad \lambda \geqq 0 \end{array}\right\} \tag{11.45}$$

この問題を線形計画問題として定式化するために，9 章の目標計画法の場合と同様に，非負の差異変数 d_{ij}^-，d_{ij}^+ を次のように導入する．すなわち，i 番目の目的関数に対するメンバシップ関数の区分点（メンバシップ関数値 0, 1 に対応する点を除く）の個数を N_i とすると

$$\left.\begin{array}{l} z_i(\boldsymbol{x}) - d_{i1}^+ + d_{i1}^- = g_{i1} \\ \cdots\cdots\cdots\cdots\cdots\cdots \\ z_i(\boldsymbol{x}) - d_{iN_i}^+ + d_{iN_i}^- = g_{iN_i} \end{array}\quad i = 1, 2, \cdots, k \right\} \tag{11.46}$$

ここで d_{ij}^+, d_{ij}^- は i 番目の目的関数の j 番目の区分点に対する差異変数，g_{ij} は i 番目の目的関数の j 番目の区分点における $z_i(\boldsymbol{x})$ の値を示している.

差異変数の導入によりメンバシップ関数 $\mu_{z_i}^{PL}(\boldsymbol{x})$ は

$$\mu_{z_i}^{PL}(\boldsymbol{x}) = \sum_{j=1}^{N_i} \alpha_{ij}(d_{ij}^+ + d_{ij}^-) + \beta_i z_i(\boldsymbol{x}) + \gamma_i \qquad i = 1, 2, \cdots, k \tag{11.47}$$

と表されるから，区分的線形のメンバシップ関数を採用した場合も，最小オペレータを用いれば，次のような線形計画問題に定式化される.

$$\left.\begin{array}{ll} \text{maximize} & \lambda \\ \text{subject to} & \lambda \leqq \mu_{z_i}^{PL}(\boldsymbol{x}) \qquad i = 1, 2, \cdots, k \\ & z_i(\boldsymbol{x}) - d_{ij}^+ + d_{ij}^- = g_{ij} \\ & \qquad i = 1, 2, \cdots, k;\ j = 1, 2, \cdots, N_i \\ & A\boldsymbol{x} \leqq \boldsymbol{b} \\ & \ \boldsymbol{x} \geqq \boldsymbol{0}, \quad \lambda \geqq 0 \\ & d_{ij}^+ \geqq 0, \quad d_{ij}^- \geqq 0 \\ & \qquad i = 1, 2, \cdots, k;\ j = 1, 2, \cdots, N_i \end{array}\right\} \tag{11.48}$$

さらに，Hannan は最小オペレータを用いる代わりに，各々の区分的線形メンバシップ関数に対する目標値 $\hat{\mu}_i (0 < \hat{\mu}_i \leqq 1)$ とそれらの多目標間の付順を設定すれば，多目的線形計画問題 (11.29) は次のようなファジィ線形目標計画問題として定式化されることにもふれている.

$$\left.\begin{array}{ll} \text{minimize} & \sum_{l=1}^{L} P_l \left(\sum_{i \in I_l} e_i^- \right) \\ \text{subject to} & \mu_{z_i}^{PL}(\boldsymbol{x}) - e_i^+ + e_i^- = \hat{\mu}_i \qquad i = 1, 2, \cdots, k \\ & z_i(\boldsymbol{x}) - d_{ij}^+ + d_{ij}^- = g_{ij} \\ & \qquad i = 1, 2, \cdots, k;\ j = 1, 2, \cdots, N_i \\ & A\boldsymbol{x} \leqq \boldsymbol{b}, \quad \boldsymbol{x} \geqq \boldsymbol{0} \\ & d_{ij}^+ \geqq 0, \quad d_{ij}^- \geqq 0 \\ & \qquad i = 1, 2, \cdots, k;\ j = 1, 2, \cdots, N_i \\ & e_i^+ \geqq 0, \quad e_i^- \geqq 0 \qquad i = 1, 2, \cdots, k \end{array}\right\} \tag{11.49}$$

ここで $I_l \neq \phi$ は l 番目の優先順位のクラスの目標の添字の集合で，e_i^+ と e_i^- は差異変数である.

さて，ファジィ線形計画法において意思決定者のあいまい性を規定するメンバシップ関数としては，このほかにも明らかに種々のタイプが存在すると考えられるが，線形関数，正接双曲線関数，あるいは区分的線形関数に限定したとしても，Zimmermann, Leberling, Hannan らの提案した手法では，各々のファジィ目標やファジィ制約に対して，線形，正接双曲線，あるいは区分的線形の関数形をもつメンバシップ関数を混合して採用した場合には，線形計画問題として定式化することはできないという問題点が残されている．この問題点を解決する方法としては，著者らの研究がある．

さて，ファジィ線形計画法の数値例として Zimmermann による簡単な例を取り上げてみよう．

$$\begin{array}{ll} \text{minimize} & z_1(\boldsymbol{x}) = x_1 - 2x_2 \\ \text{minimize} & z_2(\boldsymbol{x}) = -2x_1 - x_2 \\ \text{subject to} & -x_1 + 3x_2 \leqq 21 \\ & x_1 + 3x_2 \leqq 27 \\ & 4x_1 + 3x_2 \leqq 45 \\ & 3x_1 + x_2 \leqq 30 \\ & x_1, x_2 \geqq 0 \end{array}$$

この数値例の実行可能領域はすでに前章の図 10.1 と図 10.2 に図示されているが，$z_1(\boldsymbol{x})$，$z_2(\boldsymbol{x})$ の個別の最小値はそれぞれ

$$z_1^0 = -14 \quad (x_1 = 0,\ x_2 = 7 \text{ のとき})$$

$$z_2^0 = -21 \quad (x_1 = 9,\ x_2 = 3 \text{ のとき})$$

であり，また明らかに

$$z_1^m = 3, \quad z_2^m = -7$$

となる．

これらの z_i^0 と $z_i^m (i = 1, 2)$ を用いれば，Zimmermann の導入した線形メンバシップ関数はそれぞれ次のように与えられる．

$$\mu_{z_1}^L(\boldsymbol{x}) = \begin{cases} 0 & ; \quad z_1(\boldsymbol{x}) \geqq 3 \\ \dfrac{(-x_1 + 2x_2) + 3}{17} & ; \quad 3 \geqq z_1(\boldsymbol{x}) \geqq -14 \\ 1 & ; \quad z_1(\boldsymbol{x}) \leqq -14 \end{cases}$$

$$\mu_{z_2}^L(\boldsymbol{x}) = \begin{cases} 0 & ; \quad z_2(\boldsymbol{x}) \geqq -7 \\ \dfrac{(2x_1 + x_2) - 7}{14} & ; \quad -7 \geqq z_2(\boldsymbol{x}) \geqq -21 \\ 1 & ; \quad z_2(\boldsymbol{x}) \leqq -21 \end{cases}$$

したがって (*11.33*) に対応する線形計画問題は，若干変形すれば，次のようになる．

$$\begin{aligned}
&\text{maximize} \quad \lambda \\
&\text{subject to} \quad x_1-2x_2+17\lambda \leqq 3 \\
&\qquad 2x_1+x_2-14\lambda \geqq 7 \\
&\qquad -x_1+3x_2 \leqq 21 \\
&\qquad x_1+3x_2 \leqq 27 \\
&\qquad 4x_1+3x_2 \leqq 45 \\
&\qquad 3x_1+x_2 \leqq 30 \\
&\qquad x_1, x_2 \geqq 0
\end{aligned}$$

$\lambda = x_3^+ - x_3^-$ $(x_3^+ \geqq 0, x_3^- \geqq 0)$ とおき最小化問題に変更するとともに，余裕変数 x_4 とスラック変数 x_5, x_6, x_7, x_8, x_9 および人為変数 x_{10} を導入して，x_5, x_6, x_7, x_8, x_9 と x_{10} を基底とする最初の実行可能解からシンプレックス法を実行すると，サイクル 4 で最適解

$$x_1 = 156/31, \quad x_2 = 227/31 \quad (x_3^+ = 23/31, \ x_3^- = 0)$$

$$\min z = -23/31$$

表 11.1　線形メンバシップ関数を用いた場合のシンプレックス・タブロー

サイクル	基底	x_1	x_2	x_3^+	x_3^-	x_4	x_5	x_6	x_7	x_8	x_9	定数
0	x_5	−1	3				1					21
	x_6	1	3					1				27
	x_7	4	3						1			45
	x_8	3	1							1		30
	x_9	1	−2	17	−17						1	3
	x_{10}	2	1	−14	[14]	−1						7
	$-z$	0	0	−1	1							0
	$-w$	−2	−1	14	−14	1						−7
4	x_5					−102/155	1	−133/155			84/155	126/31
	x_3^+			1	−1	1/31		1/31			1/31	23/31
	x_7					153/155		−188/155	1		−126/155	90/31
	x_8					136/155		−81/155		1	−112/155	235/31
	x_1	1				51/155		11/155			42/155	156/31
	x_2		1			17/155		48/155			−14/155	227/31
	$-z$					1/31		1/31			1/31	23/31

が得られる．また，このときのメンバシップ関数の値は

$$\mu_{z_1}(\boldsymbol{x}) = \mu_{z_2}(\boldsymbol{x}) = 23/31 \fallingdotseq 0.7419$$

となる．

表 11.1 には，便宜上，サイクル 0 とサイクル 4 のみが示されている．

次に同じ数値例に対して Leberling の導入した正接双曲線メンバシップ関数を用いた場合の Leberling による数値例を示してみよう．

$z_1^0 = -14$，$z_2^0 = -21$，$z_1^m = 3$，$z_2^m = -7$ より $b_1 = 5.5$，$b_2 = 14$ となるが，さらに $\alpha_i = 3\Big/\frac{1}{2}(z_i^0 - z_i^m) = 6/(z_i^0 - z_i^m)$ と仮定すれば，正接双曲線メンバシップ関数はそれぞれ次のように与えられる．

$$\mu_{z_1}^H(\boldsymbol{x}) = \frac{1}{2}\tanh\{(z_1(\boldsymbol{x}) + 5.5)(-6/17)\} + \frac{1}{2}$$

$$\mu_{z_2}^H(\boldsymbol{x}) = \frac{1}{2}\tanh\{(z_2(\boldsymbol{x}) + 14)(-6/14)\} + \frac{1}{2}$$

このとき (*11.42*) に対応する線形計画問題は，若干変形すれば次のようになる．

$$\begin{array}{lrl}
\text{maximize} & x_3 & \\
\text{subject to} & -x_1 + 3x_2 & \leqq 21 \\
 & x_1 + 3x_2 & \leqq 27 \\
 & 4x_1 + 3x_2 & \leqq 45 \\
 & 3x_1 + x_2 & \leqq 30 \\
 & -6x_1 + 12x_2 - 17x_3 & \geqq 33 \\
 & 12x_1 + 6x_2 - 14x_3 & \geqq 84 \\
 & x_1,\ x_2 & \geqq 0
\end{array}$$

$x_3 = x_3^+ - x_3^-$ ($x_3^+ \geqq 0$，$x_3^- \geqq 0$) とおき最小化問題に変更するとともに，余裕変数 x_4，x_5 とスラック変数 x_6，x_7，x_8，x_9 を導入した後，x_6，x_7，x_8，x_9 と人為変数 x_{10}，x_{11} を基底とする最初の実行可能解からシンプレックス法を実行すると，サイクル 4 で最適解

$$x_1 = 156/31, \quad x_2 = 227/31 \quad (x_3^+ = 45/31,\ x_3^- = 0)$$
$$\min z = -45/31$$

が得られる．また，このときのメンバシップ関数の値は，

$$\mu_{z_1}(\boldsymbol{x}) = \mu_{z_2}(\boldsymbol{x}) = 0.5 \tanh (765/527) \fallingdotseq 0.9480$$

となる.

表 11.2 にはサイクル 0 とサイクル 4 が示されている.

表 11.2 正接双曲線メンバシップ関数を用いた場合のシンプレックス・タブロー

サイクル	基底	x_1	x_2	x_3^+	x_3^-	x_4	x_5	x_6	x_7	x_8	x_9	定数
0	x_6	1	3					1				21
	x_7	1	3						1			27
	x_8	4	3							1		45
	x_9	3	1								1	30
	x_{10}	−6	12	−17	[17]	−1						33
	x_{11}	12	6	−14	14		−1					84
	$-z$	0	0	−1	1							0
	$-w$	−6	−18	31	−31	1	1					−117
4	x_6					14/155	−17/155	1	−133/155			126/31
	x_3^+			1	−1	1/31	1/31		6/31			45/31
	x_8					−21/155	51/310		188/155	1		90/31
	x_9					−56/465	68/465		−81/155		1	235/31
	x_2		1			−7/465	17/930		48/155			227/31
	x_1	1				7/155	17/310		11/155			156/31
	$-z$					1/31	1/31		6/31			45/31

最後に同じ数値例に対して，Hannan の導入した区分的線形メンバシップ関数を用いた場合の数値例について考えてみよう．簡単のため z_i^0, $z_i^m (i = 1, 2)$ に対するメンバシップ関数の値をそれぞれ 1, 0 とし，しかも区分点の数が 1 個の場合の区分的線形メンバシップ関数として，図 11.8 に示される関数を用

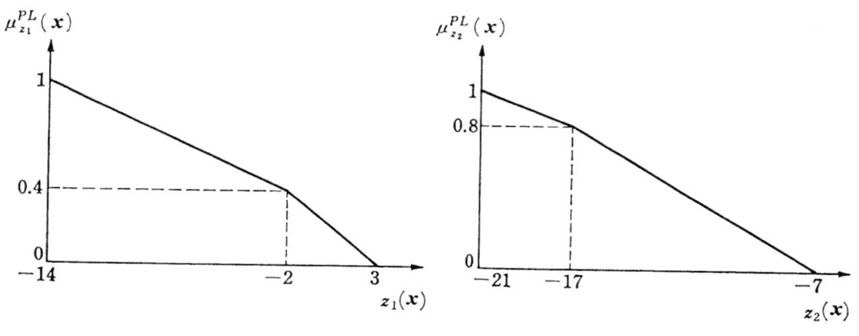

図 11.8 数値例に対する区分的線形メンバシップ関数

いてみよう．

このとき，$\mu_{z_1}^{PL}(\boldsymbol{x})$ に対しては

$$t_1=-0.05,\quad t_2=-0.08,\quad s_1=0.3,\quad s_2=0.24$$

$$\alpha_1=-0.015,\quad \beta=-0.065,\quad \gamma=0.27$$

となり，また，$\mu_{z_2}^{PL}(\boldsymbol{x})$ に対しては

$$t_1=-0.05,\quad t_2=-0.08,\quad s_1=-0.05,\quad s_2=-0.56$$

$$\alpha_1=-0.015,\quad \beta=-0.065,\quad \gamma=-0.305$$

となる．したがって $\mu_{z_1}^{PL}(\boldsymbol{x})$ と $\mu_{z_2}^{PL}(\boldsymbol{x})$ はそれぞれ次のように与えられる．

$$\mu_{z_1}(\boldsymbol{x})=-0.015|z_1(\boldsymbol{x})+2|-0.065z_1(\boldsymbol{x})+0.27$$

$$\mu_{z_2}(\boldsymbol{x})=-0.015|z_2(\boldsymbol{x})+17|-0.065z_2(\boldsymbol{x})-0.305$$

このとき (*11.48*) に対応する線形計画問題は，若干変形すれば次のようになる．

$$\begin{array}{ll}
\text{maximize} & \lambda \\
\text{subject to} & -x_1+3x_2 \\
 & x_1+3x_2 \\
 & 4x_1+3x_2 \\
 & 3x_1+x_2 \\
 & 0.065x_1-0.13x_2+0.015d_1^+ +0.015d_1^- +\lambda \leqq 0.27 \\
 & 0.13x_1+0.065x_2-0.015d_2^+ -0.015d_2^- -\lambda \geqq 0.305 \\
 & -x_1+2x_2+d_1^+ -d_1^- =2 \\
 & 2x_1+x_2+d_2^+ -d_2^- =17 \\
 & x_1, x_2, d_1^+, d_1^-, d_2^+, d_2^- \geqq 0
\end{array}$$

$\lambda=x_3^+-x_3^-$ ($x_3^+\geqq 0$, $x_3^-\geqq 0$) とおき最小化問題に変更するとともに，余裕変数 x_4 とスラック変数 x_5，x_6，x_7，x_8，x_9 を導入した後，x_5，x_6，x_7，x_8，x_9 と人為変数 x_{10}，x_{11}，x_{12} を基底とする最初の実行可能解からシンプレックス法を実行すると，サイクル6で最適解

$$x_1=4.8,\quad x_2=7.4\quad (x_3^+=0.8, x_3^-=0)$$

$$\min z=-0.8$$

が得られる．また，このときのメンバシップ関数の値は

$$\mu_{z_1}^{PL}(\boldsymbol{x})=\mu_{z_2}^{PL}(\boldsymbol{x})=0.8$$

表 11.3 区分的線形メンバシップ関数を用いた場合のシンプレックス・タブロー

サイクル	基底	x_1	x_2	x_3^+	x_3^-	d_1^+	d_1^-	d_2^+	d_2^-	x_4	x_5	x_6	x_7	x_8	x_9	定数
	x_5	−1	3								1					21
	x_6	1	3									1				27
	x_7	4	3										1			45
	x_8	3	1											1		30
	x_9	0.065	−0.13	1	−1	0.015	0.015								1	0.27
0	x_{10}	−1	[2]			1	−1									2
	x_{11}	2	1					1	−1							17
	x_{12}	0.13	0.065	−1	1			−0.015	−0.015	−1						0.305
	$-z$	0	0	−1	1	0	0	0	0							0
	$-w$	−1.13	−3.065	1	−1	−1	1	−0.985	1.015	1						−19.305
	x_5					0.36		−0.36		−12	1	−0.8			12	3.6
	d_2^-					0.3		−1.3	1	−10		0.5			10	0
	x_7					−0.54		0.54		18		−1.3	1		−18	3.6
	x_8					−0.48		0.48		16		−0.6		1	−16	8.2
6	x_3^+			1	−1	0.015		0.015		0.5		0.025			0.5	0.8
	x_2		1			−0.06		0.06		2		0.3			−2	7.4
	d_1^-					−1.3	1	0.3		10		0.5			−10	8
	x_1	1				0.18		−0.18		−6		0.1			6	4.8
	$-z$				0	0.015		0.015		0.5		0.025			0.5	0.8

となる．

表11.3にはサイクル0とサイクル6が示されている．

問　題　11

1. 次のそれぞれの表現のうちファジィなものはどれか?

(1) 美人，(2) ミス・ユニバース，(3) 背の高い人，(4) 身長が 170 cm 以上の人，(5) 身長が 170 cm 位の人，(6) 午前6時頃，(7) 早朝，(8) 午前6時まで．

2. ファジィ集合 A, B, C に対して

(1) ド・モルガン (De Morgan) の法則

$$\overline{A \cup B} = \bar{A} \cap \bar{B}, \quad \overline{A \cap B} = \bar{A} \cup \bar{B}$$

(2) 分配律

$$A \cup (B \cap C) = (A \cup B) \cap (A \cup C)$$

$$A \cap (B \cup C) = (A \cap B) \cup (A \cap C)$$

が成立することを示せ．しかし

(3) 相補律

$$A \cap \bar{A} = \phi \quad (\phi \text{ は空集合})$$

$$A \cup \bar{A} = X \quad (X \text{ は全体集合})$$

は一般には成立しないことを示せ．

3. n 次元ユークリッド空間 E^n のファジイ集合 A のメンバシップ関数 $\mu_A(\boldsymbol{x})$ に関して任意の要素 $\boldsymbol{x}^1, \boldsymbol{x}^2$ および $\lambda \in [0,1]$ に対して

$$\mu_A(\lambda \boldsymbol{x}^1 + (1-\lambda)\boldsymbol{x}^2) \geqq \min\,(\mu_A(\boldsymbol{x}^1), \mu_A(\boldsymbol{x}^2))$$

が成り立つとき，ファジイ集合 A は凸であるという．このとき，ファジィ集合 A が凸であるということは $\{\boldsymbol{x} | \mu_A(\boldsymbol{x}) \geqq a\}$ という集合が $0 \leqq a \leqq 1$ なるすべての a に対して凸であることと同等であることを示せ．

また2つのファジィ集合 A, B がともに凸であるとき共通集合 $A \cap B$ もまた凸であることを示せ．

4. (*11.34*) で与えられる積オペレータを用いた問題において，$z_i^m \geqq z_i(\boldsymbol{x}) \geqq z_i^0 (z_i^m \neq z_i^0)$ である場合，この問題の最適解を $\boldsymbol{x}^0$ とすれば，$\boldsymbol{x}^0$ は多目的線形計画問題 (*11.29*) のパレート最適解であることを証明せよ．

5. (*11.32*) 式で与えられる線形メンバシップ関数に対して，$z_i^m \geqq z_i(\boldsymbol{x}) \geqq z_i^0$ を満たす場合について考えてみよう．このとき $d_i^0 = z_i^m - z_i^0$ とおき，さらに $d_i(\boldsymbol{x}) = z_i(\boldsymbol{x}) - z_i^0$ なる変数変換を行えば，線形計画問題 (*11.33*) は次のように変形できることを示せ．

maximize　　λ

subject to

$$\lambda d_i^0 + d_i(\boldsymbol{x}) \leqq d_i^0$$
$$d_i(\boldsymbol{x}) \leqq d_i^0$$
$$z_i(\boldsymbol{x}) - d_i(\boldsymbol{x}) = z_i^0 \qquad i = 1, \cdots, k$$
$$d_i(\boldsymbol{x}) \geqq 0$$
$$A\boldsymbol{x} \leqq \boldsymbol{b}, \quad \boldsymbol{x} \geqq \boldsymbol{0}$$

また，この問題の最適解を $(\lambda^0, \boldsymbol{d}^0, \boldsymbol{x}^0)$ とすれば，$0 < \lambda^0 < 1$ が成立し，しかも $\boldsymbol{x}^0$ は多目的線形計画問題（*11.29*）の弱パレート最適解であることを示せ．

さらに，$(\lambda^0, \boldsymbol{d}^0, \boldsymbol{x}^0)$ がこの問題の一意的な最適解であれば，$\boldsymbol{x}^0$ は多目的線形計画問題（*11.29*）のパレート最適解となることを示せ．

6. 表 11.1，表 11.2 および表 11.3 のサイクル 0 から実際にシンプレックス法を実行してそれぞれの最適解が正しいことを確かめてみよ．

7. 次の多目的線形計画問題について考えてみよう．

$$\begin{aligned} \text{minimize} \quad & z_1(\boldsymbol{x}) = -2x_1 + 3x_2 \\ \text{minimize} \quad & z_2(\boldsymbol{x}) = -x_1 - 3x_2 \\ \text{subject to} \quad & x_1 + 4x_2 \leqq 20 \\ & x_1 + x_2 \leqq 8 \\ & 3x_1 - x_2 \leqq 12 \\ & x_1, x_2 \geqq 0 \end{aligned}$$

（1） この問題に対して，（*11.32*）で与えられる線形メンバシップ関数を用いた場合の解を求めてみよ．

（2） この問題に対して（*11.35*）で与えられる正接双曲線メンバシップ関数を用いた場合の解を求めてみよ．ただし $\alpha_i = 6/(z_i^0 - z_i^m)$，$i = 1, 2$ と仮定する．

（3） この問題に対して次のような区分的線形メンバシップ関数を用いた場合の解を求めてみよ．

$$\mu_{z_1}(\boldsymbol{x}) = -0.025|z_1(\boldsymbol{x}) + 4| - 0.075 z_1(\boldsymbol{x}) + 0.5$$
$$\mu_{z_2}(\boldsymbol{x}) = -0.025|z_2(\boldsymbol{x}) + 12| - 0.075 z_2(\boldsymbol{x}) - 0.1$$

問 題 の 略 解

問 題 1

1. (1) 利潤関数 $4x_1+5x_2$ を制約条件 $4x_1+10x_2 \leqq 425$, $5x_1+4x_2 \leqq 600$, $9x_1+10x_2 \leqq 750$, $x_1 \geqq 0$, $x_2 \geqq 0$ のもとで最大にせよ.

(2) $x_1=65$, $x_2=16.5$ (利潤 342.5).

(3) x_1-x_2 平面上で2点 (0, 42.5), (65, 16.5) を結ぶ線分上の点がすべて最適解となる (利潤 425).

(4) $x_1=0$, $x_2=42.5$ (利潤 212.5).

2. 総輸送費用 $\sum_{i=1}^{m}\sum_{j=1}^{n} c_{ij}x_{ij}$ を $\sum_{j=1}^{n} x_{ij}=a_i$, $i=1,\cdots,m$, $\sum_{i=1}^{m} x_{ij}=b_j$, $j=1,\cdots,n$, $x_{ij} \geqq 0$ のもとで最小にせよ.

問 題 2

1. (1) minimize $\sum_{j=1}^{n} c_j(x_j^+ + x_j^-)$, subject to $\sum_{j=1}^{n} a_{ij}(x_j^+ - x_j^-) = b_i$, $i=1,\cdots,m$,

$x_j^+ \geqq 0$, $x_j^- \geqq 0$, $j=1,\cdots,.n$

(2) minimize $\sum_{j=1}^{n} c_j y_j + c_0 t$, subject to $\sum_{j=1}^{n} d_j y_j + d_0 t = 1$, $\sum_{j=1}^{n} a_{ij} y_j - b_i t = 0$, $i=1,\cdots,m$, $y_j \geqq 0$, $j=1,\cdots,n$, $t>0$.

(3) minimize λ, subject to $\sum_{j=1}^{n} c_j^l x_j \leqq \lambda$, $l=1,\cdots,L$, $\sum_{j=1}^{n} a_{ij}x_j = b_i$, $i=1,\cdots,m$, $x_j \geqq 0$, $j=1,\cdots,n$.

2. 最適解は 5, 6, 8, 17 番目の基底解であるが, これらはすべて $x_1=0$, $x_2=42.5$, $x_3=x_4=x_5=0$, $x_6=175$ ($\min z = -212.5$) となり退化している.

問 題 3

1. $z^* = \boldsymbol{c}\boldsymbol{x}^l$, $l=1,\cdots,L$ がすべて最適解のとき $\boldsymbol{c}\boldsymbol{x}^* = \sum_{l=1}^{L} \lambda_l \boldsymbol{c}\boldsymbol{x}^l = \sum_{l=1}^{L} \lambda_l z^* = z^*$ となる. また $A\boldsymbol{x}^l = \boldsymbol{b}$, $l=1,\cdots,L$ であるから $\sum_{l=1}^{L} \lambda_l A\boldsymbol{x}^l = \sum_{l=1}^{L} \lambda_l \boldsymbol{b}$ となり $A\boldsymbol{x}^* = \boldsymbol{b}$ である. $\boldsymbol{x}^* \geqq \boldsymbol{0}$ となることは明らか.

2. x_k^+ と x_k^- に対応する制約式の列ベクトルは線形従属であるから.

3. 2番目の問題を minimize $(z/\mu\lambda) = \boldsymbol{c}(\boldsymbol{x}/\lambda)$, subject to $A(\boldsymbol{x}/\lambda) = \boldsymbol{b}$, $(\boldsymbol{x}/\lambda) \geqq \boldsymbol{0}$ と変形すれば, 両者の関係は明らかである.

4. (1) 順次ピボット項が [10], [5] となり, サイクル2で次表の最適解を得る.

基底	x_1	x_2	x_3	x_4	x_5	定数
x_2		1	0.18		−0.08	16.5
x_4			0.28	1	−0.68	209
x_1	1		−0.2		0.2	65
$-z$			0.1		0.4	342.5

（2） 順次ピボット項が〔8〕,〔2〕となり，サイクル2で下表の最適解を得る.

基底	x_1	x_2	x_3	x_4	x_5	x_6	定数
x_3		−0.4375	1	0.1875		−0.125	0.375
x_5		−9.375		−0.625	1	−1.25	1.75
x_1	1	3.25		−0.25		0.5	0.5
$-z$		183.75		66.25		17.5	317.5

（3） 順次ピボット項が〔20〕,〔5〕,〔0.2〕となり，サイクル3で下表の最適解を得る.

基底	x_1^+	x_1^-	x_2	x_3	x_4	x_5	x_6	定数
x_2			1	0.8		0.2	−0.1	11
x_1^+	1	−1		0.8	5	−0.05	0.275	9.75
$-z$				16	20	3	1.5	315

5. （1） 順次ピボット項が〔2〕,〔1.5〕,〔2/3〕となり，サイクル3で下表の最適解を得る.

基底	x_1^+	x_1^-	x_2^+	x_2^-	x_3^+	x_3^-	x_4	定数
x_1^+	1	−1	0.5	−0.5		0	0.5	1.5
x_3^+			1.5	−1.5	1	−1	−0.5	3.5
$-z$		2	0.5	7.5		4	0.5	−8.5

（2） 順次ピボット項が〔2〕,〔4〕,〔3〕,〔0.625〕となり，サイクル4で下表の最適解が得られ，$x=5/6$, $x_2=1/3$, $x_3=0$ となる.

基底	y_1	y_2	y_3	t	y_4	y_5	定数
y_1	1		−2/3		−1/3	1/3	1/3
t			1.6	1	0.4	0	0.4
y_2		1	−19/30		−0.2	−1/6	2/15
$-z$			0.6		0.4	1	−0.6

（3） 順次ピボット項が〔1〕,〔2〕,〔6〕となり，サイクル3で次表の最適解を得る.

基底	x_1	x_2	x_3	λ^+	λ^-	x_4	x_5	x_6	x_7	x_8	定数
λ^-		1.75		−1	1	0.75		0.25		0.25	2.5
x_5		0.75				−1.25	1	0.25		0.25	2.5
x_1	1	13/12				−5/12		5/12		1/12	5/6
x_7		7/3				2/3		−2/3	1	−1/3	5/3
x_3		5/6	1			1/6		−1/6		1/6	5/3
$-z$		1.75				0.75		0.25		0.25	2.5

6. 順次ピボット項が [10], [8], [13/8], [6/13] となり，サイクル 4 で下表の最適解を得る．

基底	x_1	x_2	x_3	x_4	x_5	x_6	定数
x_3		23/20	1		−3/10	1/4	185/2
x_4		13/6		1	−4/3	5/6	125/3
x_1	1	−2/3			1/3	−1/3	25/3
$-z$		17/6			1/3	7/6	−8975/3

順次ピボット項が [30], [1/3] となるが，サイクル 2 で下表の結果を得て実行可能解が存在しないことがわかる．

基底	x_1	x_2	x_3	x_4	x_5	x_6	x_7	定数
x_8		−0.5	−5	−1			−5	775
x_9		−6.5	−25		−1		−1.5	1525
x_{10}		−12.4	−34			−1	−1.8	1460
x_1	1	1.3	3				0.1	30
$-z$		−13.8	−48				−2.6	−780
$-w$		19.4	64	1	1	1	3.8	−3760

7. (1) 順次ピボット項が [2], [10], [4], [0.1], [1.875] となり，サイクル 5 で下表の最適解が得られる．

基底	x_1	x_2	x_3	x_4	x_5	x_6	定数
x_2	0.8	1	0.8			0.1	1.3
x_5	−92/15		8/15		1	−19/15	0.2
x_4	35/6		5/3	1		23/12	3.25
$-z$	541/30		43/15			109/60	9.95

(2) 順次ピボット項が [4], [2], [2], [0.5] となり，サイクル 4 で次表の最適解が得られる．

基底	x_1	x_2	x_3	x_4	x_5	x_6	x_7	x_8	x_9	定　数
x_7		1	1.375	−0.125	−5.5	0.25	1	−1.5		5.375
x_1	1	2	0.25	0.25	0	0.5		1		3.25
x_9		2	0.75	−0.25	−5	0.5		0	1	4.75
$-z$		102	6.5	27.5	70	47		63		307.5

(3) 順次ピボット項が [1], [5], [2] となり，サイクル 3 で下表の最適解が得られる．

基底	x_1	x_2	x_3	x_4	x_5	x_6	x_7	x_8	x_9	定　数
x_4		1.5		1	−0.5	−0.5	0	1	0.5	1.5
x_3		0.6	1		0.2	0.6	−0.2	0.4	0	0.2
x_1	1	−1.3			−0.1	−0.3	−0.4	−1.2	−0.5	1.9
$-z$		1.3			0.1	0.3	0.4	1.2	0.5	−1.9

8. 通常のシンプレックス法では順次ピボット項が [0.5], [4], [0.5], [2], [0.5] となり，サイクル 6 でサイクル 0 と一致する． Bland の方法によればサイクル 3 でのピボット項が [0.5] となり，サイクル 4 で下表の最適解が得られる．

基底	x_1	x_2	x_3	x_4	x_5	x_6	x_7	定　数
x_1	1		2	2	−2		3	1
x_6			−2	−1	3	1	−2	0
x_2		1	−5	−2	2		4	0
$-z$			2	0	4		4	0

9. サイクル 0 では x_3 を上限にし，サイクル 1, 2, 3 では順次 [2], [2.5], [0.6] をピボット項としてサイクル 4 で下表の最適解を得る．

基底	x_1	x_2	x_3	x_4	x_5	定　数	β_i, β_i'
x_1	1	−4/3	8/3		5/3	25/3	17/3
x_4		−1/3	−1/3	1	−1/3	10/3	11/3
$-z$		23/6	−25/6		1/3	−95/6	−35/3
上限			1				

10. サイクル 0 では x_2 を上限にし，サイクル 1〜5 では順次 [8], [0.375], [2/3], [2.5], [2] をピボット項とし，サイクル 6 では x_3 を上限にしてサイクル 7 で次表の最適解を得る．

基底	x_1	x_2	x_3	x_4	x_5	x_6	定数	β_i, β_i'
x_5	-1		-7		1	-0.25	-5	185
x_2	0.8	1	0.4			-0.1	60	12
x_4	2		-1	1		-0.5	115	35
$-z$	-2.4		-0.2			0.8	-480	-356
上限	50		20					

問題 4

1. (1), (2), (3), (5)　**2.** 略

3. $r=1$ のときは明らか. $r-1$ のとき成立するとして, r に対しても成立することを示す. $\boldsymbol{x}=\sum_{i=1}^{r}\lambda_i\boldsymbol{x}^i$, $\sum_{i=1}^{r}\lambda_i=1$, $\boldsymbol{x}^i\in S$, $i=1,\cdots,r$ とするとき $0<\lambda_i<1$ と仮定できる ($\lambda_i=0$ ならば $r-1$ の場合で, $\lambda_i=1$ ならば $r=1$ の場合になる). $\sum_{i=1}^{r}\lambda_i\boldsymbol{x}^i=(1-\lambda_r)\sum_{i=1}^{r-1}\{\lambda_i/(1-\lambda_r)\}\boldsymbol{x}^i+\lambda_r\boldsymbol{x}^r$ と表し, $\lambda_i'=\lambda_i/(1-\lambda_r)$ とおけば $\sum_{i=1}^{r-1}\lambda_i'=1$, $\lambda_i'\geqq 0$, $i=1,\cdots,r-1$ であるから, 帰納法の仮定より $\boldsymbol{x}\in S$ となる.

4. $\boldsymbol{y}\in C^*$ とすれば $\boldsymbol{y}^T\boldsymbol{x}\leqq 0$, $\boldsymbol{x}\in C$ であるから, すべての $\lambda>0$ に対して $(\lambda\boldsymbol{y})^T\boldsymbol{x}=\lambda(\boldsymbol{y}^T\boldsymbol{x})\leqq 0$, $\boldsymbol{x}\in C$ となり $\lambda\boldsymbol{y}\in C^*$. また $\boldsymbol{y}\in C_2^*$ ならば $\boldsymbol{y}^T\boldsymbol{x}\leqq 0$, $\boldsymbol{x}\in C_2$ であるが, $C_1\subset C_2$ の仮定より $\boldsymbol{y}^T\boldsymbol{x}\leqq 0$, $\boldsymbol{x}\in C_1$ となり, $\boldsymbol{y}\in C_1^*$ すなわち $C_1^*\supset C_2^*$.

5., **6.**, **7.** 略

問題 5

第3章の「問題 3」の 4, 7 および例 1.2 に対するシンプレックス法による結果を参考にして各自試みよ.

問題 6

1., **2.**, **3.** 略

4. $\boldsymbol{x}^2=\boldsymbol{x}^{2+}-\boldsymbol{x}^{2-}$ ($\boldsymbol{x}^{2+}\geqq\boldsymbol{0}$, $\boldsymbol{x}^{2-}\geqq\boldsymbol{0}$) とおき余裕変数 $\boldsymbol{\lambda}\,(\geqq\boldsymbol{0})$ を導入して標準形に変換すると, minimize $z=\boldsymbol{c}^1\boldsymbol{x}^1+\boldsymbol{c}^2\boldsymbol{x}^{2+}-\boldsymbol{c}^2\boldsymbol{x}^{2-}$, subject to $A_{11}\boldsymbol{x}^1+A_{12}\boldsymbol{x}^{2+}-A_{12}\boldsymbol{x}^{2-}-\boldsymbol{\lambda}=\boldsymbol{b}^1$, $A_{21}\boldsymbol{x}^1+A_{22}\boldsymbol{x}^{2+}-A_{22}\boldsymbol{x}^{2-}=\boldsymbol{b}^2$, $\boldsymbol{x}^1\geqq\boldsymbol{0}$, $\boldsymbol{x}^{2+}\geqq\boldsymbol{0}$, $\boldsymbol{x}^{2-}\geqq\boldsymbol{0}$, $\boldsymbol{\lambda}\geqq\boldsymbol{0}$. $\boldsymbol{c}=(\boldsymbol{c}^1, \boldsymbol{c}^2, -\boldsymbol{c}^2, 0)$, $\boldsymbol{x}=(\boldsymbol{x}^1, \boldsymbol{x}^{2+}, \boldsymbol{x}^{2-}, -\boldsymbol{\lambda})^T$. $A=\begin{bmatrix}A_{11}, & A_{12}, & -A_{12}, & I\\ A_{21}, & A_{22}, & -A_{22}, & O\end{bmatrix}$, $\boldsymbol{b}=(\boldsymbol{b}^1, \boldsymbol{b}^2)^T$ と考えて標準形の双対定理を適用すれば直ちに得られる.

5. 表 6.4 を適用して得られた双対問題を最小化問題にし, 制約式の両辺に -1 を掛けるともとの問題と等価になる. 自己双対であるための条件は $\boldsymbol{c}=-\boldsymbol{b}$, $A^T=-A$.

6. $A=[\boldsymbol{p}_1, \boldsymbol{p}_2, \boldsymbol{p}_3]$ とおき $A\boldsymbol{x}=x_1\boldsymbol{p}_1+x_2\boldsymbol{p}_2+x_3\boldsymbol{p}_3=\boldsymbol{b}$, $x_1, x_2, x_3\geqq 0$ を満たす解

が存在すれば，$\boldsymbol{b}$ は右図のように $\boldsymbol{p}_1, \boldsymbol{p}_2, \boldsymbol{p}_3$ の張る凸錐の中にある．このとき $\boldsymbol{\pi}A \leqq \boldsymbol{0}$ すなわち $\boldsymbol{\pi p}_1 \leqq 0$，$\boldsymbol{\pi p}_2 \leqq 0$，$\boldsymbol{\pi p}_3 \leqq 0$ ならば，$\boldsymbol{\pi}$ は図の斜線部分にあるので $\boldsymbol{\pi b} > 0$ にはなりえない．逆に $\boldsymbol{\pi}A \leqq \boldsymbol{0}$，$\boldsymbol{\pi b} > 0$ に解が存在すれば，$\boldsymbol{b}$ は図の斜線部分にあるので $\boldsymbol{p}_1, \boldsymbol{p}_2, \boldsymbol{p}_3$ の張る凸錐の中にはない．

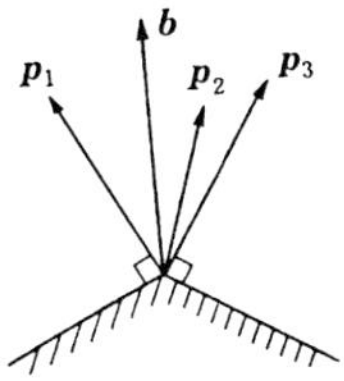

7. $\boldsymbol{\mu x} = 0$ より $(\boldsymbol{c} - \boldsymbol{\pi}A)\boldsymbol{x} = 0$ すなわち $\boldsymbol{cx} = \boldsymbol{\pi}A\boldsymbol{x}$ となる．$\boldsymbol{\pi\lambda} = 0$ より $\boldsymbol{\pi}(A\boldsymbol{x} - \boldsymbol{b}) = 0$ すなわち $\boldsymbol{\pi}A\boldsymbol{x} = \boldsymbol{\pi b}$ となる．したがって $\boldsymbol{cx} = \boldsymbol{\pi b}$ が得られるので，双対定理より前半は明らか．後半は，$\boldsymbol{\xi} - M\boldsymbol{\eta} = \boldsymbol{d}$ は $\boldsymbol{\pi}A + \boldsymbol{\mu} = \boldsymbol{c}$，$A\boldsymbol{x} - \boldsymbol{\lambda} = \boldsymbol{b}$ と等価であり $\boldsymbol{\xi}^T\boldsymbol{\eta} = 0$，$\boldsymbol{\xi} \geqq \boldsymbol{0}$，$\boldsymbol{\eta} \geqq \boldsymbol{0}$ は $\boldsymbol{\mu x} = \boldsymbol{\pi\lambda} = 0$ と等価であることより明らか．

問 題 7

1. 順次ピボット項が [−18], [−40/9], [−0.75] となり，サイクル 3 で下表の最適解が得られる．後半は 1 回のピボット操作の後，x_7 の行を見れば主問題は実行可能ではないことがわかる．

基底	x_1	x_2	x_3	x_4	x_5	x_6	定 数
x_3		1.15	1		−0.3	0.25	92.5
x_4		13/6		1	−4/3	5/6	125/3
x_1	1	−2/3			1/3	−1/3	25/3
$-z$		17/6			1/3	7/6	−8975/3

2. 順次ピボット項が [−1], [−2] となり，サイクル 2 で下表の最適解が得られる．

基底	x_1	x_2	x_3	x_4	x_5	x_6	x_7	x_8	定数
x_1	1	−0.5		0.5	0	−0.5		−0.5	1.5
x_7		−0.5		7.3	1	−0.5	1	1.5	2.5
x_3		2.5	1	−3.5	1	0.5		−0.5	0.5
$-z$		1.5		4.5	5	0.5		1.5	3.5

3. 順次ピボット項が [1], [−2], [−8], [−1] となり，サイクル 4 で下表の最適解が得られる．

基底	x_0	x_1	x_2	x_3	x_4	x_5	x_6	x_7	x_8	定数
x_2			1	−1.0625		3	0.25	−0.125	0.4375	5.25
x_0	1			3		−7	−1	0	−1	M-20
x_4				−0.5625	1	1	0.25	−0.125	−0.0625	1.25
x_1		1		−0.375		4	0.5	0.25	0.625	13.5
$-z$				0.875		10	1	0.25	1.875	29.5

問題 8

最適タブローにおける基底解は $\boldsymbol{x}_B=(x_3, x_1, x_5)^T$ であり，したがって

$$B=\begin{bmatrix}3 & 2 & 0\\8 & 3 & -1\\4 & 8 & 0\end{bmatrix},\quad B^{-1}=\begin{bmatrix}0.5 & 0 & -0.125\\-0.25 & 0 & 0.1875\\3.25 & -1 & -0.4375\end{bmatrix},\quad \boldsymbol{\pi}=(0.5,\ 0,\ 0.375)$$

1. （1） $\boldsymbol{x}_B^*=(5, 85, 140)^T \geqq 0$ がそのまま最適基底解で $\min z=355$.

（2） $\boldsymbol{x}_B^*=(-7.5, 103.75, 96.25)^T$, $\bar{z}^*=392.5$ であるから，双対シンプレックス法を適用すればピボット項が $[-0.5]$ となり，サイクル II で最適解 $x_1=100$, $x_2=0$, $x_3=0$ $(x_4=15,\ x_5=145,\ x_6=0)$, $\min z=400$ を得る.

2. （1） $\bar{c}_2^*=0.125>0$, $\bar{c}_4^*=0.25>0$, $\bar{c}_6^*=0.5625>0$, $\bar{z}^*=383.75$ であるから，$\boldsymbol{x}_B$ がそのまま最適解.

（2） $\bar{c}_2^*=-0.125<0$, $\bar{c}_4^*=0.15$, $\bar{c}_6^*=0.6375$, $\bar{z}^*=410.25$ であるから，シンプレックス法を適用すればピボット項が $[1.25]$ となり，サイクル II で最適解 $x_1=57.5$, $x_2=14$, $x_3=0$ $(x_4=0,\ x_5=52.5,\ x_6=0)$, $\min z=408.5$ を得る.

3. （1） $\bar{c}_7=0.5>0$ であるから影響なし.

（2） $\bar{c}_7=-0.4<0$, $\bar{\boldsymbol{p}}_7=(0.5, 0.25, 3.75)^T$ となり，x_7 の列を追加してシンプレックス法を適用すればピボット項が $[0.5]$ となり，サイクル II で最適解 $x_1=57.5$, $x_2=0$, $x_3=0$, $x_7=35$ $(x_4=0,\ x_5=52.5,\ x_6=0)$, $\min z=303.5$ を得る.

4. （1） $x_1=66.25$, $x_2=0$, $x_3=17.5$ は追加された制約式を満たす.

（2） $2x_1+6x_2+6x_3+x_7=200$ を $-2.75x_2+2.5x_4-0.375x_6+x_7=-37.5$ と変形して，この式と x_7 の列を追加して双対シンプレックス法を適用すればピボット項が $[-2.75]$ となり，サイクル II で最適解 $x_1=635/11$, $x_2=150/11$, $x_3=5/11$ $(x_4=0,\ x_5=615/11,\ x_6=x_7=0)$, $\min z=3755/11$ を得る.

5. x_3 は基底変数であるから x_7 を加え $\boldsymbol{p}_7=(4, 8, 4)^T$, $c_7=3$ とおけば，$\bar{\boldsymbol{p}}_7=(1.5, -0.25, 3.25)^T$, $\bar{c}_7=-0.5$. さらに $c_3=3+M$ とおけば $\bar{c}_2^*=1.75-1.25M$, $\bar{c}_4^*=0.5+0.5M$, $\bar{c}_6^*=0.375-0.125M$, $\bar{c}_7^*=-0.5-1.5M$, $\bar{z}^*=317.5-17.5M$ となるので，シンプレックス法を適用すればピボット項が $[1.5]$ となり，サイクル II で x_7 を x_3 に置き換えて最適解 $x_1=415/6$, $x_2=0$, $x_3=35/3$ $(x_4=0,\ x_5=875/6,\ x_6=0)$, $\min z=935/3$ を得る.

問題 9

1. 略

2. （1） 順次ピボット項が $[1]$, $[1]$, $[5]$, $[0.8]$ となり，サイクル 5 で次表の最適解が得られる.

基底	x_1	x_2	d_1^+	d_1^-	d_2^+	d_2^-	d_3^+	d_3^-	s_1	s_2	s_3	定数
d_3^-			−0.25	0.25	1.25	−1.25	−1	1				2
x_2		1	−0.25	0.25	0.25	−0.25						5
x_1	1		−0.25	0.25	−0.75	0.75						3
s_1			0.5	−0.5	0.5	0.5			1			2
s_2			1.5	−1.5	−0.5	−0.5				1		2
s_3			−0.25	0.25	1.25	−1.25					1	9
$-z_1$			1	1	0	0	0					0
$-z_2$			0.25	−0.25	0.75	1.25	1					−2

（2） 順次ピボット項が [1], [5], [0.8] となり，サイクル 4 で下表の最適解が得られる.

基底	x_1	x_2	d_1^+	d_1^-	d_2^+	d_2^-	d_3^+	d_3^-	s_1	s_2	s_3	定数
x_1	1		0.25	−0.25	−0.75	0.75						4.5
d_3^-			0.75	−0.75	−1.25	1.25	−1	1				2
x_2		1	−0.5	0.5	0.5	−0.5						4.5
s_1			1.25	−1.25	−1.75	1.75			1			3.5
s_2			0.25	−0.25	0.25	−0.25				1		1
s_3			−1	1	−2	2					1	7.5
$-z_1$			1	1	0	0	0					0
$-z_2$			−0.75	0.75	1.25	0.75	3					−2

（3） 順次ピボット項が [1], [8], [1], [1] となり，サイクル 5 で下表の最適解が得られる.

基底	x_1	x_2	x_3	d_1^+	d_1^-	d_2^+	d_2^-	d_3^+	d_3^-	d_4^+	d_4^-	定数
d_4^+				−0.125	0.125	0.625	−0.625	0.75	−0.75	1	−1	3.625
x_1	1			0	0	−1	1	0	0			5
x_2		1		0	0	0	0	−1	1			6
x_3			1	−0.125	0.125	0.625	−0.625	0.75	−0.75			13.625
$-z_1$				1	3	0	0	1	0		0	0
$-z_2$				0	0	1	1	0	0		0	0
$-z_3$				0.125	−0.125	−0.625	0.625	−0.75	0.75		2	−3.625

3. 略

問 題 10

1. z_1 - z_2 平面における次図より明らか.

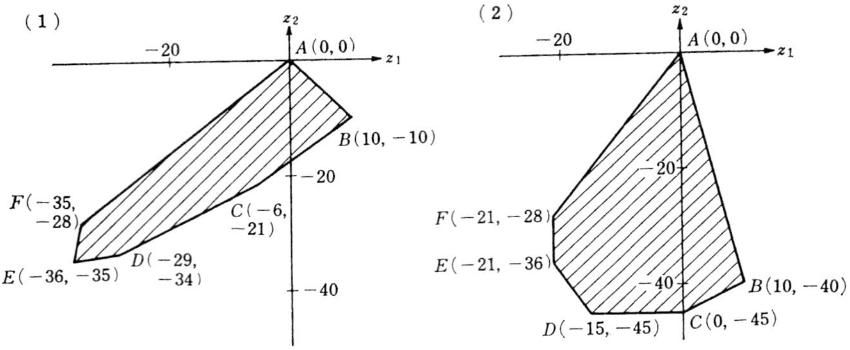

2. 略

3. $z_1 - z_2$ 平面における下図より明らか.

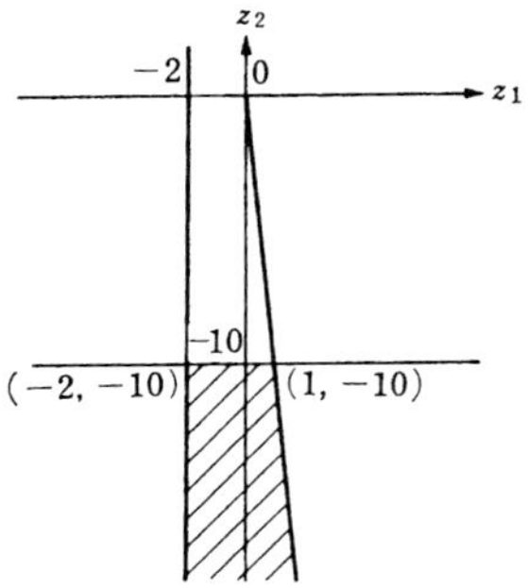

4. $z_1 - z_2$ 平面における下図より明らか.

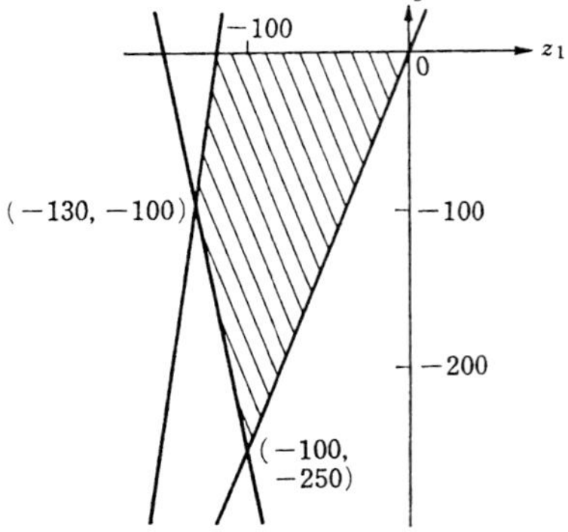

多目的シンプレックス・タブローは下表のようになり，2つのパレート最適端点 $\boldsymbol{x}^2=(250,0)^T, z(\boldsymbol{x}^2)=(-100,-250)^T$, $\boldsymbol{x}^3=(100,300)^T$, $z(\boldsymbol{x}^3)=(-130,-100)^T$ を得る．

サイクル	基底	x_1	x_2	x_3	x_4	定 数
0	x_3	1	1	1		400
	x_4	[2]	1		1	500
	$-z_1$	−0.4	−0.3			0
	$-z_2$	−1				0
	Σ	−1.4	−0.3			0
1	x_3		[0.5]	1	−0.5	150
	x_1	1	0.5		0.5	250
	$-z_1$		−0.1		0.2	100
	$-z_2$		0.5		0.5	250
	Σ		0.4		0.7	350
2	x_2		1	2	−1	300
	x_1	1		−1	1	100
	$-z_1$			0.2	0.1	130
	$-z_2$			−1	1	100
	Σ			−0.8	1.1	230

問 題 11

1. (1), (3), (5), (6), (7)

2. (1) 前半は $1-\max[\mu_A(x), \mu_B(x)]=\min[1-\mu_A(x), 1-\mu_B(x)]$ を示せばよい．$\mu_A(x)>\mu_B(x)$ のときは左辺は $1-\mu_A(x)$ となり，右辺も $1-\mu_A(x)<1-\mu_B(x)$ を考慮すれば $1-\mu_A(x)$ となる．同様に $\mu_A(x)\leqq\mu_B(x)$ のときも成立する．後半もまったく同様に証明できる．

(2) 前半は $\max[\mu_A(x), \min\{\mu_B(x), \mu_C(x)\}]=\min[\max\{\mu_A(x),\mu_B(x)\}, \max\{\mu_A(x),\mu_C(x)\}]$ を示せばよい．左辺右辺とも (i) $\mu_B(x)>\mu_C(x)>\mu_A(x)\Rightarrow\mu_C(x)$, (ii) $\mu_C(x)>\mu_B(x)>\mu_A(x)\Rightarrow\mu_B(x)$, (iii) $\mu_A(x)>\mu_B(x)>\mu_C(x)$, $\mu_A(x)>\mu_C(x)>\mu_B(x)$ または $\mu_B(x)>\mu_A(x)>\mu_C(x)\Rightarrow\mu_A(x)$ となり等しい．また等号の場合も明らかに成立する．後半もまったく同様に証明できる．

(3) 明らか．

3. $\mu_A(\boldsymbol{x}^1)\geqq a$, $\mu_A(\boldsymbol{x}^2)\geqq a$ ならば $\mu_A(\lambda\boldsymbol{x}^1+(1-\lambda)\boldsymbol{x}^2)\geqq\min(\mu_A(\boldsymbol{x}^1), \mu_A(\boldsymbol{x}^2))\geqq a$ となり明らか．逆に $\mu_A(\boldsymbol{x}^2)\geqq\mu_A(\boldsymbol{x}^1)=a$ ならば $\mu_A(\lambda\boldsymbol{x}^1+(1-\lambda)\boldsymbol{x}^2)\geqq a=\mu_A(\boldsymbol{x}^1)$

$= \min(\mu_A(\boldsymbol{x}^1), \mu_A(\boldsymbol{x}^2))$ となる．$\mu_A(\boldsymbol{x}^1) \geqq \mu_A(\boldsymbol{x}^2)$ の場合も同様．

4. $\boldsymbol{x}^0$ が (*11.29*) のパレート最適解でないとすれば $\boldsymbol{z}(\boldsymbol{x}^0) \geq \boldsymbol{z}(\hat{\boldsymbol{x}})$ となる実行可能解 $\hat{\boldsymbol{x}}(\neq \boldsymbol{x}_0)$ が存在する．$z_i^m \geqq z_i(\boldsymbol{x})$, $z_i^0 - z_i^m < 0$, $i=1, \cdots, k$ であるから $\boldsymbol{\mu}_{\boldsymbol{z}}^L(\boldsymbol{x}^0) \geq \boldsymbol{\mu}_{\boldsymbol{z}}^L(\hat{\boldsymbol{x}})$ となり少なくとも1つは不等号が成立するから $\prod_{i=1}^{k} \mu_{z_i}^L(\boldsymbol{x}^0) > \prod_{i=1}^{k} \mu_{z_i}^L(\hat{\boldsymbol{x}})$ となり $\boldsymbol{x}^0$ が最適解であることに反する．

5. 等価性は $d_i^0 = z_i^m - z_i^0$ と $d_i(\boldsymbol{x}) = z_i(\boldsymbol{x}) - z_i^0$ なる変換より明らか．また $z_i^m \geqq z_i(\boldsymbol{x}) \geqq z_i^0$, $i=1, \cdots, k$ より $0 < \lambda^0 < 1$ も明らか．弱パレート最適性の証明は定理 11.1 の証明とまったく同様．

6. 表 11.1 のサイクル 0 から順次ピボット項が [14], [24/7], [5/48], [31] となり，サイクル 4 で最適解を得る．表 11.2 のサイクル 0 から順次ピボット項が [17], [288/17], [0.625], [155/30] となり，サイクル 4 で最適解を得る．表 11.3 のサイクル 0 から順次ピボット項が [2], [0.165], [1], [200/13], [0.05], [2] となり，サイクル 6 で最適解を得る．

7. (1) 順次ピボット項が [12], [6], [0.125], [68/3] となり，サイクル 4 で最適解を得る．サイクル 0 と 4 を下表に示す．

サイクル	基底	x_1	x_2	x_3	x_4	x_5	x_6	x_7	x_8	x_9	定数
0	x_6	1	4				1				20
	x_7	1	1					1			8
	x_8	3	−1						1		12
	x_9	−2	3	12	−12					1	4
	x_{10}	1	3	−12	[12]	−1					4
	$-z$	0	0	−1	1	0					0
	$-w$	−1	−3	12	−12	1					−4
4	x_6					13/17	1		−10/17	−13/17	116/17
	x_7					4/17		1	−7/17	−4/17	20/17
	x_3			1	−1	7/204			3/68	5/102	10/17
	x_2		1			−3/17			1/17	3/17	36/17
	x_1	1				−1/17			6/17	1/17	80/17
	$-z$				0	7/204			3/68	5/102	10/17

（2） 順次ピボット項が［2］，［6］，［0.75］，［34/9］となり，サイクル 4 で最適解を得る．サイクル 0 と 4 を下表に示す．

サイクル	基底	x_1	x_2	x_3	x_4	x_5	x_6	x_7	x_8	x_9	定数
0	x_7	1	4					1			20
	x_8	1	1						1		8
	x_9	3	−1							1	12
	x_{10}	2	−3	−2	[2]	−1					2
	x_{11}	1	3	−2	2		−1				10
	$-z$	0	0	−1	1						0
	$-w$	−3	0	4	−4	1	1				−12
4	x_7					−13/17	13/17	1		−10/17	116/17
	x_8					−4/17	4/17		1	−7/17	20/17
	x_3			1	−1	5/17	7/34			9/34	9/17
	x_1	1				1/17	−1/17			6/17	80/17
	x_2		1			3/17	−3/17			1/17	36/17
	$-z$				0	5/17	7/34			9/34	9/17

（3） 順次ピボット項が［0.075］，［80/3］，［3.5］，［29/140］，［200/29］，［0.17］となり，サイクル 6 で最適解を得る．サイクル 0 と 6 を次表に示す．

サイクル	基底	x_1	x_2	x_3^+	x_3^-	d_1^+	d_1^-	d_2^+	d_2^-	x_4	x_5	x_6	x_7	x_8	定数
	x_5	1	4								1				20
	x_6	1	1									1			8
	x_7	3	−1										1		12
	x_8	−0.15	0.225	1	−1	0.025	0.025							1	0.5
0	x_9	2	−3			1	−1								4
	x_{10}	1	3					1	−1	−1					12
	x_{11}	[0.075]	0.225	−1	1			−0.025	−0.025						0.1
	$-z$	0	0	−1	1	0	0	0	0	0					0
	$-w$	−3.075	−0.225	1	−1	−1	1	−0.975	1.025	1					−16.1
	x_5						−13/34		13/34	130/17	1		−10/17	−130/17	116/17
	x_6						−2/17		2/17	40/17		1	−7/17	−40/17	20/17
	x_2		1				3/34		−3/34	−30/17			1/17	30/17	36/17
6	d_1^+					1	−27/34		−7/34	−70/17			−9/17	70/17	16/17
	x_3^+			1	−1		1/34		7/340	7/17			9/170	10/17	12/17
	d_2^+						−5/17	1	−12/17	100/17			−9/17	−100/17	16/17
	x_1	1					1/34		−1/34	−10/17			6/17	10/17	80/17
	$-z$						1/34		7/340	7/17			9/70	10/17	12/17

参 考 文 献

教科書としての本書の性格上，本文中ではいちいち引用していないが，本書を執筆するにあたって参考にさせていただいた内外の数多くの単行本や文献を以下にあげて，感謝の意を表したい．なかでも特に，以下の洋書の［1］,［4］〜［8］,［12］,［14］,［15］（邦訳も含む），および和書の［1］,［2］,［4］,［8］,［9］,［11］は，直接参考にさせていただいたり，引用させていただいたことを記して，心から厚く御礼申し上げる．

1. 線形計画法に関する単行本

1.1 洋書（年代順）

［1］ S.I. Gass: Linear Programming, McGraw-Hill (1958), 4th Edition (1975). 小山昭雄 訳「線型計画法」原書第4版，好学社 (1979).

線形計画法に関する定評のある書物の一つで，数学的にも厳密に書かれている．一度は読んでおくべき書物である．この本の流れをくむ和書も出版されている．

［2］ R. Dorfman, P.A. Samuelson and R.M. Solow: Linear Programming and Economic Analysis, McGraw-Hill (1958). 安井琢磨，福岡正夫，渡部経彦，小山昭雄 訳「線型計画と経済分析」Ⅰ，Ⅱ，岩波書店 (1958, 1959).

線形計画法と標準的な経済分析との関連を懇切ていねいに述べ，投入産出分析やゲーム理論に説き及んでいる．

［3］ D. Gale: The Theory of Linear Economic Models, McGraw-Hill (1960). 和田貞夫，山谷恵俊 訳「線型経済学」紀伊国屋 (1964).

線形計画法と2人零和ゲームや線形経済モデルに関する明快な解説が行われているが，かなり数学的な本である．

［4］ W.W. Garvin: Introduction to Linear Programming, McGraw-Hill (1960). 関根智明 訳「線型計画法入門」日本生産本部 (1966).

線形計画法に関する話題をほとんどすべてやさしく解説しているが，特に具体的な計算方法に重点がおかれている．上限法についてもよく書かれている．

［5］ A. Charnes and W.W. Cooper: Management Models and Industrial Applications of Linear Programming, Vol. Ⅰ，Ⅱ，Wiley (1961).

2分冊からなり併せて 859 頁にも及ぶ大著で，線形計画法に関する理論とその応用が多岐にわたって述べられている．目標計画法という名称が初めて現れる文献としてもよく引用される．

［6］ G. Hadley: Linear Programming, Addison-Wesley (1961).

邦訳がないので Gass の本ほどわが国では有名ではないが，線形計画法に関する定評のある書物の一つで，線形計画法に関する話題がよくまとめられており一読に値する．

[7] G.B. Dantzig: Linear Programming and Extensions, Princeton Univ. Press (1963). 小山昭雄 訳「線型計画法とその周辺」ホルト・サウンダース・ジャパン (1983).

線形計画法の創始者が数学的に厳密にしかも応用面も配慮して自ら執筆した 627 頁に及ぶ大著である．線形計画法と関連した話題がほとんど余すところなく述べられている．参考文献を1冊だけあげるとすれば，だれでもこの本を推すであろう．最近，小山昭雄教授による邦訳が出版されたので，ぜひ一読していただきたい．

[8] M. Simonnard (translated by W.S. Jewell): Linear Programming, Prentice-Hall (1966).

原書はフランス語で 1962 年に出版されているが，Gass や Hadley の本とともに線形計画法に関する定評のある書物の一つである．残念ながら邦訳は出版されていないが，この本の流れをくむ和書も出版されている．

[9] H. Künzi, H.G. Tzschach and C.A. Zehnder: Numerical Methods of Mathematical Optimization, with ALGOL and FORTRAN Programs, Academic Press (1968). 刀根薫 監訳「電子計算機のための数理計画法」日科技連出版社 (1969).

原書はドイツ語で 1966 年に出版されているが，線形計画法や非線形計画法の概要と ALGOL と FORTRAN のプログラムが含まれている．

[10] W. Orchard-Hays: Advanced Linear-Programming Techniques, McGraw-Hill (1968). 高橋磐郎，出居 茂 監訳「コンピュータによる線形計画法」培風館 (1973).

線形計画法の創成期の頃から線形計画法のコンピュータ・プログラムを開発してきた著者による他に例をみない特徴のある専門書．線形計画法のコンピュータ・ソフトウェアの開発ということに重点がおかれている．

[11] H.M. Wagner: Principles of Operations Research, with Applications to Managerial Decisions, Prentice-Hall (1969), 2nd Edition (1975). 森村英典，伊理正夫 監訳「オペレーションズ・リサーチ入門」6分冊 培風館 (1976).

アメリカでオペレーションズ・リサーチの学生向きの教科書として書かれた1000頁を越える大冊であるが，非常に読みやすくしかも 1000 題以上の演習問題も含まれている．邦訳では6分冊で，第1分冊は線形計画法の入門書として利用できる．

[12] L.S. Lasdon: Optimization Theory for Large Systems, Macmillan (1970). 志水清孝 訳「大規模システムの最適化理論」日刊工業新聞社 (1973).

大規模数理計画問題を効率良く解く方法に特に重点がおかれ，数学的にも厳密に書かれている 523 頁もの本だが，説明は明快でわかりやすいので，ぜひ一読してほしい．第1章は線形および非線形計画法がコンパクトにまとめられており，入門書としても利用できる.

[13] C. Jr. McMillan: Mathematical Programming, Wiley (1970). 一楽信雄, 坂本 実, 田中英之, 前田功雄 訳「数理計画入門」1, 2, 東京図書 (1972).

数理計画法全般についての数値例による解説を主体とした入門書で理論的ではない. FORTRAN の簡単なプログラムも含まれている. 数学の苦手な人たちへの入門書として書かれている.

[14] D.G. Luenberger: Introduction to Linear and Non-Linear Programming, Addison-Wesley (1973).

線形および非線形計画法の入門書として数学的にも厳密に書かれており, 内容も豊富でよくまとまっている. 約 1/3 が線形計画法の解説に当てられているが, 他書では取り扱われていない話題も含まれており, 一度は読んでおくべき書物の一つである.

[15] K.G. Murty: Linear and Combinatorial Programming, Wiley (1976).

線形計画法と組合せ計画法に関する話題を 567 頁にもわたってわかりやすく解説している. しかも, 数学的に厳密に記述されているので, 数理計画法に興味をもつ学生の教科書としては最良のものの一つである.

[16] P.R. Thie: An Introduction to Linear Programming and Game Theory, Wiley (1979).

線形計画法と 2 人零和ゲームに関する読みやすい入門書で, 多くの例題や問題も含まれている.

[17] B.A. Murtagh: Advanced Linear Programming; Computation and Practice, McGraw-Hill (1981).

Orchard-Hays の本の流れをくみ, 計算方法と応用がそれぞれ約半分ずつで, コンパクトに 200 頁余にまとめられている.

[18] E.L. Kaplan: Mathematical Programming and Games, Wiley (1982).

線形計画法と行列ゲームや動的計画法に関する 588 頁にも及ぶ解説が行われているが, 一部多目的線形計画法も扱われている. 数多くの演習問題とその略解が含まれている.

1.2 和書 (年代順)

[1] 三根 久:「オペレーションズ・リサーチ」上下 2 巻, 朝倉書店 (1966).

学生時代の教科書として三根久教授より初めてオペレーションズ・リサーチの手ほどきを受けたなつかしい書物である. 第 2 章に Dantzig の本をコンパクトにまとめた 80 頁余の線形計画法に関する解説がある.

[2] 小山昭雄:「線型計画入門」(日経文庫 77), 日本経済新聞社 (1966).

線形計画法に関する基本的な事項をわかりやすくしかも論理の厳密さを失わない

ように書かれた入門書.

[3] 古瀬大六:「数理計画法 I —線形計画—」, 共立出版 (1971).

経営学者としての観点から, 経済現象とのアナロジーの上に立って, 線形計画法のみならず, 変分法, 最大原理, 動的計画法との関連を取り上げて論じているユニークな本である.

[4] 平本 巌, 長谷 彰:「線形計画法」, 培風館 (1973).

線形計画法の基礎から大規模な線形計画問題を解くための積形式を用いた上限法による改訂シンプレックス法まで入門書的にわかりやすく解説している.

[5] 渡辺 浩, 青沼龍雄:「数理計画法」(数学講座 15), 筑摩書房 (1974).

線形計画法のみならず非線形計画法や動的計画法について基礎からひととおり解説されている.

[6] 小野勝章:「計算を中心とした線形計画法」, 日科技連出版社 (1976).

Orchard-Hays の流れをくみ, 特に具体的なアルゴリズムに重点がおかれ, 計算機プログラムに関する章も設けられている.

[7] 関根智明:「数理計画法」, 岩波書店 (1976).

数理計画法の標準的な入門書である. 線形計画法に関する部分は Gass や Garvin の流れをくんでいる.

[8] 刀根 薫:「数理計画」(理工系基礎の数学 11), 朝倉書店 (1978).

Bland の巡回対策を含んだわが国で最初の教科書としても有名であるが, 線形および非線形計画法に関してわかりやすく解説している. なかでも凸多面体と線形計画法の章はきわだっている.

[9] 古林 隆:「線形計画法入門」(講座・数理計画法 2), 産業図書 (1980).

線形計画法全般と 2 次計画法に対する Beale の方法について数値例とともに数学的にもかなりくわしく述べられている. 線形計画法に関する部分は Simonnard の流れをくんでいる.

[10] 鈴木誠道, 高井英造:「数理計画法の応用〈実際編〉」(講座・数理計画法 11), 産業図書 (1981).

数理計画法のエネルギー産業, 交通, 装置産業, および設計における応用がそれぞれ独立に述べられている.

[11] 西川禕一, 三宮信夫, 茨木俊秀:「最適化」(岩波講座情報科学 19), 岩波書店 (1982).

数理計画法, 組合せ最適化, ゲームと多目的問題, オペレーションズ・リサーチと最適化, および最適制御に対するひととおりの解説が行われている. 第 2 章の数理計画法に関する部分は Lasdon の第 1 章の流れをくみわかりやすく解説している.

2.　専門的文献

第1章　(年代順)

線形計画法の歴史的背景は Dantzig の本の第2章にくわしく述べられている．そのほか，以下の [4],[7] も参考になる．[1],[2] には，当時の一流の学者による研究論文がまとめられているので一読されるとよいと思う．[5],[6] には，線形計画法の最近の話題が解説されている．[3] には Kantorovich の 1939 年の論文が英訳されており興味深い．

[1] T. C. Koopmans, Editer: Activity Analysis of Production and Allocation, Wiley (1951).

[2] H. W. Kuhn and A. W. Tucker: Linear Inequalities and Related Systems, Annals of Mathematical Studies, No. 38, Princeton Univ. Press (1956).

[3] L. V. Kantorovich: Mathematical method in the organization and planning of production, translation of original 1939 paper, Management Sci., 6, pp. 366-422 (1960).

[4] 数理計画法の誕生のころ—A. W. Tucker 教授講演記録より—，オペレーションズ・リサーチ，21, pp. 38-43 (1976).

[5] 伊理正夫：線形計画法に画期的な新解法現わる?，オペレーションズ・リサーチ，25, pp. 187-193 (1980).

[6] 伊理正夫：線形計画法の計算複雑度—Khachian の理論とその周辺，第1回数理計画シンポジウム論文集，pp. 29-41 (1980).

[7] G. B. Dantzig: Reminiscences about the origins of linear programming, Operations Res. Letters, 1, pp. 43-48 (1982).

第2章～第8章 (年代順)

以下では，一般に入手可能なものの中からできるだけ各手法の背景となる論文を若干あげている．しかし [1]～[6] はあまりにも古いので，特別の目的以外には必要ないものと思われる．

[1] G. B. Dantzig: Application of the simplex method to a transportation problem, in T. C. Koopmans (ed.); Activity Analysis of Production and Allocation, pp. 359-373, Wiley (1951).

[2] A. Charnes: Optimality and degeneracy in linear programming, Econometrica, 20, pp. 160-170 (1952).

[3] C. E. Lemke: The dual method of solving the linear programming problem, Naval Res. Logist. Quart., 1, pp. 36-47 (1954).

[4] E. M. L. Beale: Cycling in the dual simplex algorithm, Naval Res. Logist. Quart., pp. 269-276, 2 (1955).

［5］ G. B. Dantzig: Upper bounds, secondary constraints and block triangularity in linear programming, Econometrica, 23, pp. 174-183 (1955).

［6］ G. B. Dantzig, A. Orden and P. Wolfe: The generalized simplex method for minimizing a linear form under linear inequality restraints, Pacific J. Math., 5, pp. 183-195 (1955).

［7］ A. Charnes and W. W. Cooper: Programming with linear fractional criteria, Naval Res. Logist. Quart., 9, pp. 181-186 (1962).

［8］ P. Wolfe: Experiments in linear programming, in R. L. Graves and P. Wolfe (eds.); Recent Advances in Mathematical programming, pp. 177-200, McGraw-Hill, (1963).

真鍋龍太郎: 線形計画法, 計算量について（セミナー・最大最小問題 11),「数学セミナー」, 3, pp. 50-54 (1964) はこの論文の内容をくわしく紹介している.

［9］ K. T. Marshall and J. W. Suurballe: A note on cycling in the simplex method, Naval Res. Logist. Quart., 16, pp. 121-137 (1969).

［10］ M. L. Balinski and A. W. Tucker: Duality theory of linear programs; a constructive approach with applications, SIAM Review, 11, pp. 347-377 (1969).

［11］ D. F. Shanno and R. L. Weil: Linear programming with absolute-value functionals, Operations Res., 19, pp. 120-124 (1971).

［12］ R. G. Bland: New finite pivoting rules for the simplex method, Core Discussion Papers, 7612, Center for Operations Research & Economics, Universite Catholique de Louvain (1976) also in Math. of Operations Res., 2, pp. 103-107 (1977).

伊理正夫: "辞書的順序" や "摂動" は線形計画法の教科書から姿を消すことになるでありましょう, オペレーションズ・リサーチ, 22, pp. 110-113 (1977) にはこの論文に関連した明快な解説が行われている.

第 9 章（年代順）

目標計画法のサーベイとしては[4],[6]が参考になる. よりくわしくは[1]〜[3]を参照していただきたい. なお, 最近, 本書と同様の試みが [5] になされているらしい. まだ手元に届いていないのでくわしいことはわからないが, 著者から想像すると, 目標計画法が中心であると思われる.

［1］ Y. Ijiri: Managerial Goals and Accounting for Control, Rand-Mcnally (1965). 日本語版; 井尻雄士:「計数管理の基礎」岩波書店 (1970).

［2］ S. M. Lee: Goal Programming for Decision Analysis, Auerbach, Philadelphia (1972). 大村茂雄, 近藤恭正 訳「意志決定のための目標計画法」上, 日本経営出版会 (1974).

[3] J.P. Ignizio: Goal programming and Extensions, Heath (Lexington Series) (1976).
[4] A. Charnes and W.W. Cooper: Goal programming and multiple objective optimizations, European J. Operational Res., 1, pp. 39-54 (1977).
[5] J.P. Ignizio: Linear Programming in Single & Multiple-Objective Systems, Prentice-Hall (1982).
[6] J.P. Ignizio: Generalized goal programming; an overview, Comput. & Ops. Res., 10, pp. 277-289 (1983).

第10章（年代順）

本章では主として [4],[5] に基づいて, Zeleny の多目的シンプレックス法を解説したので本文中ではふれなかったが, 多目的線形計画法に対する関連した文献としては, 例えば [2],[3],[6]～[9] などを参照されたい. なお, [13]～[15] には Zeleny の [4] に基づく解説がある. また [10]～[12] では多目的シンプレックス法の最適制御への応用が試みられている. [1] は最適制御の分野に多目的の導入を喚起した最初の論文であるといわれている. 多目的計画法全般のサーベイとしては, 最近出版された [18] がよくまとまっている. よりくわしくは [17] を参照していただきたい. この本は, 多目的計画法を志す人は一度は読んでおくべき書物の一つである. 和書では [16] や [19] などが代表的である.

[1] L.A. Zadeh: Optimality and nonscalar-valued performance criteria, IEEE Trans. Automatic Control, AC-8, pp. 59-60 (1963).
[2] J. Philip: Algorithm for the vector maximization problem, Math. Programming, 2, pp. 207-209 (1972).
[3] J.P. Evans and R.E. Steuer: A revised simplex method for linear multiple objective programs, Math. Programming, 5, pp. 54-72 (1973).
[4] M. Zeleny: Linear Multiobjective Programming, Springer-Verlag (1974).
[5] P.L. Yu and M. Zeleny: The set of all nondominated solutions in linear cases and a multicriteria simplex method, J. of Math. Anal. Appl., 49, pp. 430-468 (1975).
[6] J.G. Ecker and I.A. Kouada: Finding efficient points for linear multiple objective programs, Math. Programming, 8, pp. 375-377 (1975).
[7] R.E. Steuer: Multiple objective linear programming with interval criterion weights, Management Sci., 23, pp. 305-316 (1976).
[8] T. Gal and H. Leberling: Redundant objective functions in linear vector maximum problems and their determination, European J. of Operational Res., 1, pp. 176-184 (1977).
[9] H. Isermann: The enumeration of the set of all efficient solutions for linear

multiple objective programs, Operational Res. Quart., 28, pp. 711-725 (1977).
[10] M. Sakawa: An approximate solution of linear multicriteria control problems through the multicriteria simplex method, J. Opt. Theory and Appl., 22, pp. 417-427 (1977).
[11] M. Sakawa, R. Narutaki and T. Suwa: Optimal control of linear systems with several cost functionals through a multicriteria simplex method, Int. J. Control, 25, pp. 901-914 (1977).
[12] M. Sakawa: Solution of multicriteria control problems in certain types of linear distributed-parameter systems by a multicriteria simplex method, J. Math. Anal. Appl., 64, pp. 181-188 (1978).
[13] J.L. Cohon: Multiobjective Programming and Planning, Academic Press (1978).
[14] C.L. Hwang and A.S.M. Masud: Multiple Objective Decision Making-Method and Applications; A State-of-the-Art Survey, Springer-Verlag (1979).
[15] M. Zeleny: Multiple Criteria Decision Making, McGraw-Hill (1982).
[16] 志水清孝:「多目的と競争の理論」, 共立出版 (1982).
[17] V. Chankong and Y.Y. Haimes: Multiobjective Decision Making; Theory and Methodology, North-Holland (1983).
[18] V. Chankong and Y.Y. Haimes: Optimization-based methods for multiobjective decision-making; an overview, Large Scale Systems, 5, pp. 1-33 (1983).
[19] 瀬尾芙巳子:「多目的評価と意志決定」, 日本評論社 (1984).

第11章

本章では主として [1]〜[9], [13], [14] を参考にして, ファジィ集合とファジィ線形計画法についての解説を試みた. 本章で述べたファジィ線形計画法をさらに押し進めた研究としては [16]〜[20] などがある. またその他の関連文献として [10], [11] などを読まれるとよいと思う. ファジィ計画法全般のサーベイとしては [15] があるが, 最近 [21], [22] などが出版された. さらに進んで本格的に勉強するためには, 洋書では [6], [12] を読まれるとよいと思う. また [23] には最近の研究論文がまとめられている. 和書では [8] にわかりやすい解説があるが, より数学的な書物としては [7] がある.

[1] L.A. Zadeh: Fuzzy sets, Inform. Control, 8, pp. 338-353 (1965).
[2] R.E. Bellman and L.A. Zadeh: Decision making in a fuzzy environment, Management Sci., 17, pp. 141-164 (1970).
[3] H.J. Zimmermann: Description and optimization of fuzzy systems, Int. J. Gen. Systems, 2, pp. 209-215 (1975).
[4] G. Sommer and M.A. Pollatschek: A fuzzy programming approach to an

air pollution regulation problem, in R. Trappl, G.J. Klir and L. Ricciardi (eds.); Progress in Cybernetics and Systems Research, pp. 303-323, Hemisphere (1978).

[5] H.J. Zimmermann: Fuzzy programming and linear programming with several objective functions, Fuzzy Sets & Systems, 1, pp. 45-55 (1978).

[6] W.J.M. Kickert: Fuzzy Theories on Decision-Making, Martinus Nijhoff (1978).

[7] 浅居喜代治，田中英夫，奥田徹示，C.V. Negoita, D.A. Ralescu 編著:「あいまいシステム理論入門」，オーム社 (1978).

[8] 西田俊夫，竹田英二:「ファジィ集合とその応用」(数学ライブラリー 48)，森北出版 (1978).

[9] E.L. Hannan: On the efficiency of the product operator in fuzzy programming with multiple objectives, Fuzzy Sets & Systems, 2, pp. 259-262 (1979).

[10] E. Takeda and T. Nishida: Multiple criteria decision problems with fuzzy domination structures, Fuzzy Sets & Systems, 3, pp. 123-136 (1980).

[11] H.J. Zimmermann and P. Zysno: Latent connectives in human decision making, Fuzzy Sets & Systems, 4, pp. 37-51 (1980).

[12] D. Dubois and H. Prade: Fuzzy Sets and Systems: Theory and Applications, Academic Press (1980).

[13] H. Leberling: On finding compromise solutions in multicriteria problems using the fuzzy min-operator, Fuzzy Sets & Systems, 6, pp. 105-118 (1981).

[14] E.L. Hannan: Linear programming with multiple fuzzy goals, Fuzzy Sets & Systems, 6, pp. 235-248 (1981).

[15] 田中英夫: ファジィ数理計画問題，オペレーションズ・リサーチ，26, pp. 712-720 (1981).

[16] M.K. Luhandjula: Compensatory operators in fuzzy linear programming with multiple objectives, Fuzzy Sets & Systems, 8, pp. 245-252 (1982).

[17] 坂和正敏: 多目的線形計画問題に対する対話型ファジィ意思決定手法とその応用，電子通信学会論文誌，J65-A, pp. 1182-1189 (1982).

[18] M. Sakawa: Interactive computer programs for fuzzy linear programming with multiple objectives, Int. J. Man-Machine Studies, 18, pp. 489-503 (1983).

[19] M. Sakawa and T. Yumine: Interactive fuzzy decision-making for multiobjective linear fractional programming problems, Large Scale Systems, 5, pp. 105-114 (1983).

[20] 坂和正敏，湯峯 亨，南後裕二: 多目的非線形計画問題に対する対話型ファジィ意

思決定，電子通信学会論文誌，J66-A, pp. 1243-1250 (1983).

[21] H. J. Zimmermann: Using fuzzy sets in operational research, European J. Operational Res., 13, pp. 201-216 (1983).

[22] H. J. Zimmermann: Fuzzy mathematical programming, Comput. & Ops. Res., 10, pp. 291-298 (1983).

[23] H. J. Zimmermann, B. R. Gaines and L. A. Zadeh, Editors: Fuzzy Sets and Decision Analysis, TIMS Studies in the Management Sciences, 12, North-Holland (1984).

索　　引

ア　行

カ　行

サ　行

タ 行

ナ 行

ハ 行

マ　行

ヤ　行

ラ　行

ワ　行

著　者　略　歴

坂和　正敏　（さかわ　まさとし）

1947年	生まれる
1970年	京都大学工学部数理工学科卒業
1972年	京都大学大学院工学研究科修士課程 数理工学専攻修了
1975年	京都大学大学院工学研究科博士課程 数理工学専攻修了 京都大学工学博士 神戸大学工学部システム工学科助手
1981年	神戸大学工学部システム工学科助教授
1987年	岩手大学工学部数理情報学講座教授
1990年	広島大学工学部第二類（電気系）計数管理工学講座教授
2001年	広島大学大学院工学研究科複雑システム工学専攻教授 現在に至る
著　書	「非線形システムの最適化〈一目的から多目的へ〉」,「応用解析学の基礎〈複素解析，フーリエ変換・ラプラス変換〉」,「ファジィ理論の基礎と応用」,「経営数理システムの基礎」,（以上　森北出版）,“Fuzzy Sets and Interactive Multiobjective Optimization", Plenum Press, 他，共著，分担執筆多数.

線形システムの最適化〈一目的から多目的へ〉

1984年9月30日　第1版第1刷発行
2006年11月10日　第1版第13刷発行

定価はカバー・ケースに表示してあります.

著　者　坂和正敏（さかわ まさとし）
発行者　森北　肇
印刷者　森元勝夫

発行所　森北出版株式会社
東京都千代田区富士見 1-4-11
電話 東京 (3265) 8341 (代表)
FAX 東京 (3264) 8709

日本書籍出版協会・自然科学書協会・工学書協会　会員

落丁・乱丁本はお取替えいたします.　印刷　モリモト印刷／製本　協栄製本

ISBN 4-627-91200-5

Printed in Japan

線形システムの最適化　［POD版］　©坂和正敏　*1984*

2019年2月25日　発行

著　者　坂和　正敏

発行者　森北　博巳

発　行　森北出版株式会社
〒102-0071
東京都千代田区富士見1-4-11
TEL　03-3265-8341　FAX　03-3264-8709
https://www.morikita.co.jp/

印刷・製本　ココデ印刷株式会社
〒173-0001
東京都板橋区本町34-5

ISBN978-4-627-91209-0　Printed in Japan

2020.07.03